今すぐ使える かんたん

Excel ピボットテーブル

Excel 2016 / 2013 / 2010 / 2007 対応版

Imasugu Tsukaeru Kantan Series : Excel Pivottable

技術評論社

本書の使い方

- 画面の手順解説だけを読めば、操作できるようになる！
- もっと詳しく知りたい人は、両端の「側注」を読んで納得！
- これだけは覚えておきたい機能を厳選して紹介！

Section 45 **前月に対する比率を求める**

基準値に対する比率

前月に対する比率を求めれば売上の成長度がわかる

月々の業績の成長度を分析したいときは、＜基準値に対する比率＞という計算方法を使用して、前月の売上高を基準に比率を求めます。「100％より大きければプラス成長」「100％未満であればマイナス成長」という具合に、成長度が一目瞭然になります。下図のように、売上と比率を並べて表示すれば、売上と成長度が一目でわかる見やすい表になります。

Before：月ごとの売上

月々の売上の合計が計算されています。

After：前月比を計算

前月の売上高を100％として比率を求めます。

1 基準値に対する比率を求める

メモ　＜金額＞フィールドを2回追加する

1　＜金額＞フィールドが2つ配置されています。

2　Sec.40を参考に、左側の＜金額＞フィールドの名前を「売上高」に変更します。

特長 1
機能ごとにまとまっているので、「やりたいこと」がすぐに見つかる！

● 基本操作
赤い矢印の部分だけを読んで、パソコンを操作すれば、難しいことはわからなくても、あっという間に操作できる！

本書の使い方

● 補足説明

操作の補足的な内容を「側注」にまとめているので、よくわからないときに活用すると、疑問が解決！

 メモ 補足説明
 ヒント 便利な機能
 キーワード 用語の解説
 ステップアップ 応用操作解説
注意 注意事項

特長2

やわらかい上質な紙を使っているので、**開いたら閉じにくい！**

特長3

大きな操作画面で該当箇所を囲んでいるのでよくわかる！

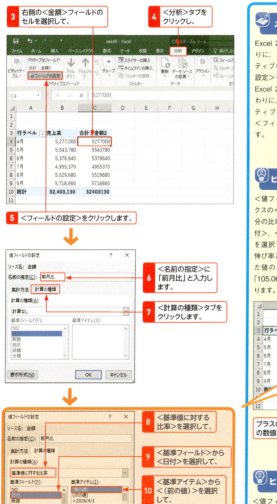

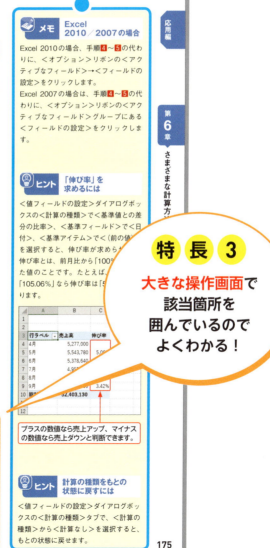

3 右側の<金額>フィールドのセルを選択して、

4 <分析>タブをクリックし、

5 <フィールドの設定>をクリックします。

6 <名前の指定>に「前月比」と入力します。

7 <計算の種類>タブをクリックします。

8 <基準値に対する比率>を選択して、

9 <基準フィールド>から<日付>を選択して、

10 <基準アイテム>から<(前の値)>を選択して、

11 <OK>をクリックすると、P.174の図のような集計が行われます。

メモ Excel 2010/2007の場合

Excel 2010の場合、手順4〜5の代わりに、<オプション>リボンの<アクティブなフィールド>→<フィールドの設定>をクリックします。
Excel 2007の場合は、手順4〜5の代わりに、<オプション>リボンの<アクティブなフィールド>グループにある<フィールドの設定>をクリックします。

ヒント 「伸び率」を求めるには

<値フィールドの設定>ダイアログボックスの<計算の種類>で<基準値との差分の比率>、<基準フィールド>で<日付>、<基準アイテム>で<(前の値)>を選択すると、伸び率が求められます。
伸び率とは、前月比から「100%」を引いた値のことです。たとえば、前月比「105.06%」なら伸び率は「5.06%」となります。

プラスの数値なら売上アップ、マイナスの数値なら売上ダウンと判断できます。

ヒント 計算の種類をもとの状態に戻すには

<値フィールドの設定>ダイアログボックスの<計算の種類>タブで、<計算の種類>から<計算なし>を選択すると、もとの状態に戻せます。

第6章 さまざまな計算方法

175

目次

基本編

第1章 ピボットテーブルの特徴を知ろう　19

Section 01　ピボットテーブルとは ピボットテーブルの概要　20
- データを価値ある情報に変えるには「集計」が不可欠
- 大量のデータをマウス操作だけで瞬時に集計できる！

Section 02　ピボットテーブルでできること ピボットテーブルの機能　22
- 集計項目をかんたんに入れ替えられる
- さまざまな形式の集計が行える
- さまざまな機能で分析できる
- 集計結果を視覚化できる

Section 03　ピボットテーブルの構成要素を知る 各部の名称の確認　26
- ピボットテーブルの画面構成
- ピボットテーブルの構成要素

Section 04　ピボットテーブルツールの役割を知る リボンの構成の確認　28
- ピボットテーブルツールの構成
- データの編集には＜分析＞＜オプション＞タブが活躍する
- ＜デザイン＞タブでピボットテーブルの見た目を編集できる

第2章 もとになる表を準備しよう　31

Section 05　データベース作成の概要 もとになる表の準備　32
- 新規に作成した表もほかのソフトウェアから取り込んだ表も使える
- データベースの形態は「表」と「テーブル」の2種類
- データの統一が必要

Section 06　新規にデータベースを作成する データベースの決まりごと　34
- 「データベース形式」の表の決まりごと
- フィールド名を入力する
- レコードを入力する

Section 07　表をテーブルに変換する テーブルの便利機能　38
- テーブルに変換すると今後の操作がラクになる
- 表をテーブルに変換する
- テーブルに新しいレコードを入力する

Section 08　テキストファイルをExcelで開く テキストファイルの利用　42
- テキストファイル経由なら外部データをExcelに取り込める
- テキストファイルの中身を確認する
- 開くテキストファイルを指定する
- テキストファイルのデータ形式を指定して開く
- Excel形式で保存する

| Section 09 | 複数の表のデータを1つにまとめる ファイル間の表のコピー | 48 |

集計前に表を1つにまとめよう
2つの表のフィールド構成を確認する
コピー／貼り付けを実行する

| Section 10 | 「○○店」と「○○支店」の表記のゆれを統一する 置換機能の利用 | 52 |

正確な集計には表記の統一が不可欠
フィルターを使用して表記のゆれを発見する
置換機能で表記のゆれを統一する

| Section 11 | 半角文字と全角文字を統一する 関数の利用 | 56 |

関数と値の貼り付けを利用すれば半角／全角を一括変換できる
フィルターを使用して表記のゆれを発見する
JIS関数を使用して半角文字を全角文字に変換する
関数の結果の値でもとのデータを書き換える

第3章 ピボットテーブルを作成しよう　　61

| Section 12 | ピボットテーブル作成の概要 この章で覚える操作 | 62 |

ピボットテーブル作成の流れ
さまざまな形の集計表を作成できる

| Section 13 | ピボットテーブルの土台を作成する ピボットテーブルの作成 | 64 |

集計の下準備としてピボットテーブルの土台を作ろう
ピボットテーブルの土台を作成する
ワークシートの名前を変更する

| Section 14 | 商品ごとに売上金額を集計する フィールドの配置 | 68 |

マウスのドラッグ操作で瞬時に集計できる
行ラベルフィールドに商品名を表示する
値フィールドに金額の合計を表示する

| Section 15 | 商品ごと地区ごとのクロス集計表を作成する ＜列＞エリアの利用 | 72 |

行と列にフィールドを配置すれば2次元の集計表になる
列ラベルを追加してクロス集計表に変える

| Section 16 | 集計項目を変更して集計表の視点を変える フィールドの移動と削除 | 74 |

視点を変えてデータを分析できる
「商品別地区別」から「地区別販路別」の集計表に変える
フィールドを削除する
フィールドを移動する
フィールドを新しく追加する

Section 17 「販売経路」と「地区」の2段階で集計する 複数フィールドの配置　78
　　複数の項目を同じエリアに配置して集計できる
　　複数のフィールドを同じエリアに配置する
　　エリア内のフィールドの順序を入れ替える

Section 18 桁区切りのカンマ「,」を付けて数値を見やすく表示する 値フィールドの表示形式　82
　　集計結果の数値の読みやすさにも気を配ろう
　　数値に3桁区切りのカンマを付ける

Section 19 集計元のデータの変更を反映する データの更新　84
　　元データを修正したときは更新操作が必要
　　集計元のデータを修正する
　　ピボットテーブルの集計結果を更新する

Section 20 集計元のデータの追加を反映する データソースの変更　86
　　集計元に追加したデータを集計結果に反映させよう
　　テーブルに追加したデータをピボットテーブルに反映させる
　　通常の表に追加したデータをピボットテーブルに反映させる

応用編 第4章 グループ化・並べ替えで表を見やすくしよう　89

Section 21 日付をまとめて四半期ごと月ごとに集計する 日付データのグループ化　90
　　日付データをグループ化して長期的な売上の変化をわかりやすくする
　　日付のフィールドを追加する
　　日付を「四半期」単位と「月」単位でグループ化する
　　四半期ごとに小計を表示する

Section 22 関連する商品をひとまとめにして集計する 文字データのグループ化　96
　　商品をジャンル分けしてあらたな切り口で集計する
　　和食関連の商品を「和食」グループにまとめる
　　洋食関連の商品を「洋食」グループにまとめる
　　グループ化により作成された新フィールドの設定を行う

Section 23 単価を価格帯別にひとまとめにして集計する 数値データのグループ化　102
　　単価をグループ化して集計すれば価格帯ごとの売上がわかる
　　単価を100円単位でグループ化する

Section 24 総計額の高い順に集計表を並べ替える 数値の並べ替え　104
　　売上金額の高い順に表を並べ替えて売れ筋商品を見極める
　　総計列の値順に商品を並べ替える
　　総計行の値順に店舗を並べ替える

Section 25 独自の順序で商品名を並べ替える ユーザー設定リストによる並べ替え　108
　　商品名をいつもの順序で見やすく表示する
　　データの並び順を登録する

| Section 26 | 自由な位置に移動して並べ替える ドラッグによる並べ替え | 112 |

登録したリストの順序で商品を並べ替える

注目したいデータを表の先頭に移動する
「唐揚弁当」を行単位で移動する
「山手」を列単位で移動する

第5章 フィルターを利用して注目データを取り出そう 115

| Section 27 | フィルターとは フィルター機能の概要 | 116 |

行単位や列単位の抽出
抽出結果の集計

| Section 28 | 行ラベルや列ラベルのアイテムを絞り込む チェックボックスの利用 | 118 |

見たい項目だけを絞り込んで表示する
列見出しに表示されるアイテムを絞り込む
行見出しに表示されるアイテムを絞り込む

| Section 29 | 「○○を含まない」という条件でアイテムを絞り込む ラベルフィルターの利用 | 122 |

<ラベルフィルター>を利用してあいまいな条件でアイテムを絞り込む
「弁当」を含まないアイテムを抽出する

| Section 30 | 特定の期間のデータだけを表示する 日付フィルターの利用 | 124 |

<日付フィルター>を利用して表示される期間を絞り込む
期間を指定して抽出する

| Section 31 | 売上目標を達成したデータを抽出する 値フィルターの実行 | 126 |

「5,000,000」円以上を売り上げた商品をすばやく表示できる
売上が「5,000,000以上」の商品を抽出する

| Section 32 | 売上トップ5を抽出する トップテンフィルターの実行 | 128 |

売れ行きのよい商品をすばやく抽出して表示する
売上トップ5の商品を抽出する

| Section 33 | 3次元集計で集計対象の「店舗」を絞り込む レポートフィルターの利用 | 130 |

切り口を変えてデータを分析できる
ピボットテーブルでスライス分析をするには
<フィルター>エリアにフィールドを配置する
特定の店舗の集計表に切り替える

| Section 34 | 3次元集計の各店舗をべつべつのワークシートに取り出す
レポートフィルターページの表示 | 134 |

シート見出しをクリックすれば集計表が切り替わる
店舗ごとの集計表をべつべつのワークシートに表示する

| Section 35 | 3次元集計で集計対象の「店舗」をかんたんに絞り込む 2016 2013 2010
スライサーの利用 ……………………………………………………………………………… 136

ワンクリックでかんたんに分析の切り口を変えられる
スライサーを挿入する
特定の店舗の集計表に切り替える
複数の店舗を集計対象にする

| Section 36 | スライサーを複数のピボットテーブルで共有する 2016 2013 2010
レポートの接続 ……………………………………………………………………………… 140

複数のピボットテーブルで同時にスライス分析できる
ワークシートに2つのピボットテーブルを作成する
作成したピボットテーブルにフィールドを配置する
スライサーからピボットテーブルに接続する

| Section 37 | 特定の期間のデータだけをかんたんに集計する 2016 2013
タイムラインの利用 ……………………………………………………………………………… 146

タイムラインを使えば集計期間をかんたんに変更できる
タイムラインを表示する
5月の集計を行う
5月〜7月の集計を行う
日単位で集計する

| Section 38 | 集計値の元データを一覧表示する ドリルスルーの実行 ……………………………… 150

集計値の内訳を調べて売上低下の原因を探る
詳細データを表示する

| Section 39 | 集計項目を展開して内訳を分析する ドリルダウンによる分析 ……………………… 152

ドリルダウンで気になるデータの詳細を追跡する
データを掘り下げてドリルダウン分析する
さらにデータを掘り下げる
ほかの商品の詳細も調べる
詳細データを折りたたんでドリルアップする

第6章 さまざまな計算方法で集計しよう　157

| Section 40 | 値フィールドの名前を変更する フィールド名の変更 ……………………………… 158

項目名を変更すると見やすい表になる
値フィールドのフィールド名を変更する

| Section 41 | 数量と金額の2種類の数値をそれぞれ集計する 値フィールドの追加 ……………… 160

「数量」と「金額」の2フィールドを1つの表で集計できる
<値>エリアに2フィールド目を追加する
値フィールドのフィールド名を変更する
「金額」と「数量」の順序を変更する

| Section 42 | データの個数を求める 集計方法の変更 | 164 |

データの「個数」を求めれば「明細件数」や「受注件数」がわかる
現在の集計方法を確認する
集計方法を変更する

| Section 43 | 総計行を基準として売上構成比を求める 列集計に対する比率 | 168 |

各商品の貢献度が明白になる
列集計に対する比率を求める

| Section 44 | 小計行を基準として売上構成比を求める 2016 2013 2010 親集計に対する比率 | 172 |

階層ごとに売上構成比を求められる
親集計に対する比率を求める

| Section 45 | 前月に対する比率を求める 基準値に対する比率 | 174 |

前月を基準に比率を求めれば売上の成長度がわかる
基準値に対する比率を求める

| Section 46 | 売上の累計を求める 累計の計算 | 176 |

累計を求めれば、半期目標に到達した月が一目瞭然！
累計を求める

| Section 47 | 売上の高い順に順位を求める 2016 2013 2010 順位の計算 | 178 |

地区ごとに順位を振れば、地区の順位と総合順位の関係が歴然！
順位を求める

| Section 48 | 金額フィールドをもとに新しいフィールドを作成する 集計フィールドの挿入 | 180 |

ピボットテーブル内で集計結果をもとに計算できる
集計フィールドを作成する

| Section 49 | フィールド内に新しいアイテムを追加する 集計アイテムの挿入 | 184 |

集計アイテムを利用して新しいアイテムを追加する
集計アイテムを作成する
集計アイテムを目立たせる

第7章 ピボットテーブルを見やすく表示しよう 189

| Section 50 | 集計表に美しいスタイルを設定する ピボットテーブルスタイルの適用 | 190 |

瞬時に美しいデザインの集計表に変身させる
ピボットテーブルスタイルを適用する
ピボットテーブルスタイルのオプションを適用する

| Section 51 | 独自のスタイルを登録して集計表に設定する 新しいピボットテーブルスタイル | 194 |

自分専用のスタイルを登録してピボットテーブルを修飾できる
ピボットテーブルスタイルを登録する
登録したピボットテーブルスタイルを適用する

Section 52　集計表の一部の書式を変更する　書式の保持と要素の選択　198
　　　　　個別で設定した書式をできるだけ保つ
　　　　　書式を保持するための設定を確認する
　　　　　特定のアイテムの行に書式を設定して目立たせる
　　　　　ピボットテーブルの要素に書式を設定する

Section 53　階層構造の集計表のレイアウトを変更する　アウトライン形式と表形式　202
　　　　　目的に応じてレイアウトを使い分ける
　　　　　アウトライン形式に変更する
　　　　　表形式に変更する

Section 54　総計の表示／非表示を切り替える　総計の表示／非表示　206
　　　　　必要に応じて総計の表示と非表示を切り替える
　　　　　総計行を非表示にする

Section 55　小計の表示／非表示を切り替える　小計の表示／非表示　208
　　　　　必要に応じて小計の表示と非表示を切り替える
　　　　　小計を非表示にする

Section 56　グループごとに空白行を入れて見やすくする　空白行の挿入　210
　　　　　空白行を入れて、分類間の区切りを明確にする
　　　　　地区の末尾に空白行を挿入する

Section 57　空白のセルに「0」と表示する　空白のセルに表示する値　212
　　　　　空白のセルに「0」を表示して、売上がないことを明確にする
　　　　　空白のセルを「0」で埋める

Section 58　販売実績のない商品も表示する　データのないアイテムの設定　214
　　　　　すべての商品を表示して売上実績がないことを明確にする
　　　　　データのないアイテムを表示する
　　　　　データのないアイテムに「------」を表示する

第8章　ピボットグラフでデータを視覚化しよう　217

Section 59　ピボットグラフとは　ピボットグラフの概要　218
　　　　　ピボットテーブルと連携しながら視覚的にデータ分析できる
　　　　　グラフ上でもフィールドの入れ替えやフィルター操作が可能
　　　　　ピボットグラフの画面構成
　　　　　ピボットグラフのグラフ要素

Section 60　ピボットグラフを作成する　グラフの作成　222
　　　　　集計結果をグラフに表わそう
　　　　　ピボットグラフを作成する
　　　　　グラフの位置とサイズを変更する

| Section 61 | ピボットグラフの種類を変更する　グラフの種類の変更 | 226 |

グラフの種類によって伝わる内容が変わる
グラフの種類を変更する

| Section 62 | ピボットグラフのデザインを変更する　グラフスタイル | 228 |

使用目的に合わせたデザインを選ぼう
グラフ全体のデザインを変更する
データ系列の色を変更する

| Section 63 | ピボットグラフのグラフ要素を編集する　グラフタイトルや軸ラベルの表示 | 232 |

目的に合わせてグラフ要素を編集しよう
グラフタイトルを表示する
軸ラベルを表示する

| Section 64 | ピボットグラフのフィールドを入れ替える　フィールドの移動と削除 | 236 |

さまざまな角度からデータをグラフ化して分析できる
フィールドを削除する
フィールドを移動する
フィールドを追加する

| Section 65 | ピボットグラフに表示するアイテムを絞り込む　チェックボックスの利用 | 240 |

見たい項目だけを絞り込んで分析する
表示されるアイテムを絞り込む

| Section 66 | 集計対象のデータを絞り込む　レポートフィルターの利用 | 244 |

グラフの切り口は、かんたんに変更できる！
スライサーを挿入する 2016 2013 2010
スライサーを使用してグラフを切り替える 2016 2013 2010

| Section 67 | 全体に占める割合を表現する　円グラフの利用 | 248 |

データラベルを利用すれば、割合も表示できる
データラベルにパーセンテージを表示する

| Section 68 | ヒストグラムでデータのばらつきを表す　縦棒グラフの利用 | 250 |

ヒストグラムを使用すると、データの分布がわかる
ピボットテーブルで度数分布表を作成する
度数分布表から縦棒グラフを作成する
縦棒グラフをヒストグラムの体裁にする

発展編

第9章　集計結果を活用しよう　255

| Section 69 | 条件を満たす集計値に書式を設定する　条件付き書式の利用 | 256 |

条件を満たすデータを強調して、表をわかりやすくしよう
優先順位の低い条件を設定する
優先順位の高い条件を設定する

| Section | 70 | 集計値の大きさに応じて自動で書式を切り替える アイコンセットの利用 | 260 |

数値の大きさが一目でわかる！
アイコンセットを表示する
アイコンの表示基準を変更する
データバーを表示する
カラースケールを表示する

| Section | 71 | ピボットテーブルのデータをほかのセルに取り出す
GETPIVOTDATA関数の利用 | 266 |

ワンクリックで集計値をほかのセルに取り出せる
全体の総計を取り出す
行の総計や列の総計を取り出す
行と列の交差位置の集計値を取り出す

| Section | 72 | 各ページに列見出しを印刷する 印刷タイトルの設定 | 270 |

2ページ目以降にも見出しを印刷すると集計値との対応がわかる
印刷プレビューを確認する
印刷タイトルを設定する

| Section | 73 | 分類ごとにページを分けて印刷する 改ページの設定 | 274 |

次の分類は新しいページから印刷できる
印刷プレビューを確認する
＜四半期＞フィールドで改ページを設定する

| Section | 74 | ピボットテーブルを通常の表に変換して利用する コピー／貼り付けの利用 | 278 |

ピボットテーブルをコピーすれば表の加工も思いのまま
ピボットテーブルをコピー／貼り付けする

| Section | 75 | 月ごとの集計結果から今後の売上を予測する **2016** 予測シートの利用 | 282 |

売上の集計結果から今後の売上を予測できる
時系列のデータを作成する
＜予測シート＞を実行する

第10章 複数の表をまとめてデータを集計しよう 287

| Section | 76 | 複数のクロス集計表をピボットテーブルで統合して集計する
ピボットテーブルウィザードの利用 | 288 |

複数のクロス集計表をピボットテーブルで統合できる
統合したデータをさまざまな視点で集計し直せる
ウィザード画面を呼び出す
統合するクロス集計表の範囲を指定する
クロス集計表の分類名をそれぞれ指定する
適切なフィールド名を設定する

| Section | 77 | 複数のテーブルを関連付けて集計する（1） **2016** **2013** テーブルの準備 | 296 |

データを一元管理すれば整合性を維持できる！

データベース同士を結ぶ「キー」を用意するのがポイント
集計までの操作の流れ
まずはテーブルを準備しよう
関連テーブルを設定する
売上テーブルを設定して必要なフィールドを追加する

Section 78 複数のテーブルを関連付けて集計する (2) **2016** **2013** リレーションシップの設定　302

共通のフィールドをキーとしてテーブル同士を関連付ける
リレーションシップを設定する

Section 79 複数のテーブルを関連付けて集計する (3) **2016** **2013** 複数のテーブルの集計　306

それぞれのテーブルからフィールドを追加して集計する
ピボットテーブルの土台を作成する
フィールドを配置して集計する

Section 80 Accessのファイルからピボットテーブルを作成する 外部データソースの使用　312

AccessのデータをExcelで直接集計しよう！
Accessのデータからピボットテーブルを作成する

索引　316

ご注意：ご購入・ご利用の前に必ずお読みください

- 本書に記載された内容は、情報提供のみを目的としています。したがって、本書を用いた運用は、必ずお客様自身の責任と判断によって行ってください。これらの情報の運用の結果について、技術評論社および著者はいかなる責任も負いません。

- ソフトウェアに関する記述は、特に断りのないかぎり、2016年4月20日現在での最新情報をもとにしています。これらの情報は更新される場合があり、本書の説明とは機能内容や画面図などが異なってしまうことがあり得ます。あらかじめご了承ください。

- 本書の内容については以下のOSおよびブラウザー上で動作確認を行っています。ご利用のOSおよびブラウザーによっては手順や画面が異なることがあります。あらかじめご了承ください。

  ・Windows 10
  ・Excel 2016/2013/2010/2007

- インターネットの情報については、URLや画面などが変更されている可能性があります。ご注意ください。

以上の注意事項をご承諾いただいた上で、本書をご利用願います。これらの注意事項をお読みいただかずに、お問い合わせいただいても、技術評論社および著者は対処しかねます。あらかじめご承知おきください。

■本書に掲載した会社名、プログラム名、システム名などは、米国およびその他の国における登録商標または商標です。本文中では™、®マークは明記していません。

パソコンの基本操作

- 本書の解説は、基本的にマウスを使って操作することを前提としています。
- お使いのパソコンのタッチパッド、タッチ対応モニターを使って操作する場合は、各操作を次のように読み替えてください。

1 マウス操作

▼クリック（左クリック）

クリック（左クリック）の操作は、画面上にある要素やメニューの項目を選択したり、ボタンを押したりする際に使います。

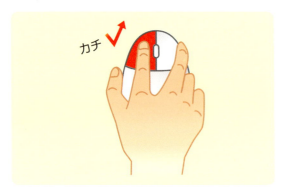

マウスの左ボタンを1回押します。

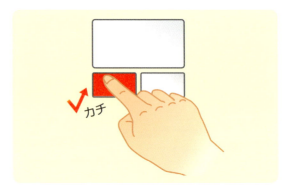

タッチパッドの左ボタン（機種によっては左下の領域）を1回押します。

▼右クリック

右クリックの操作は、操作対象に関する特別なメニューを表示する場合などに使います。

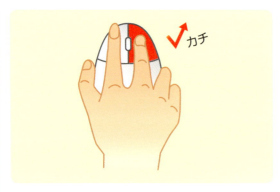

マウスの右ボタンを1回押します。

タッチパッドの右ボタン（機種によっては右下の領域）を1回押します。

▼ ダブルクリック

右クリックの操作は、操作対象に関する特別なメニューを表示する場合などに使います。

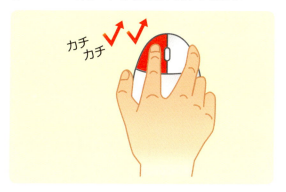

マウスの左ボタンをすばやく2回押します。

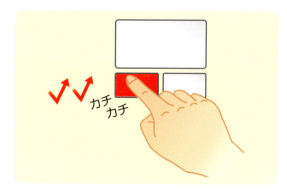

タッチパッドの左ボタン（機種によっては左下の領域）をすばやく2回押します。

▼ ドラッグ

ドラッグの操作は、画面上の操作対象を別の場所に移動したり、操作対象のサイズを変更する際などに使います。

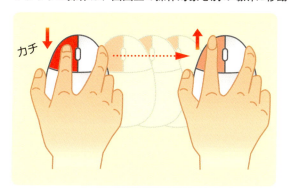

マウスの左ボタンを押したまま、マウスを動かします。目的の操作が完了したら、左ボタンから指を離します。

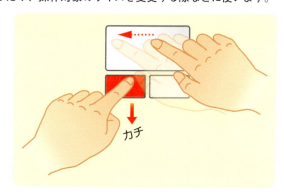

タッチパッドの左ボタン（機種によっては左下の領域）を押したまま、タッチパッドを指でなぞります。目的の操作が完了したら、左ボタンから指を離します。

メモ　ホイールの使い方

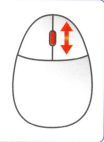

ほとんどのマウスには、左ボタンと右ボタンの間にホイールが付いています。ホイールを上下に回転させると、Webページなどの画面を上下にスクロールすることができます。そのほかにも、[Ctrl]を押しながらホイールを回転させると、画面を拡大・縮小したり、フォルダーのアイコンの大きさを変えることができ、[Shift]を押しながらホイールを回転させると画面を左右にスクロールすることができます。

2 利用する主なキー

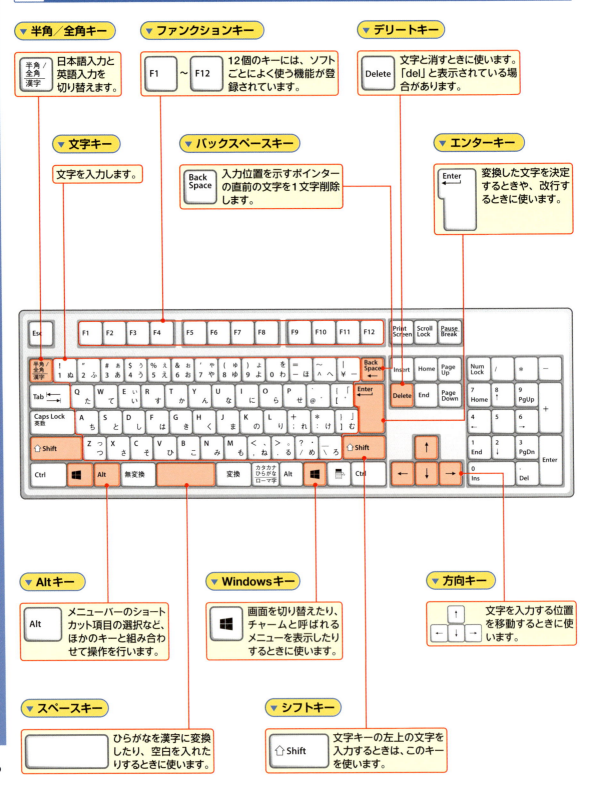

3 タッチ操作

▼ タップ

画面の上を指でなぞる操作です。
ページのスクロールなどで使用します。

▼ ダブルタップ

画面を指で軽く払う操作です。
スワイプと混同しやすいので注意しましょう。

▼ ホールド

画面に触れたまま長押しする操作です。詳細情報を表示するほか、状況に応じたメニューが開きます。マウスでの右クリックに当たります。

▼ ドラッグ

操作対象をホールドしたまま、画面の上を指でなぞり上下左右に移動します。目的の操作が完了したら、画面から指を離します。

▼ スワイプ／スライド

画面の上を指でなぞる操作です。
ページのスクロールなどで使用します。

▼ フリック

画面を指で軽く払う操作です。
スワイプと混同しやすいので注意しましょう。

▼ ピンチイン／ピンチアウト

2本の指で対象に触れたまま指を広げたり狭めたりする操作です。拡大／縮小を行う際に使用します。

▼ 回転

2本の指先を対象の上に置き、そのまま両方の指で同時に右または左方向に回転させる操作です。

サンプルファイルのダウンロード

本書で使用しているサンプルファイルは、以下のURLのサポートページからダウンロードすることができます。ダウンロードしたときは圧縮ファイルの状態なので、展開してから使用してください。

http://gihyo.jp/book/2016/978-4-7741-8101-1/support

▼ サンプルファイルをダウンロードする

1 ブラウザー（ここではMicrosoft Edge）を起動します。

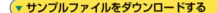

2 ここをクリックしてURLを入力し、Enterを押します。

3 表示された画面をスクロールし、＜ダウンロード＞にある＜sample.zip＞をクリックすると、

4 ファイルがダウンロードされるので、＜開く＞をクリックします。

▼ ダウンロードした圧縮ファイルを展開する

1 エクスプローラーの画面が開くので、

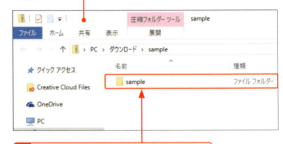

2 表示されたフォルダーをクリックします。

3 ＜展開＞タブをクリックして、

4 ＜デスクトップ＞をクリックすると、

5 ファイルが展開されます。

Chapter 01

第1章

ピボットテーブルの特徴を知ろう 基本編

Section 01 ピボットテーブルとは
02 ピボットテーブルでできること
03 ピボットテーブルの構成要素を知る
04 ピボットテーブルツールの役割を知る

Section 01 ピボットテーブルとは

ピボットテーブルの概要

データを価値ある情報に変えるには「集計」が不可欠

日々の売上データを、パソコンに記録しているケースは少なくないでしょう。売上を長期にわたって入力していけば、膨大なデータが蓄積されます。しかし、単にデータを貯めるだけでは、実務に活かせません。「○月○日に店舗Aで商品Bが○個売れた」といった個々のデータの羅列からは、売上の全体的な傾向を読み取ることは困難です。蓄積したデータを価値ある情報として活かすには、「月別集計」「商品別集計」「支店別集計」など、項目ごとの集計が不可欠でしょう。

大量のデータをマウス操作だけで瞬時に集計できる！

売上データを「商品ごと」や「支店ごと」に集計すると、商品の売れ行きや支店の売上の傾向が浮き彫りになり、今後の商品展開や営業活動に活かせます。Excelの「ピボットテーブル」を使用すると、大量のデータを一瞬のうちに集計できます。しかも、操作もかんたんです。『行見出しは「商品」、列見出しは「地区」、合計するのは「金額」』という具合に、集計表に配置する項目をマウスで指定するだけです。難しい関数や複雑な計算式を一切使わずに、大量のデータを一瞬のうちに集計してしまう、ピボットテーブルは、そんな魔法のような機能です。

Section 02 ピボットテーブルでできること

ピボットテーブルの機能

集計項目をかんたんに入れ替えられる

同じデータベースを元にした集計表でも、集計項目を変えると視点が変わります。たとえば「商品別店舗別売上集計表」であれば、「どの商品がどの店舗で強いか」が明確になります。また、「月別店舗別売上集計表」であれば、売上が「伸びている」「落ちている」といった傾向がつかめます。ピボットテーブルでは、集計表の項目の入れ替えをマウス操作でかんたんに行えるので、さまざまな視点でのデータ分析に役立ちます。

商品別店舗別売上集計表

	A	B	C	D	E	F
3	合計 / 金額	列ラベル				
4	行ラベル	みなと店	桜ヶ丘店	青葉台店	白浜店	総計
5	幕の内弁当	1,679,680	1,894,280	1,735,940	1,481,320	6,791,220
6	しゃけ弁当	1,494,450	1,751,400	1,621,350	1,762,650	6,629,850
7	グリル弁当	1,537,250	1,597,200	0	1,570,250	4,704,700
8	唐揚弁当	1,513,920	1,654,520	1,609,300	1,634,380	6,412,120
9	あんみつ	352,000	400,750	392,750	397,500	1,543,000
10	モンブラン	0	393,360	0	374,440	767,800
11	プリン	1,286,280	1,476,360	1,384,580	1,407,420	5,554,440
12	総計	7,863,580	9,167,870	6,743,720	8,627,960	32,403,130

月別店舗別売上集計表

	A	B	C	D	E	F
3	合計 / 金額	列ラベル				
4	行ラベル	みなと店	桜ヶ丘店	青葉台店	白浜店	総計
5	4月	1,252,510	1,484,150	1,100,200	1,440,140	5,277,000
6	5月	1,340,030	1,575,270	1,139,680	1,488,800	5,543,780
7	6月	1,296,010	1,511,530	1,102,490	1,468,610	5,378,640
8	7月	1,252,670	1,481,520	1,077,310	1,143,870	4,955,370
9	8月	1,332,250	1,543,750	1,151,210	1,502,470	5,529,680
10	9月	1,390,110	1,571,650	1,172,830	1,584,070	5,718,660
11	総計	7,863,580	9,167,870	6,743,720	8,627,960	32,403,130

> かんたんに集計項目を入れ替えて、さまざまな視点に立ったデータ分析が行えます（第3章）。

さまざまな形式の集計が行える

ピボットテーブルで作成できる集計表のバリエーションは豊富です。たとえば2項目で集計する場合、2項目とも縦に並べた2階層の集計表にすることも、一方を縦、もう一方を横に並べた2次元のクロス集計表にすることもできます。また、クロス集計表に3項目目を追加して、3次元の集計を行うことも可能です。目的に合わせて、自由なレイアウトの集計が行えるのです。

1次元の集計表

	A	B	C	D	E
1					
2					
3	行ラベル	合計 / 金額			
4	幕の内弁当	6,791,220			
5	しゃけ弁当	6,629,850			
6	グリル弁当	4,704,700			
7	唐揚弁当	6,412,120			
8	あんみつ	1,543,000			
9	モンブラン	767,800			
10	プリン	5,554,440			
11	総計	32,403,130			

行見出しに「商品」だけを配置した1次元の集計表です(第3章)。

2階層の集計表

	A	B	C	D
1				
2				
3	行ラベル	合計 / 金額		
4	⊟弁当	24,537,890		
5	幕の内弁当	6,791,220		
6	しゃけ弁当	6,629,850		
7	グリル弁当	4,704,700		
8	唐揚弁当	6,412,120		
9	⊟デザート	7,865,240		
10	あんみつ	1,543,000		
11	モンブラン	767,800		
12	プリン	5,554,440		
13	総計	32,403,130		

行見出しに「分類」と「商品」を配置した2階層の集計表です(第3章)。

2次元の集計表

	A	B	C	D
1				
2				
3	合計 / 金額	列ラベル		
4	行ラベル	海岸	山手	総計
5	幕の内弁当	3,161,000	3,630,220	6,791,220
6	しゃけ弁当	3,257,100	3,372,750	6,629,850
7	グリル弁当	3,107,500	1,597,200	4,704,700
8	唐揚弁当	3,148,300	3,263,820	6,412,120
9	あんみつ	749,500	793,500	1,543,000
10	モンブラン	374,440	393,360	767,800
11	プリン	2,693,700	2,860,740	5,554,440
12	総計	16,491,540	15,911,590	32,403,130

行見出しに「商品」、列見出しに「地区」を配置した2次元のクロス集計表です(第3章)。

3次元の集計表

	A	B	C	D
1	日付	5月		
2				
3	合計 / 金額	列ラベル		
4	行ラベル	海岸	山手	総計
5	幕の内弁当	577,100	637,420	1,214,520
6	しゃけ弁当	563,850	574,650	1,138,500
7	グリル弁当	523,050	279,950	803,000
8	唐揚弁当	529,340	546,820	1,076,160
9	あんみつ	122,750	131,250	254,000
10	モンブラン	62,920	63,360	126,280
11	プリン	449,820	481,500	931,320
12	総計	2,828,830	2,714,950	5,543,780

クロス集計表を「月」別に切り替える3次元の集計表です(第5章)。

さまざまな機能で分析できる

ピボットテーブルでできることは、集計にとどまりません。抽出、並べ替え、グループ化などの機能を利用して、必要なデータを集計表に見やすく表示できます。計算方法も「合計」のほか、「カウント」や「比率」など多彩です。これらの機能を自由に操れるようになれば、データの集計や分析が思いのままになります。

項目を並べ替える

	A	B	C	D
3	合計 / 金額	列ラベル		
4	行ラベル	海岸	山手	総計
5	幕の内弁当	3,161,000	3,630,220	6,791,220
6	しゃけ弁当	3,257,100	3,372,750	6,629,850
7	唐揚弁当	3,148,300	3,263,820	6,412,120
8	プリン	2,693,700	2,860,740	5,554,440
9	グリル弁当	3,107,500	1,597,200	4,704,700
10	あんみつ	749,500	793,500	1,543,000
11	モンブラン	374,440	393,360	767,800
12	総計	16,491,540	15,911,590	32,403,130

売上高の大きい順など、データを目的の順序で並べ替えることができます（第4章）。

項目をグループ化する

	A	B	C	D
3	合計 / 金額	列ラベル		
4	行ラベル	海岸	山手	総計
5	100-199	2,693,700	2,860,740	5,554,440
6	200-299	1,123,940	1,186,860	2,310,800
7	300-399	3,148,300	3,263,820	6,412,120
8	400-499	3,257,100	3,372,750	6,629,850
9	500-599	6,268,500	5,227,420	11,495,920
10	総計	16,491,540	15,911,590	32,403,130

「単価」を100円単位にまとめるなど、項目をグループ化して集計できます（第4章）。

項目を絞り込む

	A	B	C	D
3	合計 / 金額	列ラベル		
4	行ラベル	海岸	山手	総計
5	幕の内弁当	3,161,000	3,630,220	6,791,220
6	しゃけ弁当	3,257,100	3,372,750	6,629,850
7	グリル弁当	3,107,500	1,597,200	4,704,700
8	唐揚弁当	3,148,300	3,263,820	6,412,120
9	総計	12,673,900	11,863,990	24,537,890

「弁当」だけを表示するなど、集計項目を絞り込むことができます（第5章）。

集計方法を指定する

	A	B	C	D
3	合計 / 金額	列ラベル		
4	行ラベル	海岸	山手	総計
5	幕の内弁当	19.17%	22.81%	20.96%
6	しゃけ弁当	19.75%	21.20%	20.46%
7	グリル弁当	18.84%	10.04%	14.52%
8	唐揚弁当	19.09%	20.51%	19.79%
9	あんみつ	4.54%	4.99%	4.76%
10	モンブラン	2.27%	2.47%	2.37%
11	プリン	16.33%	17.98%	17.14%
12	総計	100.00%	100.00%	100.00%

「データの個数」「比率」「累計」など、集計方法や計算の種類を指定できます（第6章）。

集計結果を視覚化できる

ピボットテーブルをプレゼンや会議で使用するときに見栄えのよい資料となるように、体裁を整えるための機能も充実しています。デザイン見本から選ぶだけで集計表を好みのデザインに変えたり、切りのよい位置で自動的に改ページして見やすく印刷したりできます。また、集計結果をグラフ化して、データの傾向や推移などをビジュアルに表現できます。ピボットテーブル専用のグラフ機能を「ピボットグラフ」と呼びます。

デザインを設定する

	A	B	C	D	E	F	G	H
3	合計 / 金額	列ラベル						
4		⊟海岸		海岸 集計	⊟山手		山手 集計	総計
5	行ラベル	みなと店	白浜店		桜ヶ丘店	青葉台店		
6	⊟弁当	6,225,300	6,448,600	12,673,900	6,897,400	4,966,590	11,863,990	24,537,890
7	幕の内弁当	1,679,680	1,481,320	3,161,000	1,894,280	1,735,940	3,630,220	6,791,220
8	しゃけ弁当	1,494,450	1,762,650	3,257,100	1,751,400	1,621,350	3,372,750	6,629,850
9	グリル弁当	1,537,250	1,570,250	3,107,500	1,597,200	0	1,597,200	4,704,700
10	唐揚弁当	1,513,920	1,634,380	3,148,300	1,654,520	1,609,300	3,263,820	6,412,120
11	⊟デザート	1,638,280	2,179,360	3,817,640	2,270,470	1,777,130	4,047,600	7,865,240
12	あんみつ	352,000	397,500	749,500	400,750	392,750	793,500	1,543,000
13	モンブラン	0	374,440	374,440	393,360	0	393,360	767,800
14	プリン	1,286,280	1,407,420	2,693,700	1,476,360	1,384,380	2,860,740	5,554,440
15	総計	7,863,580	8,627,960	16,491,540	9,167,870	6,743,720	15,911,590	32,403,130

ピボットテーブルに好みのデザインを設定できます（第7章）。

集計結果をグラフ化する

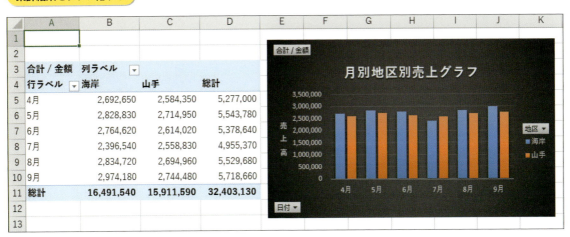

集計結果をグラフにして、数値を視覚的に表現できます（第8章）。

Section 03 ピボットテーブルの構成要素を知る

各部の名称の確認

ピボットテーブルの画面構成

ピボットテーブルを作成すると、ワークシートにピボットテーブルの本体である集計表の枠が表示されます。また、リボンに＜ピボットテーブルツール＞が表示され、画面右端には＜ピボットテーブルのフィールドリスト＞が表示されます。＜ピボットテーブルのフィールドリスト＞は、＜フィールドセクション＞と＜レイアウトセクション＞の2つのセクションで構成されています。

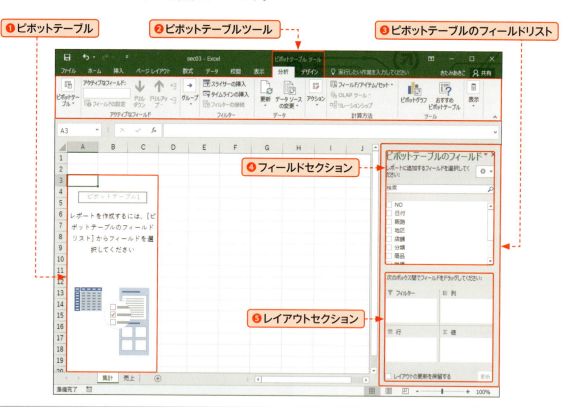

名称	機能
❶ピボットテーブル	集計表本体です。
❷ピボットテーブルツール	ピボットテーブルを操作するためのタブの集まりです。ピボットテーブル内のセルを選択すると表示されます(Sec.04参照)。
❸ピボットテーブルのフィールドリスト	ピボットテーブルの集計項目を指定するためのウィンドウです。
❹フィールドセクション	ピボットテーブルの元のデータベースに含まれている項目が一覧表示されます。
❺レイアウトセクション	どの項目を集計表のどの位置に配置するのかを指定する場所です。＜フィルター＞＜行＞＜列＞＜値＞の4つのエリアがあります。

ピボットテーブルの構成要素

ピボットテーブルには、データを表示する領域が、レポートフィルターフィールド、行ラベルフィールド、列ラベルフィールド、値フィールドの4種類あります。集計元の表のどのデータをピボットテーブルのどの領域に割り当てるかは、＜ピボットテーブルのフィールドリスト＞の＜レイアウトセクション＞で指定します。＜レイアウトセクション＞には、＜フィルター＞＜行＞＜列＞＜値＞の4つのエリアがあり、そこに集計項目を配置することで、ピボットテーブルの対応する領域にデータが配置され、集計が行われます。

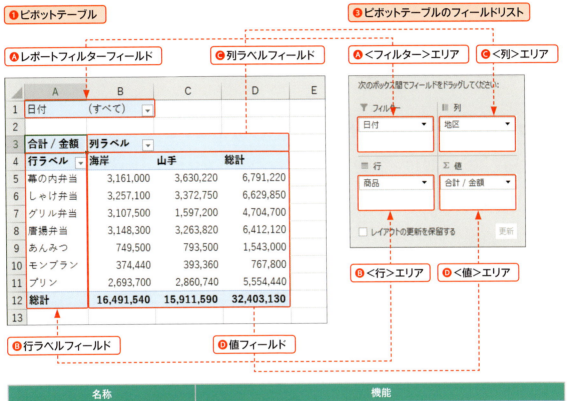

名称	機能
Ⓐレポートフィルターフィールド	集計対象のデータを絞り込むための項目です。
Ⓑ行ラベルフィールド	集計表の行見出しとなる項目です。
Ⓒ列ラベルフィールド	集計表の列見出しとなる項目です。
Ⓓ値フィールド	集計結果の数値です。

 **Excel 2010／2007では エリアの名称が異なる**

Excel 2010／2007では、＜ピボットテーブルのフィールドリスト＞の＜レイアウトセクション＞にある4つのエリアの名称は、＜レポートフィルター＞＜行ラベル＞＜列ラベル＞＜値＞になります。

Section 04 ピボットテーブルツールの役割を知る

リボンの構成の確認

ピボットテーブルツールの構成

ピボットテーブル内のセルを選択すると、リボンに＜ピボットテーブルツール＞が追加され、＜分析＞タブ（Excel 2010 ／ 2007 では＜オプション＞タブ）と＜デザイン＞タブの2つのタブが表示されます。ピボットテーブルを操作するためのほとんどの機能は、これらのタブに割り当てられています。

データの編集には＜分析＞＜オプション＞タブが活躍する

＜分析＞タブ（Excel 2010 ／ 2007 では＜オプション＞タブ）には、主にピボットテーブルのデータの編集を行うためのボタンが集められています。ボタンの配置や構成は、Excel のバージョンによって異なります。Excel 2013 ／ 2010 ／ 2007 と Excel 2016 との相違を説明します。

Excel 2016の＜分析＞タブ

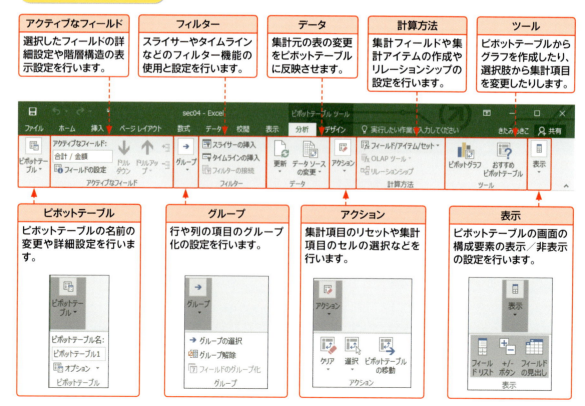

Excel 2013の＜分析＞タブ

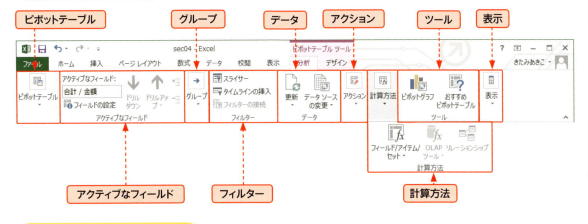

Excel 2010の＜オプション＞タブ

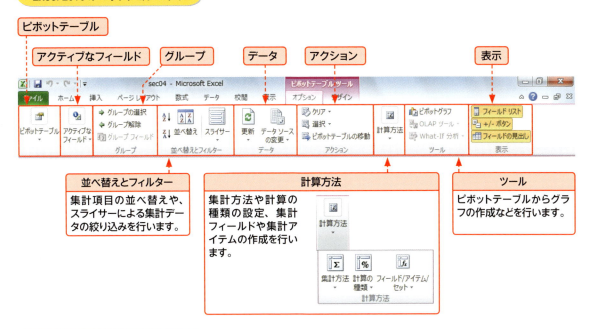

並べ替えとフィルター
集計項目の並べ替えや、スライサーによる集計データの絞り込みを行います。

計算方法
集計方法や計算の種類の設定、集計フィールドや集計アイテムの作成を行います。

ツール
ピボットテーブルからグラフの作成などを行います。

Excel 2007の＜オプション＞タブ

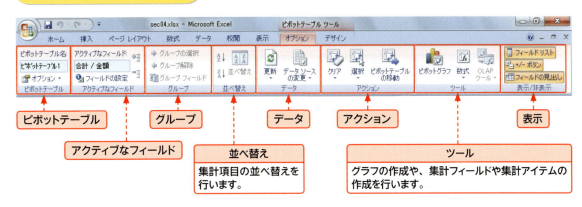

並べ替え
集計項目の並べ替えを行います。

ツール
グラフの作成や、集計フィールドや集計アイテムの作成を行います。

＜デザイン＞タブでピボットテーブルの見た目を編集できる

＜デザイン＞タブには、ピボットテーブルのデザインを編集するためのボタンが集められています。下図はExcel 2016の＜デザイン＞タブですが、Excel 2013 ／ 2010 ／ 2007の場合もほぼ同じ構成です。

＜デザイン＞タブ

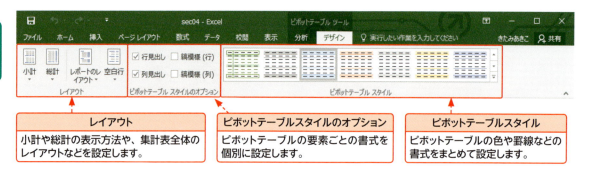

レイアウト
小計や総計の表示方法や、集計表全体のレイアウトなどを設定します。

ピボットテーブルスタイルのオプション
ピボットテーブルの要素ごとの書式を個別に設定します。

ピボットテーブルスタイル
ピボットテーブルの色や罫線などの書式をまとめて設定します。

 メモ ウィンドウサイズによってリボンのボタンの構成が変わる

リボンの各タブのグループ内のボタンの配置は、Excelのウィンドウの大きさによって変わります。下図は、解像度が「1280×1024」のディスプレイと「1024×768」のディスプレイにExcel 2016を最大化して表示した状態のリボンです。解像度とは、ディスプレイの表示のサイズのことです。Excelのウィンドウのサイズが小さくなると、グループ上のボタンが1つのボタンにまとめられ、そのボタンをクリックすると、グループ内のボタンが表示されます。本書では「1024×768」のサイズのディスプレイに表示されるリボンの状態で操作を行います。

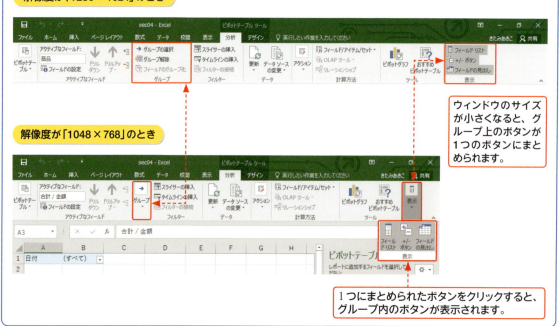

Chapter 02

第2章

もとになる表を準備しよう 基本編

Section	05	データベース作成の概要
	06	新規にデータベースを作成する
	07	表をテーブルに変換する
	08	テキストファイルをExcelで開く
	09	複数の表のデータを1つにまとめる
	10	「○○店」と「○○支店」の表記のゆれを統一する
	11	半角文字と全角文字を統一する

Section 05 データベース作成の概要

もとになる表の準備

新規に作成した表もほかのソフトウェアから取り込んだ表も使える

ピボットテーブルを作成するには、もとになる表がなくてはなりません。手書き伝票のデータを分析したいときなどは、Excelで表を作成し、データを入力しましょう（Sec.06参照）。すでにほかのソフトウェアでデータが管理されている場合は、そのデータをExcelに取り込みましょう。ほかのソフトウェアで、データをExcel形式で保存できなくても、テキストファイル形式で保存できればExcelに取り込めます（Sec.08参照）。取り込んだデータは、そのままピボットテーブルで集計することも、既存のデータベースに追加してから一緒に集計することもできます（Sec.09参照）。

Excelで表を作成

NO	日付	販路	地区	店舗	分類	商品	単価	数量	金額
1	2016/4/1	店頭	海岸	白浜店	弁当	幕の内弁当	580	4	2,320
2	2016/4/1	店頭	海岸	白浜店	弁当	しゃけ弁当	450	50	22,500
3	2016/4/1	店頭	海岸	白浜店	弁当	グリル弁当	550	35	19,250
4	2016/4/1	店頭	海岸	白浜店	弁当	唐揚弁当	380	59	22,420
5	2016/4/1	店頭	海岸	白浜店	デザート	あんみつ	250	47	11,750
6	2016/4/1	店頭	海岸	白浜店	デザート	モンブラン	220	45	9,900
7	2016/4/1	店頭	海岸	白浜店	デザート	プリン	180	53	9,540
8	2016/4/1	店頭	海岸	みなと店	弁当	幕の内弁当	580	40	23,200
9	2016/4/1	店頭	海岸	みなと店	弁当	しゃけ弁当	450	40	18,000
10	2016/4/1	店頭	海岸	みなと店	弁当	グリル弁当	550	36	19,800
11	2016/4/1	店頭	海岸	みなと店	弁当	唐揚弁当	380	56	21,280
12	2016/4/1	店頭	海岸	みなと店	デザート	あんみつ	250	43	10,750
13	2016/4/1	店頭	海岸	みなと店	デザート	プリン	180	45	8,100
14	2016/4/1	店頭	山手	桜ヶ丘店	弁当	幕の内弁当	580	45	26,100
15	2016/4/1	店頭	山手	桜ヶ丘店	弁当	しゃけ弁当	450	47	21,150

データベース形式の表をExcelで一から作成します（Sec.06参照）。

テキストファイルを取り込む

```
売上 - メモ帳
ファイル(F) 編集(E) 書式(O) 表示(V) ヘルプ(H)
NO,日付,販路,地区,店舗,分類,商品,単価,数量
1,2016/9/26,電話,山手,桜ヶ丘店,弁当,幕の内弁当,580,17
2,2016/9/26,電話,山手,桜ヶ丘店,弁当,しゃけ弁当,450,24
3,2016/9/26,電話,山手,桜ヶ丘店,弁当,グリル弁当,550,20
4,2016/9/26,電話,山手,桜ヶ丘店,弁当,唐揚弁当,380,25
5,2016/9/26,電話,山手,桜ヶ丘店,デザート,プリン,180,75
6,2016/9/26,電話,山手,青葉台店,弁当,幕の内弁当,580,19
7,2016/9/26,電話,山手,青葉台店,弁当,しゃけ弁当,450,24
8,2016/9/26,電話,山手,青葉台店,弁当,唐揚弁当,380,31
```

ほかのソフトウェアに入力されているデータをもとにExcelで表を作成します（Sec.08参照）。

データベースの形態は「表」と「テーブル」の2種類

ピボットテーブルのもとになる表の形態には、通常の表と「テーブル」の2種類があります。ピボットテーブルを作成する手順や、作成されるピボットテーブル自体は、どちらをもとにした場合も同じです。しかし、ピボットテーブルの作成後、もとの表に追加したデータをピボットテーブルに反映させる手順が異なります。「テーブル」をもとにしたほうが、かんたんに反映できます。

通常の表をもとにピボットテーブルを作成することもできますが、

「テーブル」をもとにピボットテーブルを作成したほうが、あとの操作がかんたんです(Sec.07参照)。

データの統一が必要

もとの表に表記のゆれがあると、ピボットテーブルで正しい集計が行えません。たとえば、もとの表に半角文字の「プリン」と全角文字の「プリン」が混在していると、それぞれが別のデータとして集計されてしまいます。ピボットテーブルを作成する前に、もとの表のデータをきちんと統一しておく必要があります。

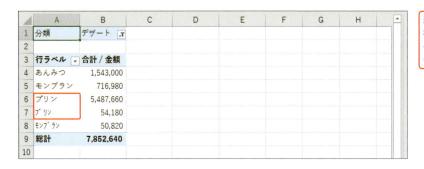

表記のゆれがあると正しい集計が行えないので、事前にデータを統一しておきます(Sec.10、Sec.11参照)。

Section 06 新規にデータベースを作成する

データベースの決まりごと

「データベース形式」の表の決まりごと

ピボットテーブルは、「データベース形式」の表から作成します。「データベース」とは、大量のデータを効率よく管理できるように整理してまとめたものです。データベース形式の表では、1件のデータを1行に入力します。また、「日付」「地区」「店舗」など、同種のデータは同じ列に入力します。1件分のデータ（1行分のデータ）を「レコード」、同種のデータの集まり（1列分のデータ）を「フィールド」、フィールドを識別するための名前のことを「フィールド名」と呼びます。Excelの表をデータベースとして扱うには、次の決まりに沿って表を作成します。

データベース形式の表

NO	日付	販路	地区	店舗	分類	商品	単価	数量	金額
1	2016/4/1	店頭	海岸	白浜店	弁当	幕の内弁当	580	4	2,320
2	2016/4/1	店頭	海岸	白浜店	弁当	しゃけ弁当	450	50	22,500
3	2016/4/1	店頭	海岸	白浜店	弁当	グリル弁当	550	35	19,250
4	2016/4/1	店頭	海岸	白浜店	弁当	唐揚弁当	380	59	22,420
5	2016/4/1	店頭	海岸	白浜店	デザート	あんみつ	250	47	11,750
6	2016/4/1	店頭	海岸	白浜店	デザート	モンブラン	220	45	9,900
7	2016/4/1	店頭	海岸	白浜店	デザート	プリン	180	53	9,540
8	2016/4/1	店頭	海岸	みなと店	弁当	幕の内弁当	580	40	23,200
9	2016/4/1	店頭	海岸	みなと店	弁当	しゃけ弁当	450	40	18,000
10	2016/4/1	店頭	海岸	みなと店	弁当	グリル弁当	550	36	19,800
11	2016/4/1	店頭	海岸	みなと店	弁当	唐揚弁当	380	56	21,280
12	2016/4/1	店頭	海岸	みなと店	デザート	あんみつ	250	43	10,750
13	2016/4/1	店頭	海岸	みなと店	デザート	プリン	180	45	8,100
14	2016/4/1	店頭	山手	桜ヶ丘店	弁当	幕の内弁当	580	45	26,100
15	2016/4/1	店頭	山手	桜ヶ丘店	弁当	しゃけ弁当	450	47	21,150
16	2016/4/1	店頭	山手	桜ヶ丘店	弁当	グリル弁当	550	33	18,150
17	2016/4/1	店頭	山手	桜ヶ丘店	弁当	唐揚弁当	380	62	23,560
18	2016/4/1	店頭	山手	桜ヶ丘店	デザート	あんみつ	250	41	10,250

フィールド名（フィールドを識別する名前）

フィールド（同種のデータ）

レコード（1件分のデータ）

●データベースの作成ルール

・先頭行にフィールド名を入力します。フィールド名はフィールドごとに異なる名前にします。
・フィールド名には、太字や中央揃えなど、データとは異なる書式を設定します。
・1件分のデータを1行に入力します。
・同じ列には同じ種類のデータを入力します。
・データベースに隣接するセルには、ほかのデータを入力しないようにします。
・データベースの中に空白行や空白列を入れないようにします。

メモ　こんな表では正しく集計できない

ピボットテーブルでデータを正しく集計するには、もとになる表を、P.34の「データベースの作成ルール」に従って作らなければなりません。フィールド名を2行に分けたり、フィールド名のセルを結合したりしてはいけません。上と同じデータが続く場合に、上下のセルを結合してもいけません。また、空白行と空白列に囲まれた長方形のセル範囲がデータベースの範囲と見なされるので、行全体や列全体を空白にしてはいけません。なお、データベース内に空白のセル（未入力のセル）があるのは、かまいません。

 メモ　集計表に表示できるのは2行目以降のデータ

ピボットテーブルの行見出しや列見出しとして表示できるのは、もとになる表の2行目以降に入力されているデータです。たとえば、「2年A組」「2年B組」「国語」「数学」という見出しで集計するには、これらの見出しが表の2行目以降になければなりません。先頭行のフィールド名は、通常は集計表の見出しにできないので注意しましょう。

1 フィールド名を入力する

メモ わかりやすくて簡潔なフィールド名を付ける

データベースに入力したフィールド名は、ピボットテーブルでも使用します。フィールドに入力されているデータの内容を表す、簡潔でわかりやすい名前を付けましょう。

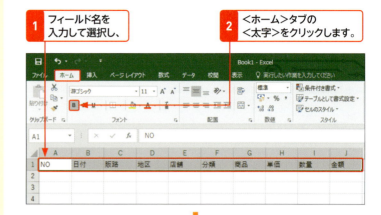

1 フィールド名を入力して選択し、

2 <ホーム>タブの<太字>をクリックします。

メモ テーブルにするなら色の設定は不要

データベースの表は、そのままピボットテーブルで集計することも、いったんテーブルに変換してからピボットテーブルで集計することもできます。テーブルに変換する場合は、変換時に自動的に色が設定されるので、変換前に色を設定する必要はありません。テーブルに変換しない場合は、表を見やすくするために、フィールド名に色を付けるとよいでしょう。

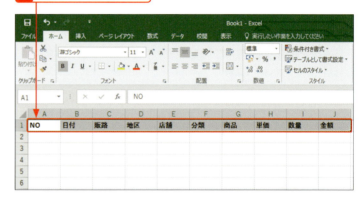

3 太字が設定されました。

2 レコードを入力する

ヒント 列幅を調整するには

列番号の右の境界線にマウスポインターを合わせ、左右にドラッグすると、列幅を調整できます。

マウスポインターがこの形になったら、ドラッグします。

1 列幅を調整しておきます。

2 データを入力します。

3 セルJ2に「=H2*I2」と入力して、Enterを押します。

ヒント 数式の意味

「=H2*I2」は、「セルH2の単価とセルI2の数値を掛ける」という意味の数式です。セルを選択して、「=」を入力したあとにセルH2をクリックし、「*」を入力してセルI2をクリックすると、「=H2*I2」と入力できます。

G	H	I	J
商品	単価	数量	金額
幕の内弁当	580	4	2320
しゃけ弁当	450	50	
グリル弁当	550	35	

「単価×数量」を計算します。

4 「単価×数量」の計算結果が表示されたら、再度セルJ2を選択して、

5 <ホーム>タブの<桁区切りスタイル>をクリックします。

キーワード フィルハンドル

選択したセルの右下隅に表示される小さい四角形を「フィルハンドル」と呼びます。フィルハンドルにマウスポインターを合わせると、十形になります。

H	I	J	K
単価	数量	金額	
580	4	2,320	
450	50		

フィルハンドル

6 数値が3桁ごとに区切られます。

7 フィルハンドルにマウスポインターを合わせて、

ヒント コピー先の行のデータが計算される

セルJ2の数式「=H2*I2」を1つ下のセルJ3にフィルハンドルを使ってコピーすると、数式の中の「2」が「3」に変化して、セルJ3に「=H3*I3」が入力されます。コピー先の行に応じて自動的に行番号がずれるので、各行で「単価×数量」を正しく計算できます。

8 セルJ7までドラッグします。

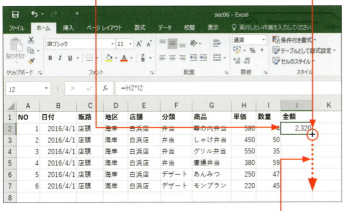

9 数式がコピーされました。

Section 07 表をテーブルに変換する

テーブルの便利機能

テーブルに変換すると今後の操作がラクになる

Excelには、データの追加や管理をしやすくするために表に設定する「テーブル」という機能が用意されています。表のデータをそのままピボットテーブルで集計するより、テーブルに変換してから集計すると、あとから新しいレコードを追加したときの操作がラクになります。通常の表にレコードを追加した場合、ピボットテーブル側で集計対象のセル範囲を再設定しなければなりません。それに対して、テーブルにレコードを追加した場合、テーブルのセル範囲が自動的に拡張され、集計対象のセル範囲を再設定しなくて済みます。ここでは、表をテーブルに変換する方法を紹介します。

Before：データベース形式の表

データベース形式の表を、

After：テーブル

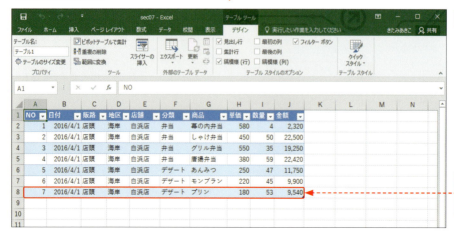

テーブルに変換します。

データを入力すると、テーブルの範囲が自動的に拡張します。

1 表をテーブルに変換する

1 表内のセルをクリックします。
2 <挿入>タブをクリックして、

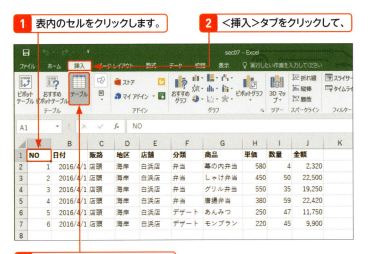

 3 <テーブル>をクリックします。

4 <テーブルの作成>ダイアログボックスが表示されます。

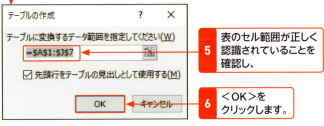

5 表のセル範囲が正しく認識されていることを確認し、
6 <OK>をクリックします。

7 表がテーブルに変換され、縞模様が設定されました。

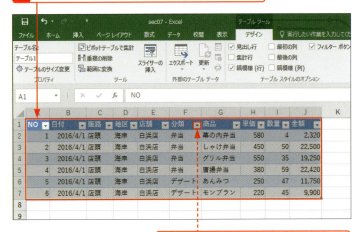

フィールド名のセルに▼が表示されました。

キーワード テーブル

「テーブル」は、表をデータベースとして扱いやすくする機能です。新しいデータを入力するとテーブルが自動拡張し、新しい行にテーブルの書式や数式が適用されます。

ヒント 表内のセルを1つ選択しておく

表をテーブルに変換する際は、あらかじめ表内のセルをクリックして選択しておきます。データベースの決まりごとに沿って作成した表(Sec.06参照)であれば、表全体のセル範囲が自動認識されるので、<テーブルの作成>ダイアログボックスでセル範囲を指定する手間が省けます。

メモ テーブル名が自動設定される

表をテーブルに変換すると、自動的にテーブルのセル範囲に「テーブル1」のようなテーブル名が付きます。テーブル名は、テーブル内のセルをクリックして、<デザイン>リボンの<プロパティ>グループにある<テーブル名>で確認できます。

1 テーブル内のセルをクリックすると、

2 テーブル名を確認できます。

2 テーブルに新しいレコードを入力する

メモ データを追加するとテーブルが拡張する

テーブルのすぐ下の行にデータを入力すると、テーブルの範囲が自動拡張します。追加した行のいずれかのセルをクリックして選択すると、＜デザイン＞リボンの＜プロパティ＞グループにある＜テーブル名＞にテーブル名が表示され、テーブルが自動拡張していることを確認できます。

1 テーブルのすぐ下の行にデータを入力して、

2 Enter を押します。

1 追加した行のセルをクリックすると、

2 テーブル名が表示されます。

3 テーブルの範囲が自動的に拡張され、新しい行に縞模様の続きの色が設定されました。

4 新しい行の「金額」のセルをクリックすると、

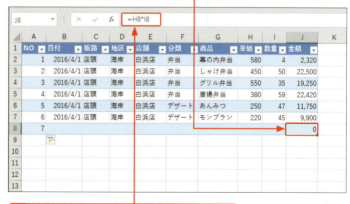

メモ 書式も数式も拡張される

テーブルでは、塗りつぶしの色などの書式だけでなく、数式も自動拡張します。新しい行に数式が自動入力されるので、「単価」と「数量」を入力すると、即座に「金額」が表示されます。

5 数式が自動入力されたことを確認できます。

6 「単価」と「数量」を入力すると、

7 「単価×数量」が即座に表示されます。

ヒント　テーブルが自動拡張されないときは

＜ファイル＞タブをクリックして＜オプション＞をクリック（Excel 2007では＜Office＞ボタン→＜Excelのオプション＞をクリック）します。＜Excelのオプション＞ダイアログボックスが表示されたら、＜文書校正＞→＜オートコレクトのオプション＞をクリックします。開く画面の＜入力オートフォーマット＞タブで、＜テーブルに新しい行と列を含める＞にチェックを付けると、新しい行にデータを入力したときにテーブルが拡張します。

チェックを付けます。

ステップアップ　テーブル名を変更するには

テーブルを作成すると「テーブル1」「テーブル2」などのテーブル名が設定されますが、後から自由に変更することもできます。ブックの中に複数のテーブルを作成する場合などは、テーブルの内容を表す、わかりやすい名前に変えておくとよいでしょう。テーブル内のセルを選択すると、＜テーブルツール＞の＜デザイン＞リボンが表示されます。その＜プロパティ＞グループにある＜テーブル名＞でテーブル名を変更できます。

1 テーブル内のセルをクリックして、

2 ＜デザイン＞タブをクリックして、

3 ＜テーブル名＞欄をクリックすると、「テーブル1」の文字が選択されます。

4 新しいテーブル名を入力し、Enterを押して確定します。

Section 08 テキストファイルをExcelで開く

テキストファイルの利用

テキストファイル経由なら外部データをExcelに取り込める

Sec.06～07では、データベースを新規に作成してテーブルに変換する方法を紹介しましたが、集計するデータがすでにほかのソフトウェアで入力されている場合は、入力済みのデータを有効に活用しましょう。データをテキストファイルに書き出し、それをExcelで開けば、Excelのピボットテーブルで集計できます。テキストファイルにはさまざまな保存形式がありますが、Excelの＜テキストファイルウィザード＞機能を使用すると、データの保存形式に合わせてテキストファイルを開けます。

1 テキストファイルの中身を確認する

メモ　入力済みのデータを活用する

集計するデータが入力されているソフトウェアで、データをExcel形式で保存できなくてもテキストファイル形式で保存できるなら、入力済みのデータをExcelに取り込めます。

キーワード　テキストファイル

テキストファイルとは、文字だけで構成されたファイルです。多くのソフトウェアで読み込みや保存が可能なので、ソフトウェア間でデータを受け渡しするときに利用されます。

メモ　テキストファイルの構成を確認しておく

テキストファイルは、フィールドの区切り方によって、「区切り文字」形式と「固定長」形式（P.47のヒント参照）に分類されます。Excelでテキストファイルを開くときに、フィールドの区切り方を指定する必要があるので、事前に確認しておきましょう。ここでは、各フィールドがカンマ「,」で区切られた「区切り文字」形式のテキストファイルを使用します。

1 テキストファイルが保存されているフォルダーを開きます。

2 テキストファイルのアイコンをダブルクリックします。

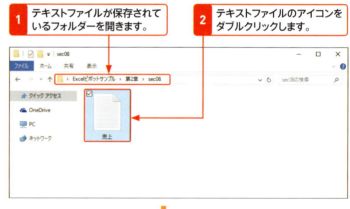

3 メモ帳が起動して、テキストファイルが開きました。

4 各フィールドがカンマ「,」で区切られていることを確認します。

5 確認が済んだら、＜閉じる＞をクリックして、メモ帳を閉じます。

2 開くテキストファイルを指定する

1 Excelを起動して、

2 <他のブックを開く>をクリックします。

3 <開く>をクリックして、

4 <参照>をクリックします。

5 ファイルのあるフォルダーを指定します。

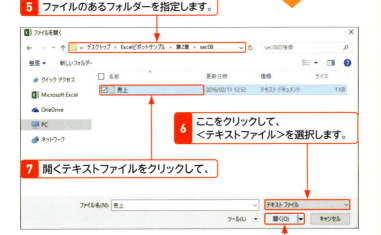

6 ここをクリックして、<テキストファイル>を選択します。

7 開くテキストファイルをクリックして、

8 <開く>をクリックします。

メモ Excel 2013でファイルを開く

Excel 2013の場合、手順**3**〜**4**の代わりに、<開く>→<コンピューター>→<参照>をクリックします。

メモ Excel 2010でファイルを開く

Excel 2010の場合、手順**1**〜**4**の代わりに、<ファイル>タブをクリックして、<開く>をクリックします。

メモ Excel 2007でファイルを開くには

Excel 2007場合、手順**1**〜**4**の代わりに、<Office>ボタンをクリックして、<開く>をクリックします。

3 テキストファイルのデータ形式を指定して開く

ヒント 先頭行の見出しを除外する

テキストファイルを読み込んだあとでデータをほかの表の末尾にコピーする場合は、以下のように操作すると、先頭行の見出しを除外して読み込めます。

1 ＜取り込み開始行＞に「2」と入力して、

2 ＜先頭行をデータの見出しとして使用する＞をオフにします。

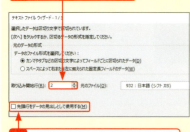

ステップアップ データ形式を指定して開く

「0123」のように「0」で始まる数字が入力されているテキストファイルの場合、Excelでファイルを開くときに先頭の「0」が消えて、「123」に変わってしまいます。内線番号や郵便番号などの先頭に「0」が付いたデータをそのまま読み込みたいときは、＜テキストファイルウィザード＞の3番目の画面で＜列のデータ形式＞から＜文字列＞を選択します。

1 先頭に「0」が付いたデータのフィールドをクリックして、

2 ＜文字列＞をクリックします。

1 ＜テキストファイルウィザード＞が表示されます。

2 ＜カンマやタブなどの区切り文字によってフィールドごとに区切られたデータ＞をクリックして、

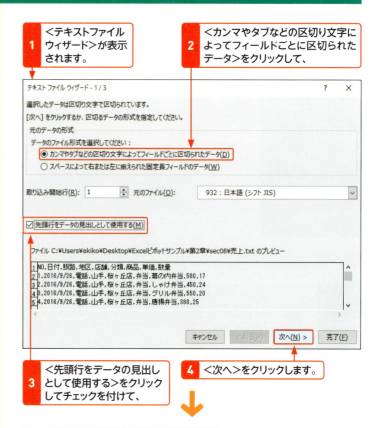

3 ＜先頭行をデータの見出しとして使用する＞をクリックしてチェックを付けて、

4 ＜次へ＞をクリックします。

5 ＜タブ＞をクリックしてチェックを外し、

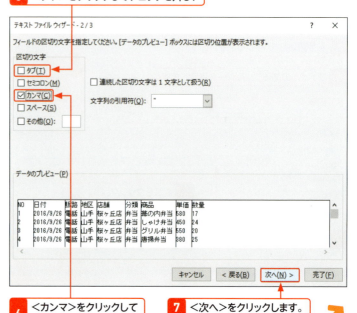

6 ＜カンマ＞をクリックしてチェックを付けて、

7 ＜次へ＞をクリックします。

8 <データのプレビュー>でデータが正しく表示されていることを確認して、

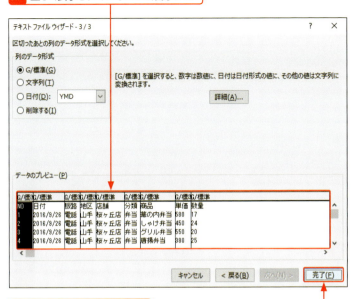

9 <完了>をクリックします。

10 テキストファイルが開き、ワークシートにデータが表示されます。

11 必要に応じて列幅を調整します。

ステップアップ 不要なフィールドを割愛して開く

読み込む必要のないフィールドを割愛するには、<テキストファイルウィザード>の3番目の画面の<データのプレビュー>で削除したいフィールドをクリックして選択し、<列のデータ形式>で<削除する>をクリックします。

1 不要なフィールドをクリックして、

2 <削除する>をクリックします。

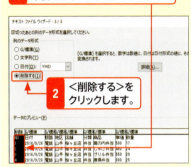

ヒント CSVファイルを開く

カンマ区切りのファイルには、テキストファイルのほかに、「CSV (Comma Separated Values) ファイル」があります。CSVファイルの場合、ファイルアイコンをダブルクリックするだけで、Excelが起動してファイルが開きます。

なお、0から始まるデータがあるなど、テキストファイルウィザードを使ってデータの形式を指定して開きたい場合は、CSVファイルを一度メモ帳で開き、別名でテキストファイルとして保存しなおします。

CSVファイルをダブルクリックします。

4 Excel形式で保存する

メモ Excel 2013で保存する

Excel 2013の場合、手順 2 〜 3 の代わりに、＜名前を付けて保存＞→＜コンピューター＞→＜参照＞をクリックします。

メモ Excel 2010 / 2007で保存する

Excel 2010の場合は、＜ファイル＞タブをクリックし、＜名前を付けて保存＞をクリックして保存します。
Excel 2007の場合は、＜Office＞ボタンをクリックし、＜名前を付けて保存＞をクリックして保存します。

メモ 必ずExcelの形式で保存しておく

テキストファイルは、文字の情報しか保存できません。設定した書式や数式を保存するには、＜名前を付けて保存＞ダイアログボックスの＜ファイルの種類＞から＜Excelブック＞を選択して、Excel形式で保存しましょう。

1 ＜ファイル＞タブをクリックします。

2 ＜名前を付けて保存＞をクリックして、

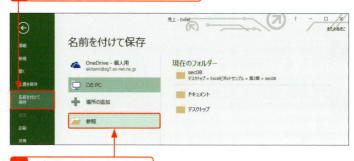

3 ＜参照＞をクリックします。

4 保存するフォルダーを指定して、

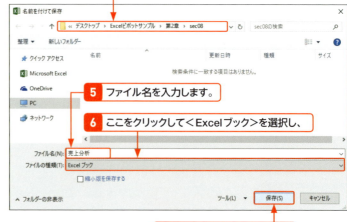

5 ファイル名を入力します。

6 ここをクリックして＜Excelブック＞を選択し、

7 ＜保存＞をクリックします。

8 ファイルがExcel形式で保存されます。

取り込んだデータから直接ピボットテーブルを作成する場合

Sec.09では、テキストファイルから読み込んだデータを既存のデータベースに追加する方法を紹介します。
なお、テキストファイルから読み込んだデータだけで集計を行う場合は、ピボットテーブルを作成する前に、Sec.06を参考に、先頭行に書式を設定したり、必要なフィールドを追加して数式を入力したりなどしておきましょう。また、Sec.07を参考に、必要に応じてテーブルに変換しておきましょう。

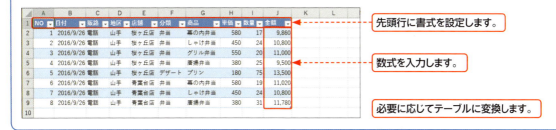

固定長のテキストファイルを開くには

「固定長」のテキストファイルでは、各列の文字数が決められています。データの長さが決められた文字数に満たない場合は、スペースが補われます。固定長のテキストファイルを開くときは、<テキストファイルウィザード>の最初の画面で<スペースによって右または左に揃えられた固定長フィールドのデータ>をクリックし、次の画面でフィールドの区切り位置を指定します。

固定長のテキストファイル

列ごとに文字数が決められています。

1 <テキストファイルウィザード>の最初の画面で<スペースによって右または左に揃えられた固定長フィールドのデータ>をクリックします。

2 次の画面に書いてある説明にしたがって、フィールドの区切り位置を指定します。

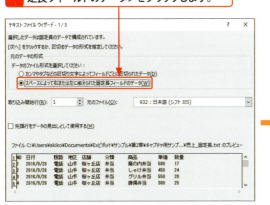
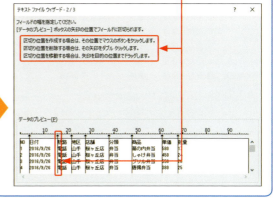

Section 09 複数の表のデータを1つにまとめる

ファイル間の表のコピー

集計前に表を1つにまとめよう

支店から送られてきた最新の売上データを既存の表に追加したいときや、月別にシートを分けて売上データを入力している場合など、複数の表のデータを1つにまとめたいことがあります。ファイルやシートを切り替えながらコピー／貼り付けを行えば、データを1つの表にまとめられます。ここでは、別のファイルに入力されている最新の売上データを、既存のテーブルに追加する例を紹介します。

追加するデータ

	A	B	C	D	E	F	G	H	I	J	K
1	NO	日付	販路	地区	店舗	分類	商品	単価	数量		
2	1	2016/9/26	電話	山手	桜ヶ丘店	弁当	幕の内弁当	580	17		
3	2	2016/9/26	電話	山手	桜ヶ丘店	弁当	しゃけ弁当	450	24		
4	3	2016/9/26	電話	山手	桜ヶ丘店	弁当	グリル弁当	550	20		
5	4	2016/9/26	電話	山手	桜ヶ丘店	弁当	唐揚弁当	380	25		
6	5	2016/9/26	電話	山手	桜ヶ丘店	デザート	プリン	180	75		
7	6	2016/9/26	電話	山手	青葉台店	弁当	幕の内弁当	580	19		
8	7	2016/9/26	電話	山手	青葉台店	弁当	しゃけ弁当	450	24		
9	8	2016/9/26	電話	山手	青葉台店	弁当	唐揚弁当	380	31		
10											

別ファイルに入力されているデータを、

テーブル

	A	B	C	D	E	F	G	H	I	J	K
1	NO	日付	販路	地区	店舗	分類	商品	単価	数量	金額	
2	1	2016/4/1	店頭	海岸	白浜店	弁当	幕の内弁当	580	4	2,320	
3	2	2016/4/1	店頭	海岸	白浜店	弁当	しゃけ弁当	450	50	22,500	
4	3	2016/4/1	店頭	海岸	白浜店	弁当	グリル弁当	550	35	19,250	
5	4	2016/4/1	店頭	海岸	白浜店	弁当	唐揚弁当	380	59	22,420	
6	5	2016/4/1	店頭	海岸	白浜店	デザート	あんみつ	250	47	11,750	
7	6	2016/4/1	店頭	海岸	白浜店	デザート	モンブラン	220	45	9,900	
8	7	2016/4/1	店頭	海岸	白浜店	デザート	プリン	180	53	9,540	
9	8	2016/4/1	店頭	海岸	みなと店	弁当	幕の内弁当	580	40	23,200	
10	9	2016/4/1	店頭	海岸	みなと店	弁当	しゃけ弁当	450	40	18,000	
11	10	2016/4/1	店頭	海岸	みなと店	弁当	グリル弁当	550	26	19,800	
2425	2424				みなと店			450	24	10,800	
2426	2425	2016/9/26	電話	海岸	みなと店	弁当	グリル弁当	550	24	13,200	
2427	2426	2016/9/26	電話	海岸	みなと店	弁当	唐揚弁当	380	21	7,980	
2428	2427	2016/9/26	電話	海岸	みなと店	デザート	プリン	180	64	11,520	
2429											
2430											
2431											
2432											

テーブルの新しい行に追加します。

1 2つの表のフィールド構成を確認する

1 追加先の表が入力されているファイル（Sec09_1.xlsx）を開きます。

2 追加するデータが入力されているファイル（Sec09_2.xlsx）を開きます。

3 追加先の表とフィールドの順序が一致することを確認します。

メモ フィールドの構成を確認しておく

コピーを実行する前に、お互いの表のフィールド構成を確認しておきましょう。フィールドの順序が異なる場合は、同じ順序になるように調整します。列を選択して、選択範囲の枠にマウスポインターを合わせ、Shift を押しながらドラッグすると、列を移動できます。
なお、計算で求められるフィールドは、追加するデータになくてもかまいません。

1 列を選択します。

2 Shift を押しながら枠の部分をドラッグします。

2 コピー／貼り付けを実行する

1 コピーする範囲を選択して、

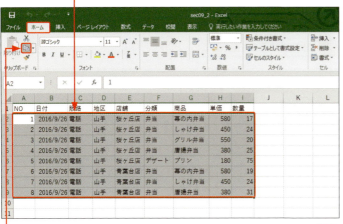

2 ＜ホーム＞タブの＜コピー＞をクリックします。

ヒント コピーする範囲が広い場合

コピーする範囲が広い場合は、まず、フィールド名の行を削除します。残ったデータ行のいずれかのセルを選択して、Ctrl を押しながら A を押すと、データ全体をすばやく選択できます。

ヒント タスクバーからファイルを切り替える

Windowsのタスクバーのボタンを使用して、ファイルを切り替えることもできます。タスクバー上に表示されるExcelのボタンにマウスポインターを合わせると、ファイルの縮小画面が表示されるので、それをクリックします。

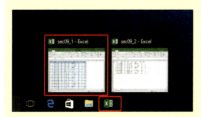

ヒント 同じファイル内の表をまとめる

同じファイルにある複数のシートの表をまとめる場合は、シート見出しをクリックしてシートを切り替えながら、コピー／貼り付けを行います。

シート見出しをクリックしてシートを切り替えます。

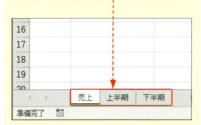

ヒント コピー先にすばやくジャンプする

コピー先の表のA列の任意のセルを選択して、[Ctrl]を押しながら[↓]を押すと、表のA列の最下行に移動できます。コピー先のセルはその真下のセルなので、[↓]を1回押せば、コピー先のセルを選択できます。

---

3 <表示>タブをクリックし、

4 <ウィンドウの切り替え>をクリックして、

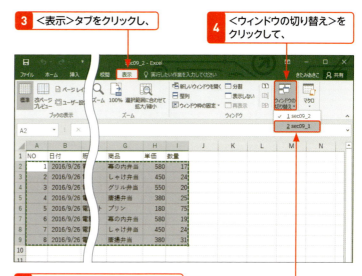

5 <sec09_1>をクリックします。

6 「sec09_1」（追加先のファイル）が表示されます。

7 コピー先のセルを選択して、

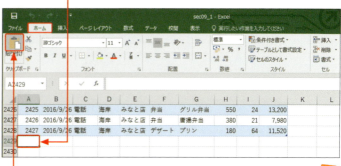

8 <ホーム>タブの<貼り付け>をクリックします。

9 データが貼り付けられました。

数式や書式が自動拡張します。

10 番号を振り直します。

ヒント 通し番号を振り直す

通し番号を振り直すには、もとからあったデータの末尾2つの通し番号のセルを選択して、フィルハンドルにマウスポインターを合わせてドラッグします。

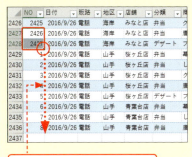

フィルハンドルをドラッグします。

メモ コピー先が通常の表の場合

コピー先の表がテーブルではなく、通常の表の場合、書式や数式は自動拡張しないので、貼り付けたあとに自分で設定する必要があります。

11 追加した行に自動入力された数式が正しいことを確認しておきます。

ヒント 表のデータを並べ替える

データを1つの表にまとめたあとで、いずれかのフィールドを基準に並べ替えたいことがあります。基準となるフィールドの任意のセルを1つ選択し、＜データ＞リボンの＜並べ替えとフィルター＞グループにある＜昇順＞、または＜降順＞をクリックして並べ替えます。「昇順」とは数値の小さい順、日付の古い順、アルファベット順、五十音順で、降順はその逆です。なお、漢字データの場合、Excelで入力を行ったセルであればふりがな順に並べ替えられますが、テキストファイルから取り込んだセルの場合は、文字コードの順番に並べ替えが行われます。

日付の古い順に並べ替える

1 ＜日付＞フィールドのセルをクリックします。

2 ＜データ＞タブにある＜昇順＞をクリックします。

Section 10 「○○店」と「○○支店」の表記のゆれを統一する

置換機能の利用

正確な集計には表記の統一が不可欠

ピボットテーブルのもとになる表に、「白浜店」と「白浜支店」、「みなと店」と「みなと支店」など、表記のゆれがあると正しい集計結果が得られません。フィルターの機能を使用して表記のゆれを発見し、置換機能を使用して正しい表記に統一しましょう。

	A	B	C	D	E	F	G	H	I	J
1	NO	日付	販路	地区	店舗	分類	商品	単価	数量	金額
2	1	2016/4/1	店頭	海岸	白浜店	弁当	幕の内弁当	580	4	2,320
3	2	2016/4/1	店頭	海岸	白浜店	弁当	しゃけ弁当	450	50	22,500
4	3	2016/4/1	店頭	海岸	白浜店	弁当	グリル弁当	550	35	19,250
5	4	2016/4/1	店頭	海岸	白浜店	弁当	唐揚弁当	380	59	22,420
6	5	2016/4/1	店頭	海岸	白浜店	デザート	あんみつ	250	47	11,750
7	6	2016/4/1	店頭	海岸	白浜店	デザート	モンブラン	220	45	
8	7	2016/4/1	店頭	海岸	白浜店	デザート	プリン	180	53	
9	8	2016/4/1	店頭	海岸	みなと店	弁当	幕の内弁当	580	40	23,200
88	87	2016/4/6	店頭	山手	青葉台店	デザート	あんみつ	250	43	10,750
89	88	2016/4/6	店頭	山手	青葉台店	デザート	プリン	180	42	7,560
90	89	2016/4/6	ネット	海岸	白浜支店	弁当	幕の内弁当	580	22	12,760
91	90	2016/4/6	ネット	海岸	白浜支店	弁当	しゃけ弁当	450	37	16,650
92	91	2016/4/6	ネット	海岸	白浜支店	弁当	グリル弁当	550	25	13,750
93	92	2016/4/6	ネット	海岸	白浜支店	弁当	唐揚弁当	380	40	15,200
94	93	2016/4/6	ネット	海岸	白浜支店	デザート	プリン	180	89	16,020
95	94	2016/4/6	ネット	海岸	みなと店	弁当	幕の内弁当	580	22	12,760

「白浜店」と「白浜支店」が異なる店舗として集計され、正しい集計結果が得られません。

1 フィルターを使用して表記のゆれを発見する

メモ　表記のゆれを効率よく発見する

レコード数が多い場合、目で追いながら表記のゆれを探すのは大変です。効率よく探すには、フィールド名のセルの ▼ をクリックします。そのフィールドに入力されているデータが一覧表示されるので、かんたんに表記のゆれを発見できます。

① 表記のゆれを調べたいフィールド（ここでは＜店舗＞）の ▼ をクリックします。

	A	B	C	D	E	F	G	H	I	J
1	NO	日付	販路	地区	店舗	分類	商品	単価	数量	金額
2	1	2016/4/1	店頭	海岸	白浜店	弁当	幕の内弁当	580	4	2,320
3	2	2016/4/1	店頭	海岸	白浜店	弁当	しゃけ弁当	450	50	22,500
4	3	2016/4/1	店頭	海岸	白浜店	弁当	グリル弁当	550	35	19,250
5	4	2016/4/1	店頭	海岸	白浜店	弁当	唐揚弁当	380	59	22,420
6	5	2016/4/1	店頭	海岸	白浜店	デザート	あんみつ	250	47	11,750
7	6	2016/4/1	店頭	海岸	白浜店	デザート	モンブラン	220	45	9,900
8	7	2016/4/1	店頭	海岸	白浜店	デザート	プリン	180	53	9,540

2 フィールド内のデータが一覧表示されます。

3 「みなと支店」と「みなと店」、「白浜支店」と「白浜店」が混在していることを確認し、

4 <キャンセル>をクリックします。

2 置換機能で表記のゆれを統一する

1 <ホーム>タブをクリックし、

2 <検索と選択>をクリックして、

3 <置換>をクリックします。

4 <検索と置換>ダイアログボックスの<置換>タブが表示されます。

5 検索する文字列（ここでは「支店」）と、

6 置換する文字列（ここでは「店」）を入力し、

7 <オプション>をクリックします。

キーワード　フィルター

フィルターとは、条件に合ったデータだけを抽出して表示する機能のことです。

ヒント　通常の表でフィルターを使用するには

通常の表の場合、表内のセルを1つ選択して、<データ>リボンの<並べ替えとフィルター>グループにある<フィルター>をクリックすると、フィールド名のセルに▼が表示されます。再度、<フィルター>をクリックすると、非表示にできます。

ヒント　ショートカットキーを利用する

Ctrlを押しながらHを押しても、<検索と置換>ダイアログボックスの<置換>タブを表示できます。

メモ　<検索する文字列>にカーソルがない場合

<検索と置換>ダイアログボックスの<検索する文字列>欄をクリックしても、カーソルが表示されない場合がありますが、そのままキーボードから文字を打ち込めば、入力できます。

メモ　<オプション>を確認しておく

<検索と置換>ダイアログボックスでは、前回の検索や置換の設定を引き継ぐので、念のため<オプション>をクリックして設定を確認してから置換しましょう。なお、Excelを終了すると、設定は既定値に戻ります。

メモ 完全一致と部分一致

＜検索と置換＞ダイアログボックスの＜セルの内容が完全に同一であるものを検索する＞にチェックを付けると完全一致、チェックを外すと部分一致で検索が行われます。＜検索する文字列＞に「支店」と入力した場合、完全一致では「支店」と入力されているセルだけが置換の対象となり、部分一致では「白浜支店」のように「支店」を含むセルが置換の対象になります。

ヒント 文字種を区別して検索するには

＜検索と置換＞ダイアログボックスで、＜大文字と小文字を区別する＞にチェックを付けると、アルファベットの大文字と小文字を区別して検索できます。また、＜半角と全角を区別する＞にチェックを付けると、半角文字と全角文字を区別して検索できます。

ヒント 実行した置換を元に戻すには

置換を実行したあと、クイックアクセスツールバーの＜元に戻す＞をクリックすると、置換を実行する前の状態に戻せます。

ヒント 置換の対象の範囲を指定するには

あらかじめセル範囲を選択しておき、＜検索と置換＞ダイアログボックスの＜検索場所＞を＜シート＞にして置換を実行すると、選択したセル範囲だけが置換の対象になります。

---

8 ＜セルの内容が完全に同一であるものを検索する＞のチェックが外れていることを確認して、

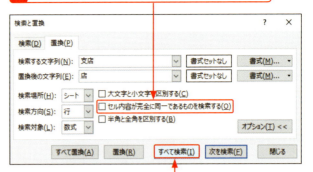

9 ＜すべて検索＞をクリックします。

10 検索結果を確認します。

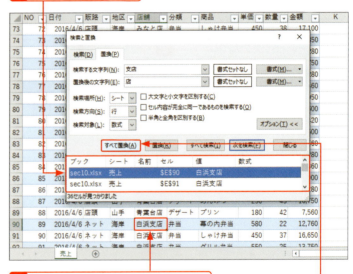

11 検索結果の先頭のセルが選択されます。

12 ＜すべて置換＞をクリックします。

13 ＜OK＞をクリックすると、

14 ＜検索と置換＞ダイアログボックスに戻るので、＜閉じる＞をクリックして閉じます。

15 <店舗>フィールドの ▼ をクリックして、

16 「白浜支店」と「みなと支店」が無くなったことを確認します。

17 <キャンセル>をクリックします。

> **メモ フィールド名が常に表示される**
>
> テーブルでは、シートをスクロールして先頭の行が画面から消えると、「A」や「B」などの列番号の代わりにフィールド名と ▼ が表示されます。常にフィールド名がわかるので便利です。

ヒント 「店」を「支店」に統一するには

「白浜支店」と「白浜店」、「みなと支店」と「みなと店」が混在しているときに、「店」を「支店」に置換すると、「白浜支店」が「白浜支支店」、「みなと支店」が「みなと支支店」になってしまいます。このようなときは、置換を2回に分けて実行します。1回目の置換で「白浜店」を「白浜支店」に変え、2回目の置換で「みなと店」を「みなと支店」に変更します。

1 <検索する文字列>に「白浜店」と入力し、

2 <置換する文字列>に「白浜支店」と入力して置換します。

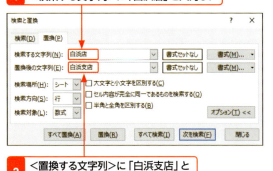

ステップアップ 余分なスペースを取り除くには

スペースを含むデータと含まないデータが混在する場合も、正しく集計できません。スペースを取り除くには、<検索と置換>ダイアログボックスの<検索する文字列>にスペースを入力し、<置換後の文字列>には何も入力せずに、置換を実行します。<半角と全角を区別する>をオフにしておくと、全角スペースと半角スペースの両方を一気に削除できます。

1 <検索する文字列>にスペースを入力し、

2 <置換する文字列>に何も入力せずに、

3 <半角と全角を区別する>がオフの状態で置換を実行します。

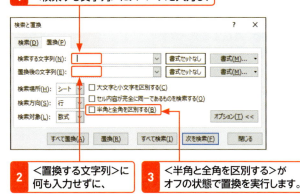

Section 11 半角文字と全角文字を統一する

関数の利用

関数と値の貼り付けを利用すれば半角／全角を一括変換できる

半角／全角といった文字種が統一されていないと、ピボットテーブルで正しい集計結果が得られません。同じフィールドの不特定多数のデータに半角文字と全角文字が混在しているとき、JIS 関数や ASC 関数を使用すると、データの内容にかかわらず一括して半角／全角を統一できます。値の貼り付けを使用して、もとのデータを完全に書き換えることがポイントです。

半角文字の商品と全角文字の商品が異なる商品として集計され、正しい集計結果が得られません。

1 フィルターを使用して表記のゆれを発見する

メモ　混在するデータが多いときは関数が便利

半角／全角の不統一が「グリル弁当」の1種類であれば、置換機能を使う方法（Sec.10参照）が効率的です。ほかにも不統一のデータが多数ある場合は、このSectionで紹介する方法で一気に統一しましょう。

① 表記のゆれを調べたいフィールド（ここでは＜商品＞）の ▼ をクリックします。

2 半角文字と全角文字が混在していることを確認します。

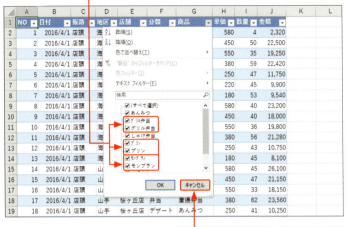

メモ 不統一だと異なる商品と見なされる

半角の商品と全角の商品は、異なる商品として集計されます。

3 <キャンセル>をクリックします。

2 JIS関数を使用して半角文字を全角文字に変換する

1 <商品>フィールドの右隣の列の列番号<H>を右クリックして、

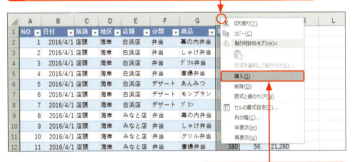

2 <挿入>をクリックします。

キーワード JIS関数

JIS関数は、<文字列>に含まれる半角の英数カナ文字を全角の英数カナ文字に変換する関数です。漢字やひらがななど、もとから全角の文字は変化しません。

書式：JIS(文字列)

3 新しい列が挿入されました。

4 先頭のセルH2をクリックして「=JIS(」と入力し、

メモ 構造化参照で数式が入力される

テーブルで数式を入力するときにセルをクリックすると、セル番号が「構造化参照」と呼ばれる形式に変換されます。Excel 2016／2013／2010では「=JIS([@商品])」と入力され、Excel 2007では「=JIS(テーブル1[[#この行],[商品]])」と入力されます。

5 左隣の<商品>のセルG2をクリックします。

ステップアップ 文字の種類を変換する関数

文字の種類を変換する関数は、ここで紹介するJIS関数以外にも、以下の関数があります。

- 全角を半角にする：ASC関数
  書式：ASC(文字列)

- 小文字を大文字にする：UPPER関数
  書式：UPPER(文字列)

- 大文字を小文字にする：LOWER関数
  書式：LOWER(文字列)

メモ 数式が全レコードに自動入力される

テーブルの新しい列に数式を入力すると、数式が列全体に自動入力されます。通常の表に入力する場合は、数式を入力したあとにセルを選択しなおして、フィルハンドルをダブルクリックすると数式が列全体に自動入力されます。

ダブルクリックします。

6 「[@商品]」と入力されるので、「)」を入力して、Enter を押します。

7 JIS関数の数式が自動的にフィールド全体に入力され、

8 半角文字が全角文字に変換されます。

3 関数の結果の値でもとのデータを書き換える

ヒント 関数のセル範囲をすばやく選択するには

セルH2をクリックして、Shift + Ctrl + ↓ を押すと、セルH2以降のデータの範囲を選択できます。または、セルH1の上寄りの位置にマウスポインターを合わせ、↓の形になったらクリックすると、セルH2以降のデータの範囲を選択できます。

1 セルH1の上部をクリックすると、

2 セルH2以降のデータの範囲を選択できます。

1 関数が入力されたセル範囲を選択して、

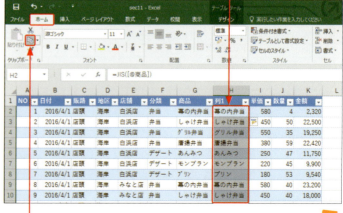

2 <ホーム>タブの<コピー>をクリックします。

3 <商品>フィールドの先頭のセルを選択して、

4 <貼り付け>の下の部分をクリックし、

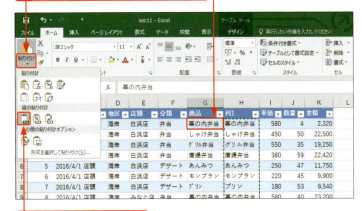

5 <値>をクリックします。

6 もとの半角文字のデータが全角文字に変わりました。

7 <商品>フィールドの右隣の列の列番号を右クリックし、

8 <削除>をクリックして、列全体を削除します。

 <値>を選択して値だけを貼り付ける

ここでは、数式を入力したセルをコピーして、<商品>フィールドのセルに貼り付けています。通常の貼り付けだと、数式が貼り付けられてしまうので、貼り付けのメニューから<値>を選択して、数式の結果の値を貼り付けます。

1 数式が入力されたセルをコピーして、

2 値の貼り付けを行うと、数式ではなく、数式の結果が貼り付けられます。

 Excel 2007で値を貼り付けるには

Excel 2007の場合は、<貼り付け>の下の部分をクリックして、<値の貼り付け>を選択します。

メモ 本書で使用する「売上」データベースの構成

本書では、主に下図のような売上を記録したテーブルをもとに、ピボットテーブルでさまざまな集計を行います。ピボットテーブルの操作に入る前に、あらかじめテーブルの内容を把握しておきましょう。

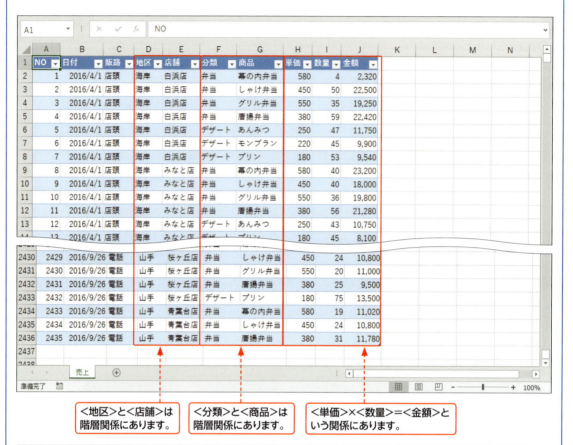

フィールド	説明
NO	1から始まる通し番号が振られています。
日付	2016年4月～9月の日付が入力されています。
販路	3種類の販売経路(「店頭」「ネット」「電話」)が入力されています。
地区	2種類の地区名(「海岸」「山手」)が入力されています。
店舗	4種類の店舗名が入力されています。＜地区＞フィールドと階層関係にあります。 ●「海岸」地区の店舗　白浜店、みなと店 ●「山手」地区の店舗　桜ヶ丘店、青葉台店
分類	2種類の商品分類名(「弁当」「デザート」)が入力されています。
商品	7種類の商品名が入力されています。＜分類＞フィールドと階層関係にあります。 ●「弁当」の商品　　幕の内弁当、しゃけ弁当、グリル弁当、唐揚弁当 ●「デザート」の商品　あんみつ、モンブラン、プリン
単価	商品の単価が入力されています。
数量	商品の売上数が入力されています。
金額	「単価×数量」が計算されています。

Chapter 03

第3章

ピボットテーブルを作成しよう 基本編

Section		
	12	ピボットテーブル作成の概要
	13	ピボットテーブルの土台を作成する
	14	商品ごとに売上金額を集計する
	15	商品ごと地区ごとのクロス集計表を作成する
	16	集計項目を変更して集計表の視点を変える
	17	「販売経路」と「地区」の2段階で集計する
	18	桁区切りのカンマ「,」を付けて数値を見やすく表示する
	19	集計元のデータの変更を反映する
	20	集計元のデータの追加を反映する

Section 12 ピボットテーブル作成の概要

この章で覚える操作

ピボットテーブル作成の流れ

ピボットテーブルは、「ピボットテーブルの土台の作成」と「フィールドの配置」の2段階の操作で作成します。フィールドの配置は、あとからかんたんに変更できます。集計元の表のデータを変更したり、追加したりしたときは、ピボットテーブルを手動で更新する必要があります。

ピボットテーブルの作成

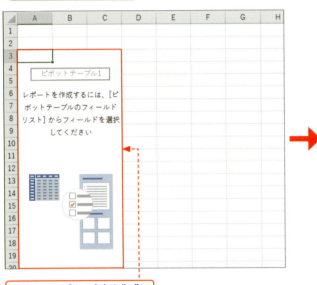

ピボットテーブルの土台を作成し（Sec.13参照）、

フィールドを配置してピボットテーブルを作成します（Sec.14、Sec.15参照）。

データの更新

もとのデータの変更や追加を行ったときは、

ピボットテーブルを手動で更新します（Sec.19、Sec.20参照）。

さまざまな形の集計表を作成できる

ピボットテーブルは、どのフィールドをどこに配置するかによって、さまざまな形になります。この章では、1次元の集計表、2次元の集計表、2階層の集計表の3種類の集計表を作成します。2次元の集計表は、もっともよく使用される集計表の形式で、「クロス集計表」と呼ばれます。

1次元の集計表

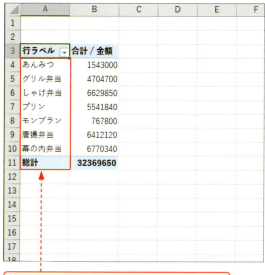

商品ごとに売上金額を集計します（Sec.14参照）。

2次元の集計表（クロス集計表）

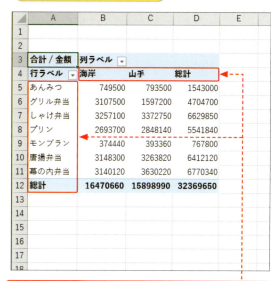

商品ごと地区ごとに売上金額を集計します（Sec.15参照）。

2階層の集計表

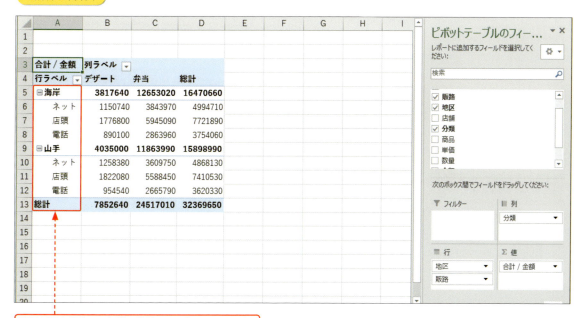

地区と販売経路の2段階で集計します（Sec.17参照）。

Section 13 ピボットテーブルの土台を作成する

ピボットテーブルの作成

集計の下準備としてピボットテーブルの土台を作ろう

ピボットテーブルで集計を行うには、まず、ピボットテーブルの土台を作成する必要があります。このSectionでは、テーブルのデータを元にピボットテーブルを作成する方法を説明します。通常の表を元に作成する場合も、操作手順は同じです。

Before：テーブル

テーブルのデータを元に、

After：ピボットテーブル

ピボットテーブルの土台を作成します。

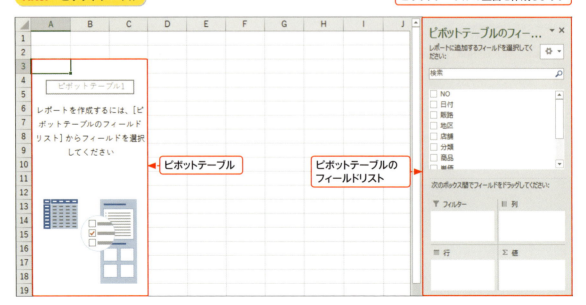

1 ピボットテーブルの土台を作成する

1 テーブル内のセルをクリックします。

メモ テーブル内のセルを選択しておく

あらかじめテーブル内のセルをクリックして選択しておくと、＜ピボットテーブルの作成＞ダイアログボックスの＜テーブル／範囲＞欄にテーブル名が表示され、テーブルの全データが集計の対象になります。

2 ＜挿入＞タブをクリックして、

3 ＜ピボットテーブル＞をクリックします。

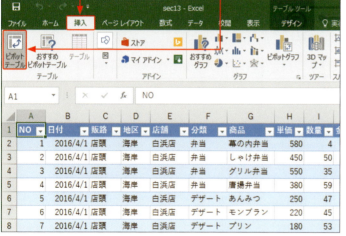

ヒント ＜デザイン＞タブから作成することもできる

テーブル内のセルをクリックすると、リボンに＜デザイン＞タブが表示されます。その＜ツール＞グループにある＜ピボットテーブルで集計＞をクリックしても、＜ピボットテーブルの作成＞ダイアログボックスを表示できます。

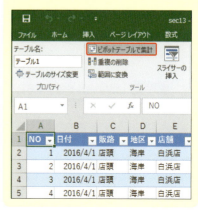

4 ＜ピボットテーブルの作成＞ダイアログボックスが表示されます。

5 テーブルの名前が表示されていることを確認し、

6 ＜新規ワークシート＞をクリックして、

7 ＜OK＞をクリックします。

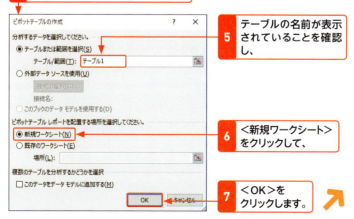

ヒント｜通常の表を元に作成する場合は

通常の表を元に、ピボットテーブルを作成する場合も、事前に表内のセルをクリックして選択しておきます。データベースの決まりごとに沿って作成した表（Sec.06参照）であれば、表のセル範囲が自動認識され、＜ピボットテーブルの作成＞ダイアログボックスの＜テーブル／範囲＞欄に表示されるので、表全体のセル範囲を指定する手間が省けます。

8 新しいワークシートが挿入され、

9 ピボットテーブルの土台が作成されました。

10 ピボットテーブルの編集用のリボンが表示されます。

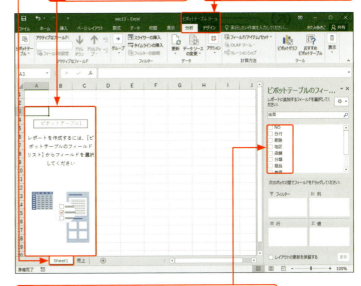

11 テーブルに含まれるフィールドの名前が表示されます。

2 ワークシートの名前を変更する

メモ｜シート名を変更するとわかりやすくなる

ピボットテーブルを配置したワークシートのシート名を「集計」など、わかりやすい名前に変更すると、集計元のワークシートと区別しやすくなります。シート名は、半角／全角にかかわらず31文字まで設定できます。

1 シート見出しをダブルクリックすると、シート名が選択されます。

2 シート名を入力して Enter を押すと、シート名を変更できます。ここでは、「集計」という名前にしています。

メモ｜ほかのセルを選択するとリボンの表示が変わる

ピボットテーブルの編集用のリボンは、ピボットテーブル以外のセルを選択すると非表示になります。ピボットテーブル内のセルを選択すると、再度表示できます。

ヒント おすすめピボットテーブルを利用して集計表を作成するには

Excel 2016／2013では、もとのテーブルや表のデータに応じて、Excelが数種類の集計表を提案してくれる＜おすすめピボットテーブル＞という機能が用意されています。おすすめピボットテーブルの中から選択するだけで、一気にピボットテーブルの集計表を作成できます。作成したピボットテーブルは、あとから自由に変更できます。

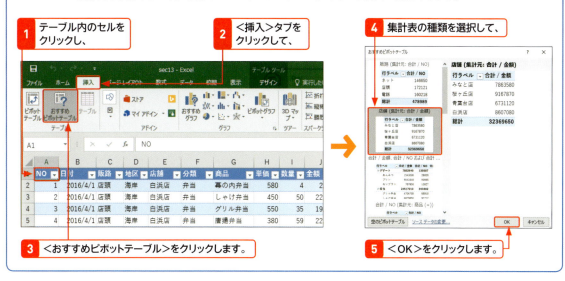

 ステップアップ ピボットテーブルのオプション設定を確認する

ピボットテーブルに関するほとんどの設定は、＜ピボットテーブルオプション＞ダイアログボックスで指定します。具体的な設定方法は以降のSectionで紹介するので、ここでは＜ピボットテーブルオプション＞ダイアログボックスの表示方法を確認しておきましょう。ピボットテーブルが土台の状態と集計表の状態のどちらの場合でも、表示方法は同じです。なお、Excel 2010／2007の場合は、図の手順2の代わりに＜オプション＞リボンをクリックしてください。

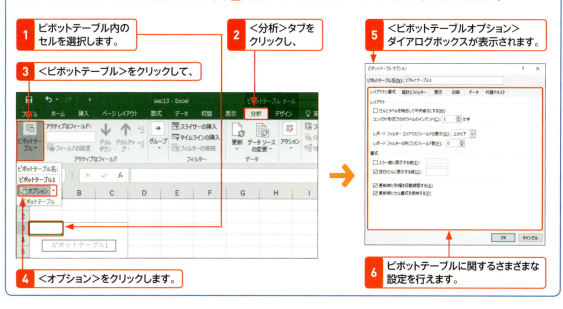

Section 14 商品ごとに売上金額を集計する

フィールドの配置

マウスのドラッグ操作で瞬時に集計できる

Sec.13でピボットテーブルの土台を作成しました。このSectionでは、その土台を使用して、商品ごとに売上金額を合計する集計表を作成します。操作はいたってかんたんです。＜ピボットテーブルのフィールドリスト＞で、フィールドのレイアウトを指定するだけです。すべて、マウスのドラッグで操作できます。

Before：ピボットテーブルの土台

ピボットテーブルの土台から、

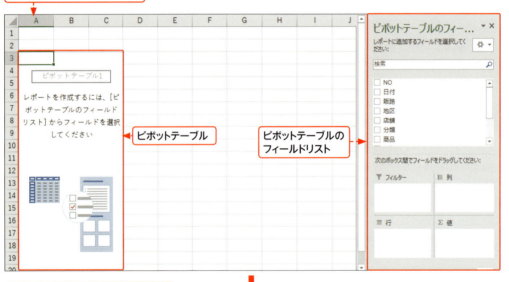

ピボットテーブル／ピボットテーブルのフィールドリスト

After：ピボットテーブルの集計表

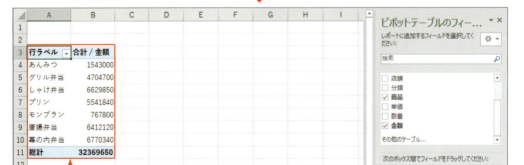

商品ごとの売上金額を集計します。

1 行ラベルフィールドに商品名を表示する

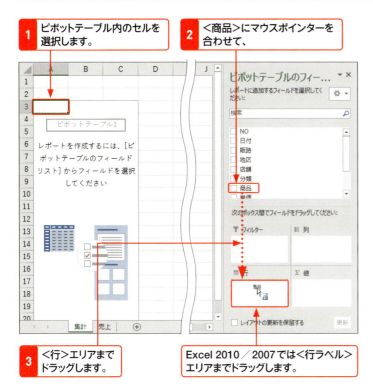

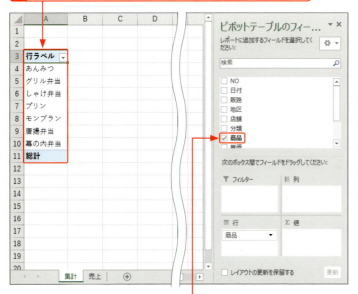

 **ピボットテーブル内の
セルを選択してから操作する**

<ピボットテーブルのフィールドリスト>は、ピボットテーブル内のセルを選択しないと表示されません。ピボットテーブルの操作をするときは、必ず最初にピボットテーブル内のセルを選択しましょう。

 **フィールドリストが
表示されないときは**

ピボットテーブル内のセルを選択しているにもかかわらず<ピボットテーブルのフィールドリスト>が表示されない場合は、<分析>リボンにある<表示>をクリックして、<フィールドリスト>をクリックします。Excel 2010／2007の場合は、<オプション>リボンにある<フィールドリスト>をクリックしてください。

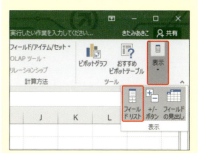

行ラベルフィールド

行ラベルフィールドは、集計表の行見出しとなるフィールドです。行ラベルフィールドに指定したフィールドのアイテムは、表の左端に縦一列に並びます。

アイテム

アイテムとは、フィールド内に入力されている個々のデータのことです。<商品>フィールドのアイテムは、「あんみつ」「グリル弁当」などの商品名です。

2 値フィールドに金額の合計を表示する

ヒント 右クリックして配置先を選ぶ

＜ピボットテーブルのフィールドリスト＞でフィールド名を右クリックして、配置先のエリアを選択することもできます。

1 フィールド名を右クリックして、

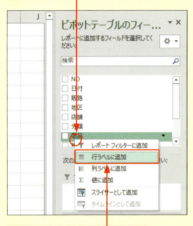

2 配置先をクリックすると、フィールドを配置できます。

1 一番下までスクロールします。

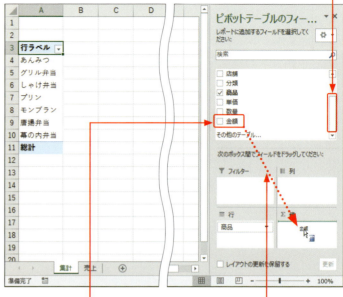

2 ＜金額＞にマウスポインターを合わせて、

3 ＜値＞エリアまでドラッグします。

4 値フィールドに、商品ごとの合計値と総計が表示されます。

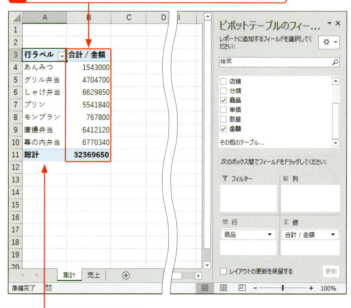

5 集計表が完成しました。

メモ 数値のフィールドを配置すると合計される

＜値＞エリアに＜金額＞や＜数量＞などの数値のフィールドを配置すると、集計表に数値の合計が求められます。いっぽう、＜商品＞や＜分類＞などの文字のフィールドを配置すると、集計表にデータの個数が求められます。

ヒント　Excel 2003と同じ操作方法でピボットテーブルを作成するには

Excel 2003では、＜ピボットテーブルのフィールドリスト＞からフィールドを直接ピボットテーブルにドラッグして集計表を作成できました。そのような操作方法を使用したい場合は、P.67のステップアップを参考に、＜ピボットテーブルオプション＞ダイアログボックスを表示します。＜表示＞タブにある＜従来のピボットテーブルレイアウトを使用する＞にチェックを付けると、ピボットテーブルがExcel 2003と同じレイアウトに変わり、フィールドを直接ドラッグして配置できるようになります。

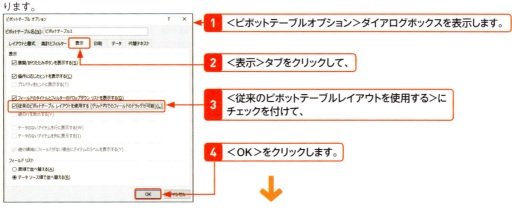

1 ＜ピボットテーブルオプション＞ダイアログボックスを表示します。
2 ＜表示＞タブをクリックして、
3 ＜従来のピボットテーブルレイアウトを使用する＞にチェックを付けて、
4 ＜OK＞をクリックします。

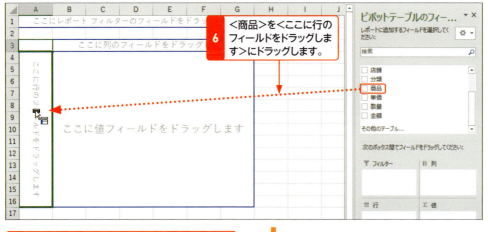

5 ピボットテーブルがExcel 2003と同様のレイアウトに変わりました。
6 ＜商品＞を＜ここに行のフィールドをドラッグします＞にドラッグします。

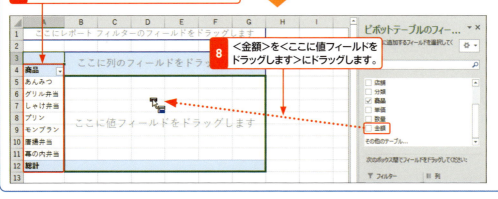

7 ＜商品＞フィールドのアイテムが表示されます。
8 ＜金額＞を＜ここに値フィールドをドラッグします＞にドラッグします。

Section 15 商品ごと地区ごとのクロス集計表を作成する

<列>エリアの利用

行と列にフィールドを配置すれば2次元の集計表になる

集計表の左端（行ラベルフィールド）と上端（列ラベルフィールド）に項目名を配置して、それぞれの項目の交差部分（クロスする部分）に集計値を表示する2次元の集計表を「クロス集計表」と呼びます。ここでは、Sec.14で作成した1次元の集計表をもとに、行ラベルフィールドに商品、列ラベルフィールドに地区を配置したクロス集計表を作成します。

Before：1次元の集計表

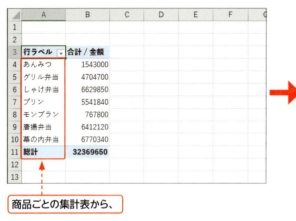

商品ごとの集計表から、

After：2次元の集計表（クロス集計表）

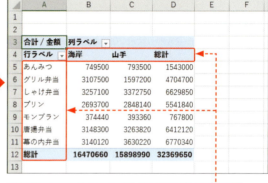

左端に商品、上端に地区を配置したクロス集計表を作成します。

1 列ラベルを追加してクロス集計表に変える

メモ　フィールド構成は自由に変更できる

集計する項目は、いつでも自由に変更できます。ここではフィールドを追加しますが、削除や移動もできます。その方法は、Sec.16で紹介します。

 行ラベルフィールドに「商品」が配置されています。

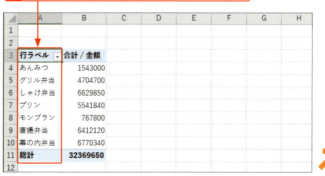

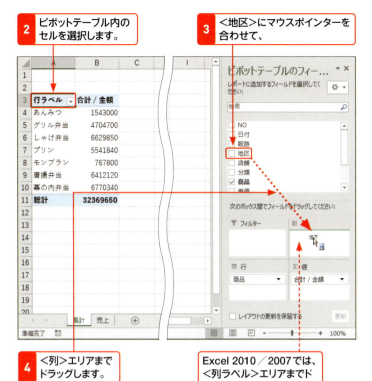

2 ピボットテーブル内のセルを選択します。

3 <地区>にマウスポインターを合わせて、

4 <列>エリアまでドラッグします。

Excel 2010／2007では、<列ラベル>エリアまでドラッグします。

5 列ラベルフィールドに<地区>フィールドのアイテムが表示されます。

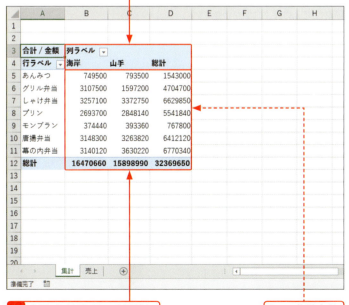

6 商品ごと地区ごとの合計値とその総計が表示されます。

クロス集計表が完成しました。

キーワード 列ラベルフィールド

列ラベルフィールドは、集計表の列見出しとなるフィールドです。列ラベルフィールドに指定したフィールドのアイテムは、表の上端に横一列に並びます。

キーワード １次元の集計表

１次元の集計表とは、項目名と集計値が縦一列、または横一列に並んだ集計表です。<行>と<値>の２つのエリアにフィールドを配置すると、手順❶のピボットテーブルのような縦一列の集計表になります。一方、<列>と<値>の２つのエリアにフィールドを配置すると、下図のような横一列の集計表になります。

1 <列>エリアと<値>エリアにフィールドを配置すると、

2 横一列の１次元の集計表になります。

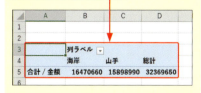

キーワード ２次元の集計表

２次元の集計表とは、項目名が表の縦横に並んだクロス集計表のことです。ピボットテーブルでは、<行>と<列>、<値>の３つのエリアにフィールドを配置すると、２次元の集計表になります。

Section 16 集計項目を変更して集計表の視点を変える

フィールドの移動と削除

視点を変えてデータを分析できる

「商品」「地区」「販路」など、複数の項目があるデータベースからクロス集計表を作成するとき、行や列にどの項目を配置するかによって、集計表から見えてくる内容が変わります。たとえば、「商品」と「地区」を配置した場合、各商品の地区ごとの売れ行きがわかります。また、「販路」と「商品」を配置した場合、販売経路による商品の売れ行きの違いが明確になります。このように、集計の視点を変化させてデータを分析する手法を、サイコロ（ダイス）を転がす様子にたとえて「ダイス分析」と呼びます。ピボットテーブルでは、フィールドの削除、移動、追加の3つの操作の組み合わせで、ダイス分析が行えます。いずれの操作も、マウスでドラッグするだけなのでかんたんです。

ダイス分析

●商品別地区別売上集計表

	海岸地区	山手地区	総計
グリル弁当	3,107	1,597	4,704
しゃけ弁当	3,257	3,373	6,630
⋮	⋮	⋮	⋮
総計	16,471	15,899	32,370

各商品の地区ごとの売上金額がわかります。

●商品別販路別売上集計表

	ネット注文	店頭注文	電話注文	総計
グリル弁当	1,438	2,168	1,098	4,704
しゃけ弁当	2,031	3,104	1,495	6,630
⋮	⋮	⋮	⋮	⋮
総計	9,863	15,133	7,374	32,370

各商品の販売経路ごとの売上金額がわかります。

●地区別販路別売上集計表

	ネット注文	店頭注文	電話注文	総計
海岸地区	4,995	7,722	3,754	16,471
山手地区	4,868	7,411	3,620	15,899
総計	9,863	15,133	7,374	32,370

各地区の販売経路ごとの売上金額がわかります。

「商品別地区別」から「地区別販路別」の集計表に変える

売上集計表の集計項目を「商品別地区別」から「地区別販路別」に変更してみましょう。＜商品＞を行ラベルフィールドから削除し、＜地区＞を列ラベルフィールドから行ラベルフィールドへ移動し、あらたに＜販路＞を列ラベルフィールドに追加すると、かんたんに集計表を作り替えられます。

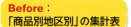

Before：
「商品別地区別」の集計表

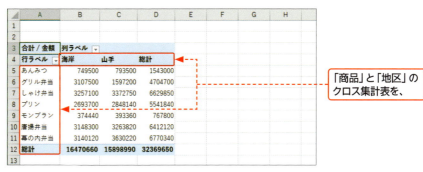

「商品」と「地区」のクロス集計表を、

After：
「地区別販路別」の集計表

「地区」と「販路」のクロス集計表に作り替えます。

1 フィールドを削除する

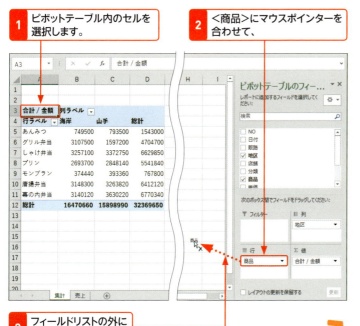

1. ピボットテーブル内のセルを選択します。
2. ＜商品＞にマウスポインターを合わせて、
3. フィールドリストの外にドラッグします。

 **メモ　フィールドの削除**

フィールドをフィールドリストの外にドラッグすると、集計表から削除できます。または、フィールド名の先頭にあるチェックを外しても、そのフィールドを集計表から削除できます。

クリックしてチェックを外します。

2 フィールドを移動する

4 行ラベルフィールドから「商品」が削除されました。

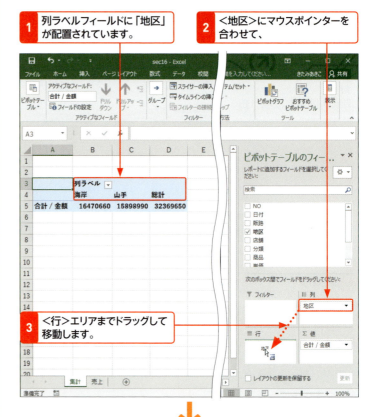

1 列ラベルフィールドに「地区」が配置されています。

2 ＜地区＞にマウスポインターを合わせて、

3 ＜行＞エリアまでドラッグして移動します。

メモ　フィールドの移動

フィールドリストのエリア間でフィールドをドラッグすると、そのフィールドを集計表上で移動できます。または、フィールド名をクリックして＜○○に移動＞をクリックしても、そのフィールドを移動できます。

1 ＜地区＞をクリックして、

2 ＜行ラベルに移動＞をクリックします。

4 「地区」が行ラベルフィールドに移動しました。

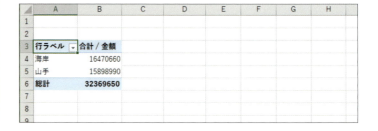

3 フィールドを新しく追加する

1 <販路>にマウスポインターを合わせて、

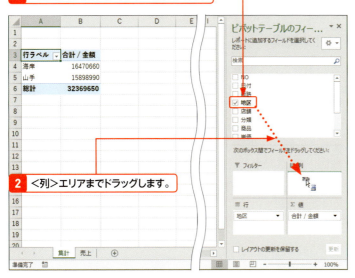

2 <列>エリアまでドラッグします。

メモ　削除、移動、追加の順序に決まりはない

ここでは、「フィールドの削除」「フィールドの移動」「フィールドの追加」という順序で「商品別地区別」から「地区別販路別」の集計表に作り替えますが、どの順序で作業しても結果は同じ集計表になります。

3 列ラベルフィールドに<販路>フィールドのアイテムが表示されました。

ヒント　白紙に戻して配置し直す方法もある

ピボットテーブルがごちゃごちゃしてしまったときは、いったんすべてのフィールドを削除してから、改めてフィールドを追加し直したほうがわかりやすいことがあります。<分析>リボンを開いて<アクション>→<クリア>→<すべてクリア>の順にクリックすると、ピボットテーブルを一気に白紙に戻せます。Excel 2010／2007の場合は、<オプション>リボンにある<クリア>→<すべてクリア>の順にクリックします。

1 <アクション>→<クリア>→<すべてクリア>の順にクリックすると、

2 ピボットテーブルが白紙に戻ります。

Section 17 「販売経路」と「地区」の2段階で集計する

複数フィールドの配置

複数の項目を同じエリアに配置して集計できる

ピボットテーブルの各エリアには、複数のフィールドを配置できます。たとえば、「販売経路」と「地区」を＜行＞エリアに配置すると、「販売経路」ごとに同じ「地区」が繰り返される集計表になります。「販売経路」と「地区」を入れ替えれば、「地区」ごとに同じ「販売経路」が繰り返され、データの見え方も変わります。

Before：「販路別」の集計表

「販売経路」が配置されています。

After1：「販路別地区別」の集計表

「地区」を追加して、「販売経路」別「地区」別の集計表に変えます。

After2：「地区別販路別」の集計表

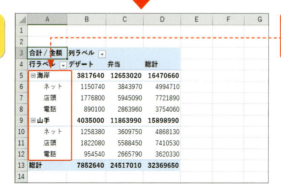

「販売経路」と「地区」を入れ替えて、「地区」別「販売経路」別の集計表に変えます。

1 複数のフィールドを同じエリアに配置する

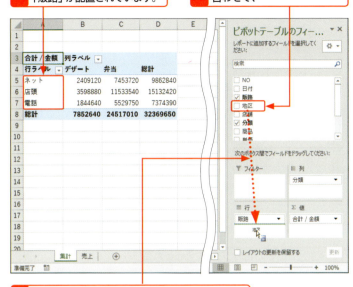

1 <行ラベル>フィールドに「販路」が配置されています。

2 <地区>にマウスポインターを合わせて、

3 <行>エリアの<販路>の下側にドラッグします。

4 「販路」ごとに同じ「地区」が繰り返し表示されました。

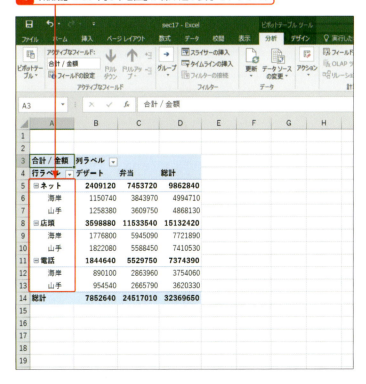

 フィールドの順序

左図では「販路」→「地区」の順に配置しましたが、「地区」→「販路」になるように配置するには、<地区>フィールドを<販路>の上側にドラッグします。挿入位置に青い太線が表示されるので、それを目安にドロップするとよいでしょう。

<地区>を<販路>の上側の位置までドラッグします。

<値エリア>にも複数配置できる

<値エリア>にも、「数量」と「金額」など複数のフィールドを配置できます。詳しくは、Sec.41を参照してください。

2 エリア内のフィールドの順序を入れ替える

ヒント メニューを使用して移動することもできる

＜行＞エリアの＜販路＞フィールドをクリックして、＜下へ移動＞をクリックしても、＜販路＞フィールドを＜地区＞フィールドの下に移動できます。

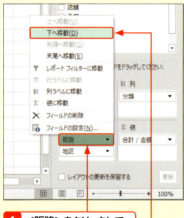

1 ＜販路＞をクリックして、

2 ＜下へ移動＞をクリックします。

3 ＜販路＞が下に移動しました。

1 「販路」ごとに「地区」が繰り返し表示されています。

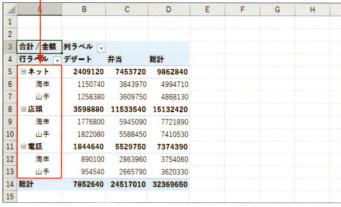

2 ＜販路＞にマウスポインターを合わせて、

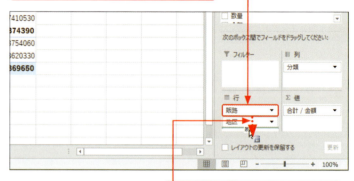

3 ＜地区＞の下側にドラッグします。

4 「地区」ごとに同じ「販路」が繰り返し表示されました。

ヒント 同系統のフィールドを階層付けする

「商品分類」→「商品」、「地区」→「店舗」という具合に、同系統のフィールドを「大分類」→「小分類」の順序で同じエリアに配置すると、アイテムを分類ごとに階層化して集計を行えます。たとえば、「商品分類」と「商品」を＜行＞エリアに配置すると、商品が分類ごとに整理されて、見やすい集計表になります。また、分類ごとの売れ行きの違いなども明確になります。

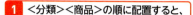

1 ＜分類＞＜商品＞の順に配置すると、

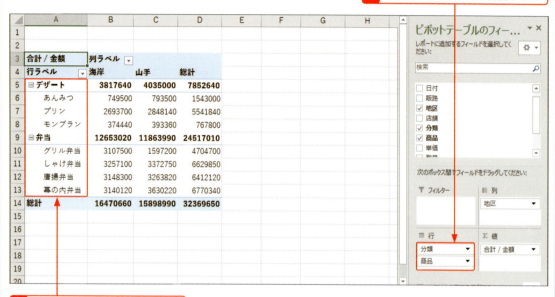

2 「商品」が「デザート」と「弁当」に分類分けして集計されます。

3 ＜地区＞＜店舗＞の順に配置すると、

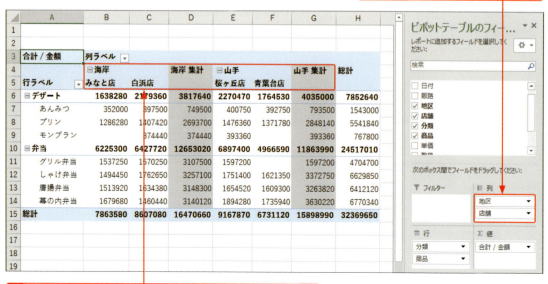

4 「店舗」が「海岸地区」と「山手地区」に地区分けして集計されます。

Section 18 桁区切りのカンマ「,」を付けて数値を見やすく表示する

値フィールドの表示形式

集計結果の数値の読みやすさにも気を配ろう

売上など、桁の大きい数値を集計するとさらに桁が大きくなり、そのままでは数値が読みづらくなります。そこで、<u>3桁区切りのカンマ「,」</u>の表示形式を<u>設定</u>するなどして、数値を読み取りやすくしましょう。＜値フィールドの設定＞ダイアログボックスから設定すると、フィールド全体に一気に設定できます。

Before：集計しただけの状態

数値が大きい場合は、

After：桁区切りを設定

桁区切りすると、数値が読みやすくなります。

1 数値に3桁区切りのカンマを付ける

 メモ **Excel 2010／2007で表示形式を設定するには**

Excel 2010／2007では、手順 2 ～ 3 の代わりに以下のように操作します。

1 ＜オプション＞タブをクリックします。

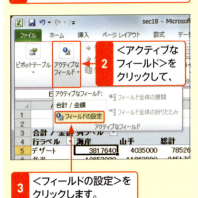

2 ＜アクティブなフィールド＞をクリックして、

3 ＜フィールドの設定＞をクリックします。

1 数値が表示されているセルをクリックして、

2 ＜分析＞タブをクリックし、

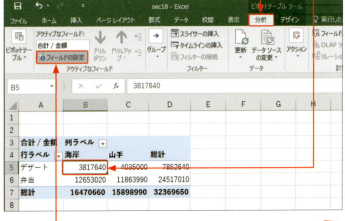

3 ＜フィールドの設定＞をクリックします。

4 <値フィールドの設定>ダイアログボックスが表示されます。

5 <表示形式>をクリックします。

6 <セルの書式設定>ダイアログボックスが表示されます。

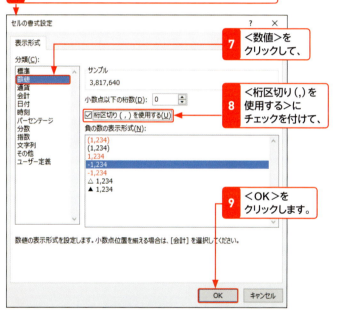

7 <数値>をクリックして、

8 <桁区切り(,)を使用する>にチェックを付けて、

9 <OK>をクリックします。

10 <値フィールドの設定>ダイアログボックスに戻るので、<OK>をクリックして閉じます。

11 3桁区切りで表示されました。

メモ セルを1つ選択するとフィールド全体に設定される

<値フィールドの設定>ダイアログボックスの<表示形式>を使用すると、選択したセルを含むフィールド全体に、表示形式を一括設定できます。集計表が大きなセル範囲の場合や、集計値が飛び飛びのセルに表示されている場合でも、あらかじめセルを1つだけ選択しておけばよいので便利です。

キーワード 表示形式

表示形式とは、データの見え方を設定する機能です。たとえば「1234」という数値に表示形式を設定することで、「1,234」や「¥1,234」などの形式で表示することができます。

ヒント さまざまな表示形式が用意されている

<セルの書式設定>ダイアログボックスの<分類>欄で<数値>や<通貨>などの分類を選択すると、選択内容に応じて、右側にさまざまな設定項目が表示されます。たとえば<数値>を選択した場合、小数点以下の表示桁数や、負数の表示形式などを設定できます。

メモ ピボットテーブル専用の書式機能を使う

ピボットテーブルには、専用の書式機能があります。一般のセルの書式機能を使用しても表示形式を設定できますが、その場合、集計表のレイアウトを変更したときに表示形式が外れることがあります。また、あとから追加した集計値に元からある集計値と同じ表示形式が設定されてしまうこともあります。ここで紹介した方法なら、そのような心配はありません。

Section 19 集計元のデータの変更を反映する

データの更新

元データを修正したときは更新操作が必要

集計元のデータを修正しても、ピボットテーブルの集計結果は自動では変更されません。データの修正を集計に反映させるには、＜更新＞という操作を行う必要があります。更新を怠ると、集計結果が古いデータのままになってしまうので、元データを修正したときは必ず更新を行いましょう。

1 集計元のデータを修正する

メモ 通常の表の場合も操作は同じ

ここでは、テーブルをもとに集計していますが、通常の表をもとに集計した場合も、更新の方法は同じです。

1 「海岸」地区の「弁当」の集計結果を確認します。

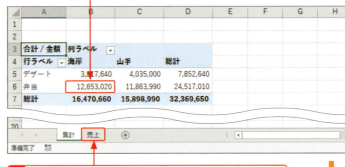

2 集計元のシート見出し（ここでは「売上」）をクリックします。

3 1行目の「海岸」地区の「弁当」の「数量」を「4」から「40」に変更し、

4 「金額」の数値が変わったことを確認して、

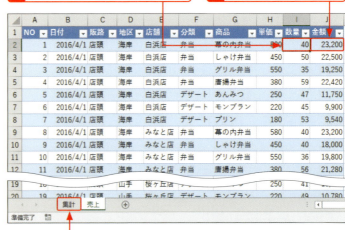

メモ 外部から取り込んだデータの修正に注意

外部のファイルから「単価」「数量」と一緒に「金額」を取り込んだ場合、「金額」フィールドには数式ではなく、値がそのまま入力されています。その場合、「数量」を変更するときは、「金額」も手計算して入力し直す必要があります。

5 ピボットテーブルのシート見出し（ここでは「集計」）をクリックします。

2 ピボットテーブルの集計結果を更新する

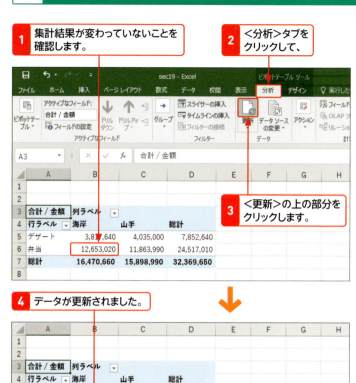

メモ Excel 2010／2007でデータを更新するには

Excel 2010／2007では、手順2〜3の代わりに、＜オプション＞リボンにある＜更新＞の上の部分をクリックします。

ヒント 複数の集計表をまとめて更新するには

＜更新＞の下の部分をクリックして、＜すべて更新＞をクリックすると、ファイル内のすべてのピボットテーブルを更新できます。

ヒント ファイルを開いたときに自動更新するには

ファイルを開く際に、ピボットテーブルが自動更新されるようにできます。まず、P.67のステップアップを参考に＜ピボットテーブルオプション＞ダイアログボックスを表示します。＜データ＞タブで＜ファイルを開くときにデータを更新する＞にチェックを付けると、設定完了です。

Section 20 集計元のデータの追加を反映する

データソースの変更

集計元に追加したデータを集計結果に反映させよう

集計元に新しいデータを追加したときの反映方法は、集計元がテーブルの場合と通常の表の場合とで異なります。テーブルの場合は、＜更新＞の操作を行うだけでかんたんに反映できます。一方、通常の表の場合は、＜データソースの変更＞を実行して、集計元のデータ範囲を指定し直します。ここでは、テーブルの場合と表の場合の2通りの操作を紹介します。

1 テーブルに追加したデータをピボットテーブルに反映させる

メモ 使用するサンプルファイル

右の手順は、サンプルファイル「sec20_1.xlsx」を使用して操作してください。

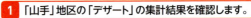
1 「山手」地区の「デザート」の集計結果を確認します。

2 集計元のシート見出し（ここでは「売上」）をクリックします。

メモ データの追加に合わせて自動拡張する

Sec.07で紹介したとおり、テーブルの真下の行に新しいデータを入力すると、自動的にテーブルが拡張し、それに連動してテーブル名の参照範囲も拡張します。

3 最下行に新しいレコードを入力して、

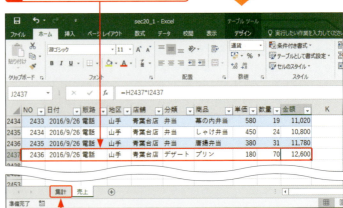

メモ 新規入力行にすばやく移動するには

テーブル内のセルを選択して、Ctrlを押しながら↓を押すと、ワークシートがスクロールして、テーブルの最下行に移動できます。そこから↓を押して新規入力行に移動するとかんたんです。

4 ピボットテーブルのシート見出し（ここでは「集計」）をクリックします。

5 集計結果が変わっていないことを確認します。

6 <分析>タブをクリックして、

> **メモ** 参照範囲が拡張しても<更新>の操作は必要
>
> テーブルの範囲が自動拡張しても、集計結果は変化しません。集計元に追加したデータを反映させるには、<更新>の操作を行う必要があります。

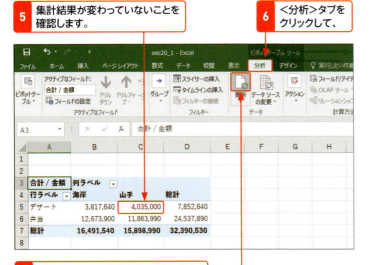

7 <更新>の上の部分をクリックします。

8 追加したデータが反映されました。

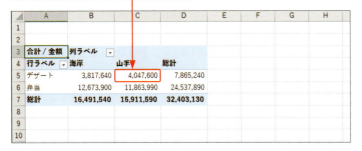

> **メモ** Excel 2010／2007でデータを反映させるには
>
> Excel 2010／2007では、手順6～7の代わりに、<オプション>リボンにある<更新>の上の部分をクリックします。

2 通常の表に追加したデータをピボットテーブルに反映させる

1 表の最下行に新しいレコードを入力して、

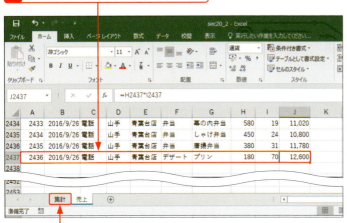

2 ピボットテーブルのシート見出し(ここでは「集計」)をクリックします。

> **メモ** 使用するサンプルファイル
>
> 左の手順は、サンプルファイル「sec20_2.xlsx」を使用して操作してください。

> **メモ** 通常の表の場合は<データソースの変更>を実行する
>
> 集計元が通常の表の場合は、<更新>をクリックしても新しいデータの追加を反映できません。新しいデータを追加したときは、必ず<データソースの変更>を実行しましょう。

ヒント　データの範囲を効率よく修正するには

集計元の表に大量のデータが入力されている場合、表のセル範囲をドラッグして指定するのは大変です。データを追加するときに最終の行番号を覚えておき、＜ピボットテーブルのデータソースの変更＞ダイアログボックスの＜テーブル／範囲＞に初期値として表示されるセル範囲の末尾の行番号を直接書き換えるとよいでしょう。

末尾の行番号を書き換えます。

3 集計結果が変わっていないことを確認します。

4 ＜分析＞タブをクリックして、

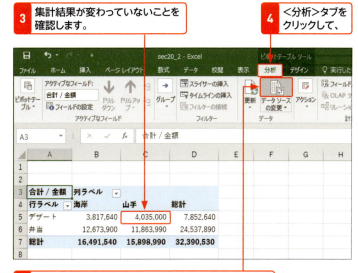

5 ＜データソースの変更＞の上の部分をクリックします。

6 集計元のワークシートに切り替わり、＜ピボットテーブルのデータソースの変更＞ダイアログボックスが表示されました。

7 新しいデータの範囲をドラッグして、

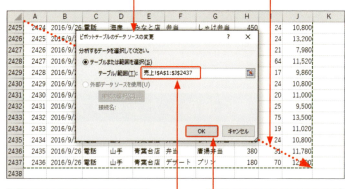

8 データの範囲を確認して、

9 ＜OK＞をクリックします。

メモ　ダイアログボックスが切り替わる

手順7で新しいデータの範囲をドラッグすると、＜ピボットテーブルのデータソースの変更＞ダイアログボックスが＜ピボットテーブルの移動＞という名前に変わります。

10 追加したデータが反映されました。

メモ　新しいアイテムを追加した場合

集計元の表で「店舗」や「地区」などのフィールドに新しいアイテムを追加した場合、データを反映させると、ピボットテーブルに新しいアイテムの行や列が追加されます。

Chapter 04

第4章

グループ化・並べ替えで表を見やすくしよう 応用編

Section 21 日付をまとめて四半期ごと月ごとに集計する
22 関連する商品をひとまとめにして集計する
23 単価を価格帯別にひとまとめにして集計する
24 総計額の高い順に集計表を並べ替える
25 独自の順序で商品名を並べ替える
26 自由な位置に移動して並べ替える

Section 21 日付をまとめて四半期ごと月ごとに集計する

日付データのグループ化

日付データをグループ化して長期的な売上の変化をわかりやすくする

長期にわたる売上の傾向を分析したいときは、日付を「月」単位や「四半期」単位でグループ化しましょう。日付をグループ化することで、月ごとや四半期ごとの売上を集計でき、全体的な傾向がつかみやすくなります。また、「日」単位の売上だと天気や曜日に左右されることがありますが、「月」や「四半期」にまとめると、そのような要因による売上の上下を吸収できるというメリットもあります。ここでは、「地区別」の売上集計表に日付データを追加して、「四半期ごと月ごと」に売上を集計します。

Before

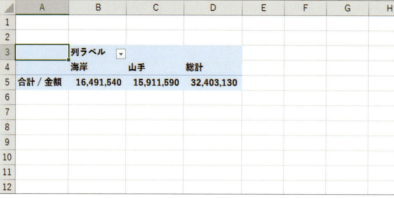

時間の経過による売上の推移を調べたいときは、

After：「四半期ごと月ごと」に売上を集計

日付データを追加して、月単位や四半期単位で集計します。

1 日付のフィールドを追加する

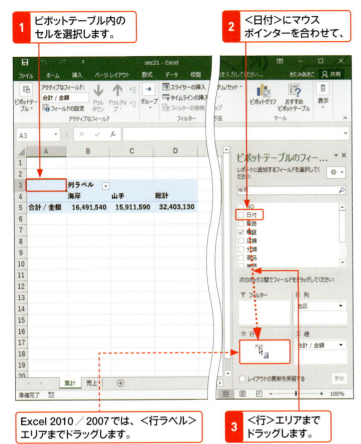

メモ Excel 2013以前では同じ日付ごとに集計される

Excel 2013／2010／2007では、手順 1～3 を実行すると、同じ日付ごとにデータが集計されます。月単位のグループ化は行われません。

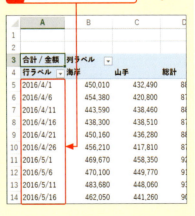

メモ Excel 2016では「月」と「日」でグループ化される

Excel 2016では、日付のフィールドに複数月のデータが入力されている場合、自動的に「月」と「日」でグループ化されます。最初は左図のように月単位の集計結果だけが表示されますが、⊞ボタンをクリックすると各日付のデータを表示できます。なお、複数年のデータが入力されている場合は、「年」「四半期」「月」でグループ化が行われます。

メモ Excel 2016では＜月＞フィールドが追加される

Excel 2016では、＜行＞エリアに＜日付＞フィールドを配置すると、自動的に＜月＞フィールドが作成されて、＜行＞エリアに＜月＞と＜日付＞が表示されます。

＜月＞フィールドが作成されます。

6 4月の日付ごとの集計が表示されます。

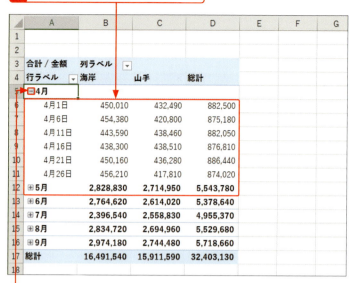

7 ⊟ボタンをクリックすると、4月のデータが折りたたまれます。

2 日付を「四半期」単位と「月」単位でグループ化する

メモ Excel 2013でグループ化するには

Excel 2013では、手順**1**〜**4**の代わりに、日付のセルを選択して＜分析＞リボンから＜グループ＞→＜グループの選択＞をクリックします。

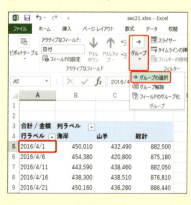

1 月または日付のセルをクリックして選択します。

2 ＜分析＞タブをクリックして、

3 ＜グループ＞をクリックして、

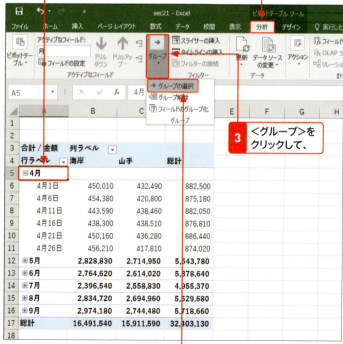

4 ＜グループの選択＞をクリックします。

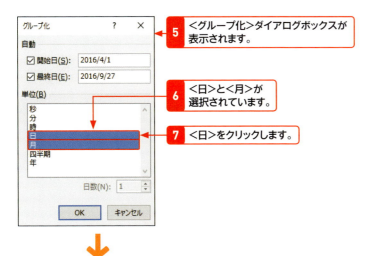

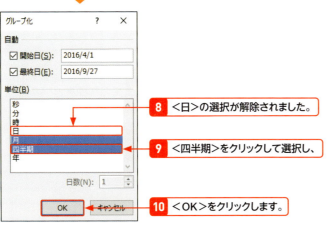

メモ Excel 2010／2007でグループ化するには

Excel 2010／2007では、手順1～4の代わりに、日付のセルを選択して＜オプション＞リボンにある＜グループの選択＞をクリックします。

メモ Excel 2013／2010／2007の場合

Excel 2013／2010／2007では、＜グループ化＞ダイアログボックスを開くと＜月＞だけが選択された状態で表示されます。＜四半期＞をクリックするだけで、＜月＞と＜四半期＞が選択された状態になります。

ステップアップ 「週」単位でグループ化するには

＜グループ化＞ダイアログボックスの＜開始日＞に1週目の月曜日の日付を入力し、＜単位＞から＜日＞を選択して、＜日数＞に「7」を入力すると、月曜日を週の開始日として、「週」単位でグループ化できます。

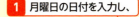

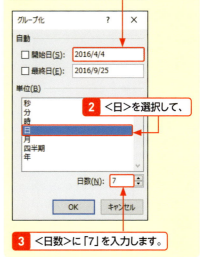

3 四半期ごとに小計を表示する

メモ ＜自動＞を選ぶと柔軟に集計できる

手順5で＜自動＞を選択すると、値フィールドに配置したデータに応じて自動で集計方法が変化します。たとえば、＜金額＞などの数値を配置した場合は合計、＜商品＞などの文字データを配置した場合はデータの個数が計算されます。

ヒント ＜四半期＞フィールドが追加される

日付を「四半期」と「月」でグループ化すると、あらたにフィールドリストに＜四半期＞フィールドが追加され、＜日付＞フィールドは月単位のデータに変わります。追加された＜四半期＞フィールドは、もとの＜日付＞フィールドとは別に、配置したり削除したりできます。また、＜日付＞フィールドでは月単位のグループ化が維持されるので、ピボットテーブルからいったん削除して再配置すると、「月」でグループ化された状態で表示されます。

1 ＜日付＞が「月」でグループ化され、

2 あらたに＜四半期＞フィールドが追加されます。

1 四半期のセルをクリックして選択します。

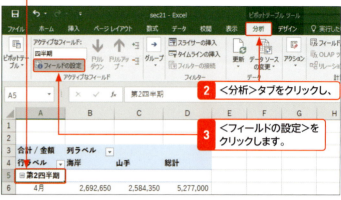

2 ＜分析＞タブをクリックし、

3 ＜フィールドの設定＞をクリックします。

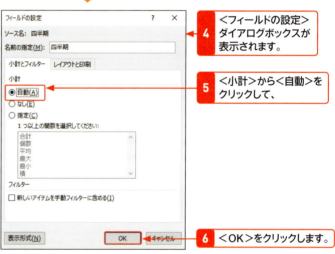

4 ＜フィールドの設定＞ダイアログボックスが表示されます。

5 ＜小計＞から＜自動＞をクリックして、

6 ＜OK＞をクリックします。

7 四半期ごとに小計が表示されました。

 **ヒント　月単位だけで集計するには**

月単位だけで集計を行いたい場合は、＜グループ化＞ダイアログボックスの＜単位＞で＜月＞だけを選択してグループ化します。なお、複数年のデータが入力されている場合は、月単位だけでグループ化すると同じ月の異なる年のデータがまとめてグループ化されてしまうので、年と月でグループ化しましょう。

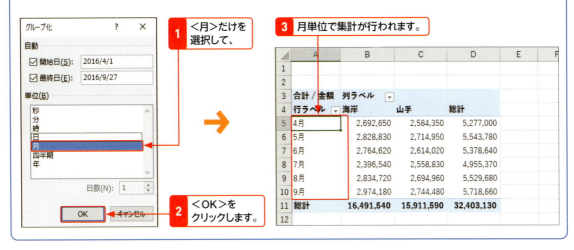

 メモ　グループ化を解除するには

グループ化を解除するには、日付のセル（ここでは「四半期」か「月」のセル）を選択して、図のように操作します。Excel 2010／2007では、＜オプション＞リボンにある＜グループ解除＞をクリックします。グループ化を解除すると、同じ日付ごとにデータが集計されます。＜グループ化＞ダイアログボックスの＜単位＞で＜日＞だけを選択した場合は異なる年の同じ月日が同じ「日」としてグループ化されますが、グループ化を解除した場合は年が異なると別の日付として扱われます。

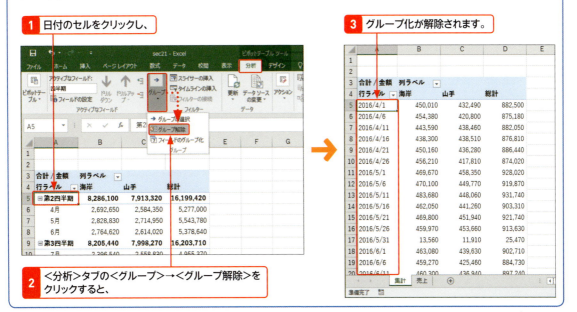

Section 22 関連する商品をひとまとめにして集計する

文字データのグループ化

商品をジャンル分けしてあらたな切り口で集計する

行ラベルや列ラベルのアイテムを分類分けして集計すると、アイテムが整理されて見やすい集計表になります。ここでは、商品を「和食」と「洋食」のジャンルに分けて集計します。「和食」「洋食」のジャンルは元のデータベースに含まれていませんが、「グループ化」の機能を使用すればジャンル分けが行えます。あらたな切り口で集計することで、売上の多角的な分析が可能になります。

Before：商品別の集計

合計 / 金額	列ラベル				
行ラベル	みなと店	桜ヶ丘店	青葉台店	白浜店	総計
あんみつ	352,000	400,750	392,750	397,500	1,543,000
グリル弁当	1,537,250	1,597,200		1,570,250	4,704,700
しゃけ弁当	1,494,450	1,751,400	1,621,350	1,762,650	6,629,850
プリン	1,286,280	1,476,360	1,384,380	1,407,420	5,554,440
モンブラン		393,360		374,440	767,800
唐揚弁当	1,513,920	1,654,520	1,609,300	1,634,380	6,412,120
幕の内弁当	1,679,680	1,894,280	1,735,940	1,481,320	6,791,220
総計	7,863,580	9,167,870	6,743,720	8,627,960	32,403,130

商品別の集計では、どのジャンルの商品が売れているのかを読み取るのが大変です。

After：ジャンル別商品別の集計

合計 / 金額	列ラベル				
行ラベル	みなと店	桜ヶ丘店	青葉台店	白浜店	総計
⊟和食	3,526,130	4,046,430	3,750,040	3,641,470	14,964,070
あんみつ	352,000	400,750	392,750	397,500	1,543,000
しゃけ弁当	1,494,450	1,751,400	1,621,350	1,762,650	6,629,850
幕の内弁当	1,679,680	1,894,280	1,735,940	1,481,320	6,791,220
⊟洋食	4,337,450	5,121,440	2,993,680	4,986,490	17,439,060
グリル弁当	1,537,250	1,597,200		1,570,250	4,704,700
プリン	1,286,280	1,476,360	1,384,380	1,407,420	5,554,440
モンブラン		393,360		374,440	767,800
唐揚弁当	1,513,920	1,654,520	1,609,300	1,634,380	6,412,120
総計	7,863,580	9,167,870	6,743,720	8,627,960	32,403,130

ジャンル別に集計すると、「ジャンル」という切り口で商品の売れ行きを分析できます。

1 和食関連の商品を「和食」グループにまとめる

1 <あんみつ>のセルをクリックします。

	A	B	C	D	E	F	G	H
1								
2								
3	合計 / 金額	列ラベル						
4	行ラベル	みなと店	桜ヶ丘店	青葉台店	白浜店	総計		
5	あんみつ	352,000	400,750	392,750	397,500	1,543,000		
6	グリル弁当	1,537,250	1,597,200		1,570,250	4,704,700		
7	しゃけ弁当	1,494,450	1,751,400	1,621,350	1,762,650	6,629,850		
8	プリン	1,286,280	1,476,360	1,384,380	1,407,420	5,554,440		
9	モンブラン		393,360		374,440	767,800		
10	唐揚弁当	1,513,920	1,654,520	1,609,300	1,634,380	6,412,120		
11	幕の内弁当	1,679,680	1,894,280	1,735,940	1,481,320	6,791,220		
12	総計	7,863,580	9,167,870	6,743,720	8,627,960	32,403,130		
13								

2 Ctrl を押しながら<しゃけ弁当>と<幕の内弁当>のセルをクリックします。

	A	B	C	D	E	F	G	H
1								
2								
3	合計 / 金額	列ラベル						
4	行ラベル	みなと店	桜ヶ丘店	青葉台店	白浜店	総計		
5	あんみつ	352,000	400,750	392,750	397,500	1,543,000		
6	グリル弁当	1,537,250	1,597,200		1,570,250	4,704,700		
7	しゃけ弁当	1,494,450	1,751,400	1,621,350	1,762,650	6,629,850		
8	プリン	1,286,280	1,476,360	1,384,380	1,407,420	5,554,440		
9	モンブラン		393,360		374,440	767,800		
10	唐揚弁当	1,513,920	1,654,520	1,609,300	1,634,380	6,412,120		
11	幕の内弁当	1,679,680	1,894,280	1,735,940	1,481,320	6,791,220		
12	総計	7,863,580	9,167,870	6,743,720	8,627,960	32,403,130		
13								

3 <あんみつ><しゃけ弁当><幕の内弁当>のセルが選択されました。

4 <分析>タブをクリックして、

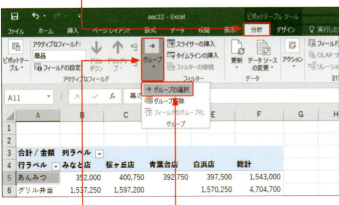

5 <グループ>をクリックして、

6 <グループの選択>をクリックします。

メモ 売上のないセルは空白になる

「みなと店」の「モンブラン」など、売上のないセルは空白になります。空白のセルに「0」を表示する方法は、Sec.57で紹介します。

メモ Ctrl＋クリックで離れたセルを選択できる

ピボットテーブルのセルは、通常のセルと同様に✥のマウスポインターで選択できます。クリックするとクリックしたセルが選択され、ドラッグするとドラッグした範囲のセルが選択されます。また、1つ目のセルを選択して、Ctrl を押しながら2つ目以降のセルをクリックすると、離れた位置にある複数のセルを同時に選択できます。

ヒント マウスポインターの形に注意して選択する

手順 **1** ～ **2** でセルを選択するときは、✥のマウスポインターでクリックしましょう。マウスポインターを合わせる位置によっては、➡や⬇の形になることがあります。その状態でクリックすると、ピボットテーブル内の特定の要素が一括選択されてしまいます。

1 ⬇の形でクリックすると、

2 全アイテムが選択されます。

メモ Excel 2010／2007でグループ化するには

Excel 2010／2007では、手順 **4** ～ **6** の代わりに<オプション>リボンにある<グループの選択>をクリックします。

メモ グループ化する商品を間違えたときは

違う商品を一緒にグループ化してしまったときは、いったんグループ化を解除しましょう。「グループ1」と表示されているセルを選択して、図のように操作すると、解除できます。Excel 2010／2007の場合は、＜オプション＞リボンにある＜グループ解除＞をクリックして解除します。

1 「グループ1」のセルを選択して、

2 ＜グループ＞→＜グループ解除＞の順にクリックします。

7 ほかのセルをクリックして、アイテムの選択を解除します。

8 選択した商品が1つのグループにまとめられました。

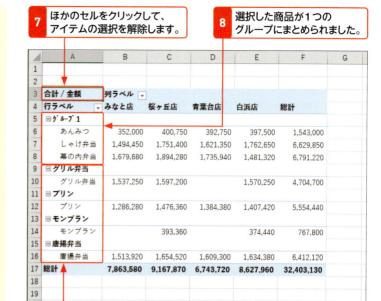

9 残りの商品は、1つの商品が1つのグループになります。

2 洋食関連の商品を「洋食」グループにまとめる

ヒント ショートカットメニューも利用できる

グループ化するアイテムを選択し、選択したいずれかのセルを右クリックして＜グループ化＞をクリックしても、グループ化を行えます。

1 右クリックして、

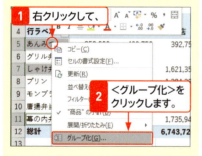

2 ＜グループ化＞をクリックします。

ヒント グループ化のショートカットキー

次のショートカットキーを使用しても、グループ化とグループ化の解除を実行できます。

・グループ化
 Alt ＋ Shift ＋ →

・グループ化の解除
 Alt ＋ Shift ＋ ←

1 ＜グリル弁当＞＜プリン＞＜モンブラン＞＜唐揚弁当＞のセルを選択します。

2 ＜分析＞タブをクリックして、

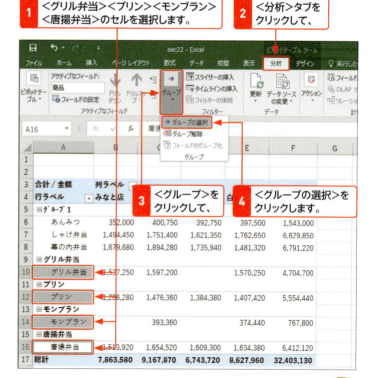

3 ＜グループ＞をクリックして、

4 ＜グループの選択＞をクリックします。

5 選択した商品が1つのグループにまとめられました。

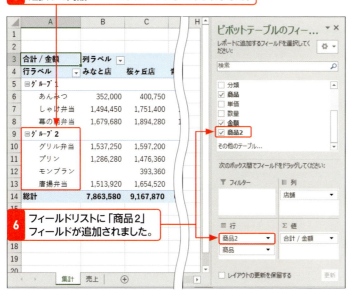

6 フィールドリストに「商品2」フィールドが追加されました。

> **メモ** <商品>をグループ化すると<商品2>が作成される
>
> P.97～P.98の操作により、「グループ1」「グループ2」の2つのアイテムからなる<商品2>フィールドが作成され、<商品2>→<商品>の2階層の集計が行われます。「3 グループ化により作成された新フィールドの設定を行う」では、<商品2>フィールドのアイテム名とフィールド名、小計の設定を行います。

3 グループ化により作成された新フィールドの設定を行う

1 「グループ1」と表示されたセルを選択して、「和食」と入力します。

2 を押します。

3 「和食」と表示されました。

4 同様に、「グループ2」と表示されたセルを選択して、「洋食」と入力しておきます。

> **メモ** アイテム名の変更
>
> 「グループ1」「グループ2」などのアイテム名は、セルに上書き入力することで変更できます。文字の前に表示される ⊞ ボタンは、文字の入力中は非表示になりますが、Enter を押して確定すると再表示されます。

> **メモ** フィールドの再配置時にアイテム名は維持される
>
> 手順 1 ～ 4 で設定したアイテム名は、フィールドの配置を変更しても維持されます。たとえば、「商品2」フィールドを<列>エリアに配置すると、列ラベルフィールドに「和食」「洋食」と表示されます。

ヒント Excel 2010／2007の場合

Excel 2010／2007では、手順6～7の代わりに以下のように操作します。

1 ＜オプション＞タブをクリックします。

2 ＜アクティブなフィールド＞をクリックして、

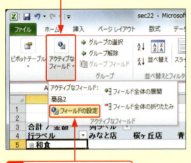

3 ＜フィールドの設定＞をクリックします。

ヒント ジャンルはフィールドとして使用できる

＜フィールドの設定＞ダイアログボックスで指定した名前（ここでは「ジャンル」）は、フィールドリストに追加されます。これ以降、＜ジャンル＞フィールドは通常のフィールドとして自由に配置できます。

1 フィールドリストに表示されるので、

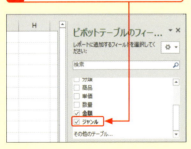

2 通常のフィールドとして集計に使用できます。

---

5 ＜和食＞または＜洋食＞のセルをクリックして選択します。

6 ＜分析＞タブをクリックし、

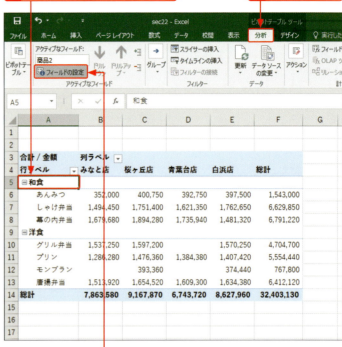

7 ＜フィールドの設定＞をクリックします。

8 ＜フィールドの設定＞ダイアログボックスが表示されます。

9 ＜和食＞＜洋食＞のフィールド名として「ジャンル」と入力し、

10 ＜小計＞から＜自動＞をクリックして、

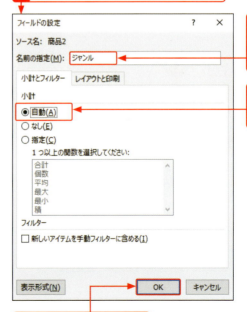

11 ＜OK＞をクリックします。

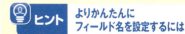

12 グループごとに小計が表示されました。

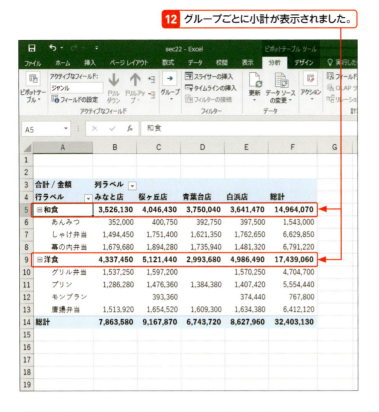

ヒント よりかんたんにフィールド名を設定するには

Excel 2016／2013では、＜分析＞リボンにある＜アクティブなフィールド＞欄で、直接フィールド名を入力できます。Excel 2010／2007の場合は、＜オプション＞リボンの＜アクティブなフィールド＞をクリックして、表示される入力欄にフィールド名を入力します。

1 ＜和食＞か＜洋食＞のセルをクリックして選択し、

2 ＜アクティブなフィールド＞に名前を入力します。

ステップアップ 主力商品以外を「その他」にまとめて集計できる

売上の低い商品を「その他」という項目にまとめたいときは、売上の低い商品をグループ化し、グループ名を「その他」にします。次の例では、「あんみつ」と「モンブラン」を「その他」にまとめています。なお、「その他」を最下行に移動したい場合は、Sec.26を参照してください。

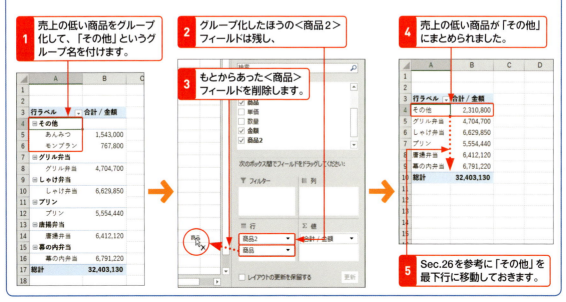

1 売上の低い商品をグループ化して、「その他」というグループ名を付けます。

2 グループ化したほうの＜商品2＞フィールドは残し、

3 もとからあった＜商品＞フィールドを削除します。

4 売上の低い商品が「その他」にまとめられました。

5 Sec.26を参考に「その他」を最下行に移動しておきます。

Section 23 単価を価格帯別にひとまとめにして集計する

数値データのグループ化

単価をグループ化して集計すれば価格帯ごとの売上がわかる

Sec.21 で日付データ、Sec.22 で文字列データをグループ化しました。ここでは、数値データをグループ化してみましょう。単価を 100 円単位や 1000 円単位でグループ化すると、価格帯別に売上金額や売上数を集計できます。個々の商品の売れ行きではなく、「どの価格帯の商品がどれだけ売れたか」といった価格帯に焦点を当てた分析を行いたいときに便利です。このほか、年齢を 10 歳単位でグループ化して年代別にアンケートを集計するなど、数値のグループ化はさまざまなシーンで活用できます。

1 単価を100円単位でグループ化する

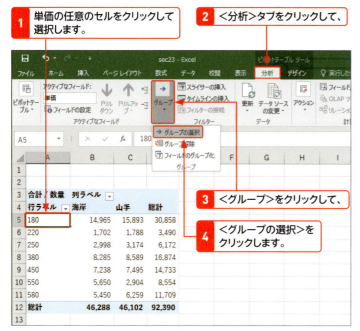

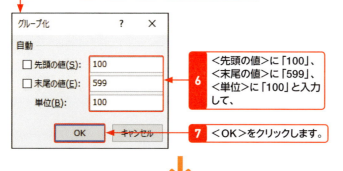

 単価を配置すると単価別集計になる

行ラベルフィールドに単価を配置すると、「180円の商品の集計」「220円の商品の集計」という具合に、同じ単価の商品ごとに集計が行われます。

 Excel 2010／2007でグループ化するには

Excel 2010／2007では、手順2～4の代わりに＜オプション＞リボンにある＜グループの選択＞をクリックします。

 ＜先頭の値＞もきちんと指定する

＜グループ化＞ダイアログボックスで＜単位＞の「100」だけを指定すると、＜単価＞フィールドの最小値「180」を基準にグループ化が行われるため、「180-279」「280-379」とグループ分けされます。切りのよい数値から始めるには、必ず＜先頭の値＞を指定しましょう。

レイアウトを変えてもグループ化は持続する

グループ化の設定は、ピボットテーブルから＜単価＞フィールドを削除しても持続します。フィールドリストから再度＜単価＞を配置すると、単価がグループ化された状態で表示されます。単価別の集計に戻したい場合は、P.95のメモを参考にグループ化を解除しましょう。

Section 24 総計額の高い順に集計表を並べ替える

数値の並べ替え

売上金額の高い順に表を並べ替えて売れ筋商品を見極める

売れ筋商品を分析したいときは、売上金額の高い順に集計表を並べ替えるのが鉄則です。並べ替えを行わない場合、数値を見比べて売上の高い商品を探さなければならず大変です。表を売上順に並べ替えておけば、「どの商品が売れているか」が一目瞭然となります。さらに、「1位から3位までは売上に差がない」「1位と最下位で売上に10倍の開きがある」というような、より踏み込んだ考察もかんたんに行えます。順位を明確にすることで、売上データが分析しやすくなるのです。

1 総計列の値順に商品を並べ替える

1 <総計>の列の任意のセルを選択します。

2 <データ>タブをクリックして、

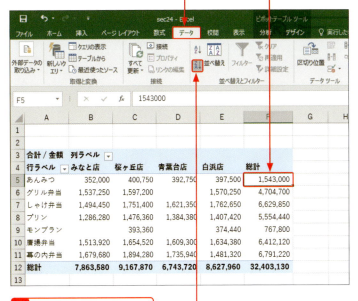

3 <降順>をクリックします。

4 <総計>の数値の高い順に、商品が行単位で並べ替えられました。

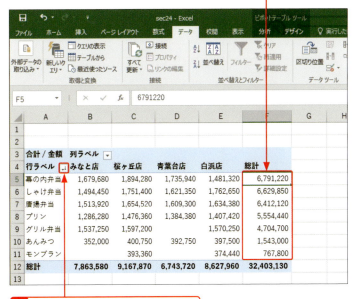

5 ボタンの図柄が に変わりました。

キーワード 昇順と降順

数値の小さい順に並べ替えるには<昇順>ボタン、大きい順に並べ替えるには<降順>ボタンを使用します。

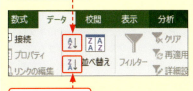

メモ <ホーム>リボンからも並べ替えを行える

<ホーム>リボンの<編集>グループにある<並べ替えとフィルター>をクリックして、<昇順>や<降順>を選択しても、並べ替えを行えます。

メモ Excel 2010／2007では<オプション>リボンも使える

Excel 2010／2007では、<オプション>リボンにある<昇順>と<降順>を使用しても、並べ替えを行えます。

メモ 並べ替えの設定は持続する

一度並べ替えの指定を行うと、データを更新したり抽出の機能を実行したりしたときに、常にその時点で表示されているデータを基準に自動的に並べ替えが行われます。自動並べ替えをオフにしたい場合は、P.106のヒントを参照してください。

2 総計行の値順に店舗を並べ替える

ヒント 自動並べ替えをオフにするには

自動並べ替えをオフにして、現在の並び方を維持したいときは、＜商品＞や＜店舗＞のセルを選択して、＜データ＞リボンの＜並べ替えとフィルター＞グループにある＜並べ替え＞ボタンをクリックします。＜並べ替え＞ダイアログボックスが表示されるので、＜その他のオプション＞をクリックします。表示されるダイアログボックスで、＜レポートが更新されるたびに自動的に並べ替える＞のチェックを外します。

ステップアップ ＜総計＞以外の行や列を基準に並べ替えるには

値フィールドのセルを選択して、＜データ＞リボンにある＜並べ替え＞をクリックすると、＜値で並べ替え＞ダイアログボックスが表示され、並べ替えの方向を指定して並べ替えを行えます。事前に「みなと店」の「しゃけ弁当」のセルを選択している場合、＜行単位＞を指定すると「みなと店」の売上を基準に商品が並べ替えられ、＜列単位＞を指定すると「しゃけ弁当」の売上を基準に店舗が並べ替えられます。

1 並べ替えの順序を指定し、

2 並べ替えの方向を指定します。

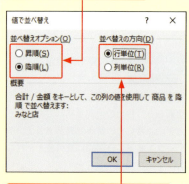

1 ＜総計＞の行の任意のセルを選択します。

2 ＜データ＞タブをクリックして、

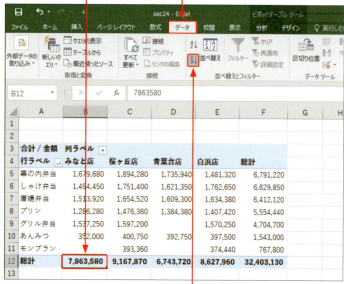

3 ＜降順＞をクリックします。

4 ＜総計＞の数値の高い順に、店舗が列単位で並べ替えられました。

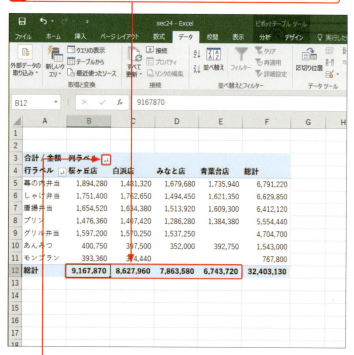

5 ▼ボタンの図柄が ↓ に変わりました。

メモ 階層集計の表を並べ替えるには

階層構造になっている集計表では、階層ごとに並べ替えを行えます。ここでは、<分類>フィールドと<商品>フィールドの2階層の集計表で、それぞれのフィールドを降順に並べ替えてみましょう。まず、売上の高い<分類>順に並べ替えられ、同じ<分類>の中では、売上の高い<商品>順に並べ替えが行われます。

上の階層を並べ替える

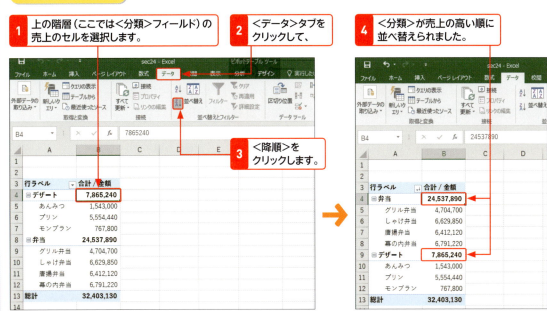

下の階層を並べ替える

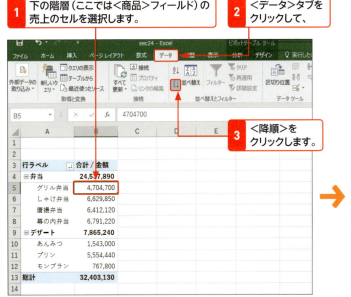
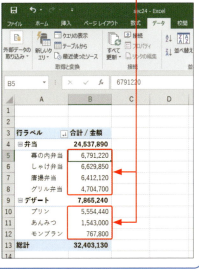

Section 25 独自の順序で商品名を並べ替える

ユーザー設定リストによる並べ替え

商品名をいつもの順序で見やすく表示する

行ラベルフィールドや列ラベルフィールドのアイテムは、標準では文字コードの順に並びます。読みの順序で並ばないので、目的のデータを探すのに一苦労です。このような場合は、いつも使用しているわかりやすい並び順を「ユーザー設定リスト」に登録しておくと、ピボットテーブルのデータをいつでも見やすい順序で表示できます。登録作業は1回で済むので、気軽に利用しましょう。

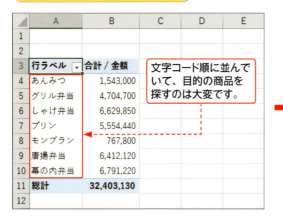

Before：文字コード順に並んでいる

文字コード順に並んでいて、目的の商品を探すのは大変です。

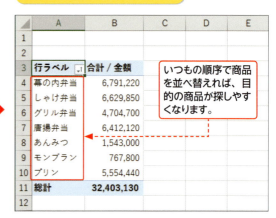

After：登録した順序で並べ替え

いつもの順序で商品を並べ替えれば、目的の商品が探しやすくなります。

1 データの並び順を登録する

メモ 文字データの並び順

Excelで入力したデータベースであれば、入力したときの読みの情報がふりがなとしてセルに記憶されるため、ふりがなによる並べ替えが可能です。しかし、ピボットテーブルのセルにはふりがなの情報がないので、商品や支店の名前が漢字の場合、データは文字コードの順に並びます。

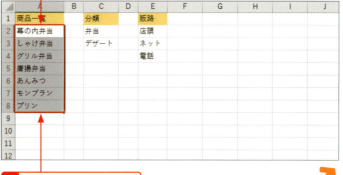

1 任意のセルに、並べたい順序で商品を入力しておきます。

2 商品のセルを選択します。

3 <ファイル>タブをクリックします。

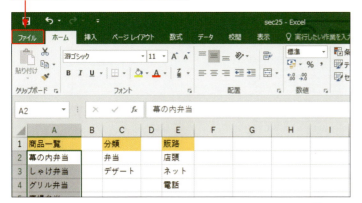

4 <オプション>をクリックします。

5 <Excelのオプション>ダイアログボックスが表示されます。

6 <詳細設定>をクリックして、

7 スライダーを下にドラッグします。

8 <ユーザー設定リストの編集>をクリックします。

キーワード　ユーザー設定リスト

ユーザー設定リストとは、データの並び順を登録したリストのことです。「January、February、March…、December」「日、月、火…、土」など、あらかじめ数種類のリストが登録されていますが、独自のリストを登録することもできます。登録したリストは、オートフィルにより連続データとして自動入力したり、並べ替えの基準として利用したりできます。

メモ　Excel 2007で<ユーザー設定リスト>を表示するには

Excel 2007の場合、手順**3**～**8**の代わりに、以下のように操作します。

1 <Office>ボタンをクリックして、

2 <オプション>をクリックします。

3 <基本設定>をクリックして、

4 <ユーザー設定リストの編集>をクリックします。

応用編

ヒント 並び順をダイアログボックスで入力することもできる

あらかじめセルに並び順のデータを入力せずに、＜ユーザー設定リスト＞ダイアログボックスで直接指定することも可能です。その場合、＜リストの項目＞にデータを入力して、＜追加＞をクリックします。

1 データを入力して、
2 ＜追加＞をクリックします。

メモ 登録した並び順を修正・削除するには

＜ユーザー設定リスト＞ダイアログボックスの一覧からデータを選択すると、＜リストの項目＞欄にデータが一覧表示されます。その状態で、並び順を編集するには、＜リストの項目＞欄でデータを編集して＜OK＞をクリックします。また、並び順を削除するには、＜削除＞をクリックします。

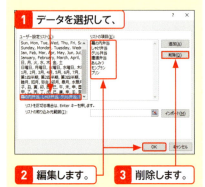

1 データを選択して、
2 編集します。
3 削除します。

ヒント 登録作業を続けて行うには

手順12の実行後、続けて他のフィールドの並び順を登録することもできます。それには、並び順を入力したセル範囲を＜リストの取り込み元範囲＞欄で指定して、＜インポート＞をクリックします。

9 ＜ユーザー設定リスト＞ダイアログボックスが表示されます。

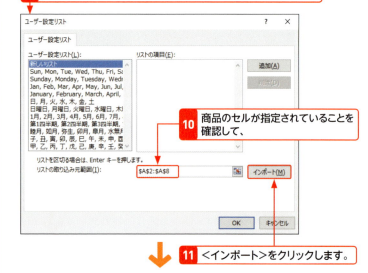

10 商品のセルが指定されていることを確認して、

11 ＜インポート＞をクリックします。

12 ＜ユーザー設定リスト＞に追加されたことを確認して、

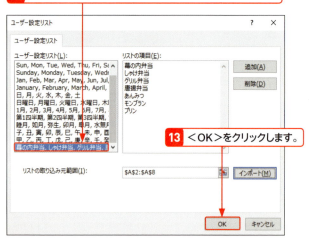

13 ＜OK＞をクリックします。

14 ＜Excelのオプション＞ダイアログボックスに戻るので、＜OK＞をクリックして閉じます。

15 同様に、ほかのフィールドの並び順も＜ユーザー設定リスト＞に登録しておきます。

2 登録したリストの順序で商品を並べ替える

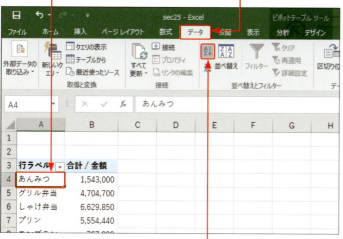

ヒント フィールドの再配置

ユーザー設定リストに並び順を登録してから、フィールドをピボットテーブルに追加すると、並べ替えの操作を行わなくても最初から登録した並び順で配置されます。

フィールドを追加すると、登録した並び順で配置されます。

メモ 登録したパソコンでのみ有効

ユーザー設定リストは、ファイルではなくパソコンに登録されます。ユーザー設定リストを使用して並べ替えたピボットテーブルをほかのパソコンで開くと、開いた直後は並び順が保持されますが、更新したりフィールドを入れ替えたりすると文字コード順に並べ替えられます。

ステップアップ ユーザー設定リストの使用／不使用を切り替えるには

ユーザー設定リストを使用するかどうかは、＜ピボットテーブルオプション＞ダイアログボックスで指定できます。P.67のステップアップを参考に＜ピボットテーブルオプション＞ダイアログボックスを表示し、＜集計とフィルター＞タブの＜並べ替え時にユーザー設定リストを使用する＞のチェックを切り替えます。初期状態では、チェックが付いています。

Section 26 自由な位置に移動して並べ替える

ドラッグによる並べ替え

注目したいデータを表の先頭に移動する

「全支店の中の自支店の位置付け」「全商品における注力商品の動向」など、特定のアイテムに着目してデータを分析したいことがあります。そのようなときは、着目したいアイテムを集計表の先頭に配置すると、見やすくて効果的です。Sec.25 ではユーザー設定リストに並び順を登録して並べ替える方法を紹介しましたが、ドラッグ操作でアイテムを並べ替えることもできます。着目したい1項目だけを特定の位置に移動したいときは、ドラッグする方法が手早くて便利です。

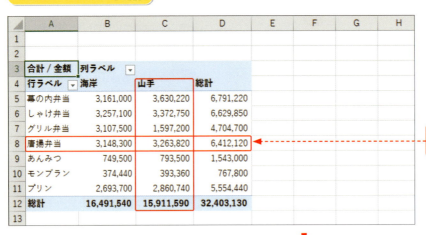

Before：アイテムを移動前

「山手」地区の「唐揚弁当」が目立ちません。

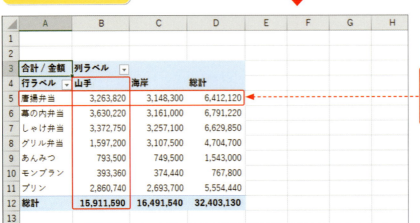

After：アイテムを移動

「山手」地区の「唐揚弁当」に着目したいときは、それぞれを表の先頭に配置すると見やすくなります。

1 「唐揚弁当」を行単位で移動する

1 「唐揚弁当」のセルをクリックして、

	A	B	C	D
3	合計 / 金額	列ラベル		
4	行ラベル	海岸	山手	総計
5	幕の内弁当	3,161,000	3,630,220	6,791,220
6	しゃけ弁当	3,257,100	3,372,750	6,629,850
7	グリル弁当	3,107,500	1,597,200	4,704,700
8	唐揚弁当	3,148,300	3,263,820	6,412,120
9	あんみつ	749,500	793,500	1,543,000
10	モンブラン	374,440	393,360	767,800
11	プリン	2,693,700	2,860,740	5,554,440
12	総計	16,491,540	15,911,590	32,403,130

2 枠にマウスポインターを合わせ、マウスポインターがこの形なったらドラッグします。

3 移動したい位置に太線が表示されたら、ボタンをはなします。

	A	B	C	D
3	合計 / 金額	列ラベル		
4	行ラベル	海岸	山手	総計
5	幕の内弁当	3,161,000	3,630,220	6,791,220
6	しゃけ弁当	3,257,100	3,372,750	6,629,850
7	グリル弁当	3,107,500	1,597,200	4,704,700
8	唐揚弁当	3,148,300	3,263,820	6,412,120
9	あんみつ	749,500	793,500	1,543,000
10	モンブラン	374,440	393,360	767,800
11	プリン	2,693,700	2,860,740	5,554,440
12	総計	16,491,540	15,911,590	32,403,130

4 「唐揚弁当」の行全体が移動しました。

	A	B	C	D
3	合計 / 金額	列ラベル		
4	行ラベル	海岸	山手	総計
5	唐揚弁当	3,148,300	3,263,820	6,412,120
6	幕の内弁当	3,161,000	3,630,220	6,791,220
7	しゃけ弁当	3,257,100	3,372,750	6,629,850
8	グリル弁当	3,107,500	1,597,200	4,704,700
9	あんみつ	749,500	793,500	1,543,000
10	モンブラン	374,440	393,360	767,800
11	プリン	2,693,700	2,860,740	5,554,440
12	総計	16,491,540	15,911,590	32,403,130

ヒント 登録せずに並べ替えたいときにも便利

ドラッグによる移動は、ユーザー設定リスト（Sec.25参照）に登録せずに並べ替えをしたいときにも便利です。その場合は、左の手順の要領でフィールド内のすべてのアイテムを目的の位置までドラッグします。

メモ マウスポインターの形に注意する

移動の際は、セルにマウスポインターを合わせ、マウスポインターの形が に変わったのを確認してから、ドラッグを開始しましょう。
マウスポインターを合わせる位置が少しずれると、↓の形になります。その状態でクリックすると、フィールド全体が選択されてしまうので注意してください。

メモ 行全体や列全体が移動する

行ラベルフィールドや列ラベルフィールドのセルをドラッグすると、自動的に行全体や列全体が移動します。

2 「山手」を列単位で移動する

ヒント　階層ごと移動できる

階層ごとの集計表で上位の階層のセルをドラッグすると、下位のフィールドのアイテムごと移動できます。

1 「山手」のセルをクリックして、枠にマウスポインターを合わせ、

2 ドラッグすると、

3 「山手」に含まれる店舗ごと移動されました。

1 「山手」のセルをクリックして、

2 枠にマウスポインターを合わせ、マウスポインターがこの形なったらドラッグします。

3 移動したい位置に太線が表示されたら、ボタンをはなします。

4 「山手」の列全体が移動しました。

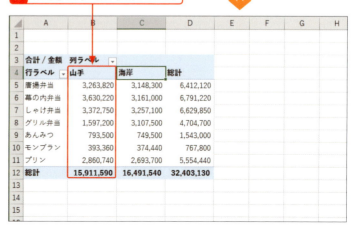

Chapter 05

第5章

フィルターを利用して注目データを取り出そう 応用編

Section	27	フィルターとは
	28	行ラベルや列ラベルのアイテムを絞り込む
	29	「○○を含まない」という条件でアイテムを絞り込む
	30	特定の期間のデータだけを表示する
	31	売上目標を達成したデータを抽出する
	32	売上トップ5を抽出する
	33	3次元集計で集計対象の「店舗」を絞り込む
	34	3次元集計の各店舗をべつべつのワークシートに取り出す
	35	3次元集計で集計対象の「店舗」をかんたんに絞り込む
	36	スライサーを複数のピボットテーブルで共有する
	37	特定の期間のデータだけをかんたんに集計する
	38	集計値の元データを一覧表示する
	39	集計項目を展開して内訳を分析する

Section 27 フィルターとは

フィルター機能の概要

行単位や列単位の抽出

条件に当てはまるデータを抽出する機能を「フィルター」と呼びます。フィルターを利用してピボットテーブル上のデータを絞り込むと、表に目的のデータだけが表示されて分析しやすくなります。条件は、行ラベル／列ラベルや総計の数値に対して指定できます。たとえば、行ラベルから「○○」を含む、「○○」で始まるなどのアイテムを抽出したり、総計値から「○円以上」「上位○件」などの数値を抽出したりできます。

もとの集計表

	A	B	C	D	E F G H
3	合計 / 金額	列ラベル			
4	行ラベル	海岸	山手	総計	
5	幕の内弁当	3,161,000	3,630,220	6,791,220	
6	しゃけ弁当	3,257,100	3,372,750	6,629,850	
7	グリル弁当	3,107,500	1,597,200	4,704,700	
8	唐揚弁当	3,148,300	3,263,820	6,412,120	
9	あんみつ	749,500	793,500	1,543,000	
10	モンブラン	374,440	393,360	767,800	
11	プリン	2,693,700	2,860,740	5,554,440	
12	総計	16,491,540	15,911,590	32,403,130	

行ラベルのアイテムの抽出

	A	B	C	D	E
3	合計 / 金額	列ラベル			
4	行ラベル	海岸	山手	総計	
5	あんみつ	749,500	793,500	1,543,000	
6	モンブラン	374,440	393,360	767,800	
7	プリン	2,693,700	2,860,740	5,554,440	
8	総計	3,817,640	4,047,600	7,865,240	

商品名に「弁当」を含まない商品を抽出します。

総計値の抽出

	A	B	C	D	E
3	合計 / 金額	列ラベル			
4	行ラベル	海岸	山手	総計	
5	幕の内弁当	3,161,000	3,630,220	6,791,220	
6	しゃけ弁当	3,257,100	3,372,750	6,629,850	
7	唐揚弁当	3,148,300	3,263,820	6,412,120	
8	総計	9,566,400	10,266,790	19,833,190	

総計が「6,000,000以上」のデータを抽出します。

抽出結果の集計

「レポートフィルター」や「スライサー」（Excel 2016 ／ 2013 ／ 2010）、「タイムライン」（Excel 2016 ／ 2013）などを使用すると、集計対象のデータを絞り込むことができます。たとえば、レポートフィルターやスライサーで「桜ヶ丘店」という条件を指定すると、もとのテーブルから桜ヶ丘店のデータが抽出されて集計されます。また、タイムラインで「5月〜7月」という条件を指定すると、もとのテーブルから5月〜7月のデータが抽出されて集計されます。

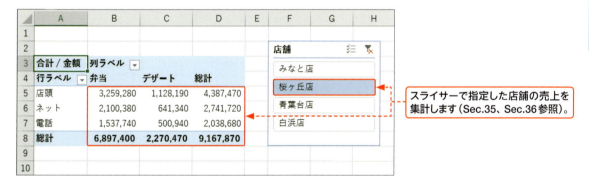

Section 28 行ラベルや列ラベルのアイテムを絞り込む

チェックボックスの利用

見たい項目だけを絞り込んで表示する

特定の店舗の特定の商品の売れ行きを分析するときに、集計表上にほかのデータがあると、見たいデータを探すのが大変です。また、目的のデータ同士を比較するときの妨げにもなります。そのようなときは、ほかのデータを非表示にし、分析対象のデータだけが表示されるようにしましょう。ピボットテーブルの行ラベルや列ラベルのセルに表示されるフィルターボタンを使用すると、かんたんに目的のデータを絞り込めます。指定した条件に合うデータだけを抽出して表示する機能を「フィルター」と呼びます。

Before：全商品を表示した表

全店舗の全商品が表示されているので、目的の店舗の目的の商品同士を比較するのが大変です。

After：フィルター実行

不要なデータを非表示にして、必要なデータだけを見やすく表示します。

1 列見出しに表示されるアイテムを絞り込む

1 「列ラベル」と表示されているセルのフィルターボタン▼をクリックします。

2 列ラベルフィールドの全アイテムが表示されます。

3 非表示にするアイテムのチェックを外し、

4 ＜OK＞をクリックします。

5 列ラベルフィールドに表示されるアイテムを絞り込めました。

6 総計も2店舗の合計に変わります。

メモ 2つのフィルターボタンを使い分ける

フィルターボタン▼は、列ラベルフィールド用と行ラベルフィールド用の2つあります。どちらのフィールドを絞り込むかによって、使い分けましょう。なお、項目を絞り込むと、フィルターボタンの絵柄が▼からに変わります。

3	合計 / 金額	列ラベル ▼		
4	行ラベル ▼	みなと店	桜ヶ丘店	青葉台店
5	幕の内弁当	1,679,680	1,894,280	1,735,94
6	しゃけ弁当	1,494,450	1,751,400	1,621,35

メモ レイアウトを変えてもフィルターは維持される

フィルターを実行したフィールドは、フィールドリストのフィールド名の横に、▼マークが表示されます。このフィールドをピボットテーブルから削除しても、フィルターの状態は維持され、▼マークは表示されたままになります。再度、ピボットテーブルに追加すると、アイテムが絞り込まれた状態で集計されます。

1 フィルターを実行したフィールドにマークが表示されます。

2 このフィールドをピボットテーブルから削除しても、

3 絞り込みの状態は維持されます。

2 行見出しに表示されるアイテムを絞り込む

メモ ＜（すべて選択）＞を上手に利用する

数多くの中から2、3項目だけを表示したいときは、いったん＜（すべて選択）＞のチェックを外します。すると、全項目のチェックが外れるので、目的の項目だけをすばやく選択できます。

メモ 特定のフィールドの絞り込みを解除するには

フィルターボタン をクリックして、＜"（フィールド名）"からフィルターをクリア＞をクリックすると、絞り込みを解除してすべてのアイテムを表示できます。

1 フィルターボタンをクリックして、

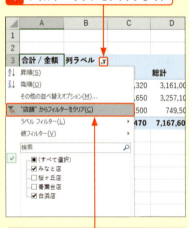

2 ＜"（フィールド名）"からフィルターをクリア＞をクリックします。

ヒント 複数の絞り込みを一気に解除するには

＜分析＞リボンの＜アクション＞をクリックして、＜クリア＞→＜フィルターのクリア＞を順にクリックすると、複数のフィールドの絞り込みをまとめて解除できます。Excel 2010／2007では、＜オプション＞リボンの＜クリア＞をクリックして、＜フィルターのクリア＞をクリックします。

1 「行ラベル」と表示されているセルのフィルターボタン をクリックします。

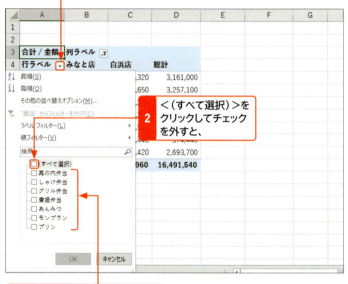

2 ＜（すべて選択）＞をクリックしてチェックを外すと、

3 全商品のチェックが外れます。

4 表示したいアイテムだけにチェックを付けて、

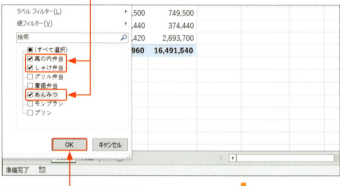

5 ＜OK＞をクリックします。

6 行ラベルフィールドに表示されるアイテムを絞り込めました。

	A	B	C	D	E	F	G	H
1								
2								
3	合計 / 金額	列ラベル						
4	行ラベル	みなと店	白浜店	総計				
5	幕の内弁当	1,679,680	1,481,320	3,161,000				
6	しゃけ弁当	1,494,450	1,762,650	3,257,100				
7	あんみつ	352,000	397,500	749,500				
8	総計	3,526,130	3,641,470	7,167,600				
9								

ステップアップ 階層構造のフィールドの項目を絞り込むには

行や列に複数のフィールドが配置されている場合でも、フィルターボタン🔽は1つしか表示されません。そのような状態でアイテムを絞り込むには、＜フィールドの選択＞を使用して、絞り込む対象のフィールドを指定します。たとえば、分類と商品の2フィールドが配置されている場合、＜フィールドの選択＞で＜分類＞を指定すると分類のアイテム、＜商品＞を指定すると＜商品＞のアイテムを絞り込めます。

1 「分類」と「商品」が表示されています。

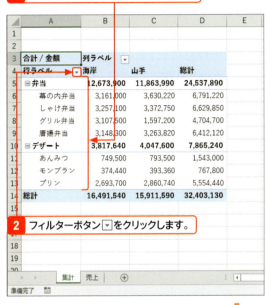

2 フィルターボタン🔽をクリックします。

3 ＜フィールドの選択＞の🔽をクリックして、

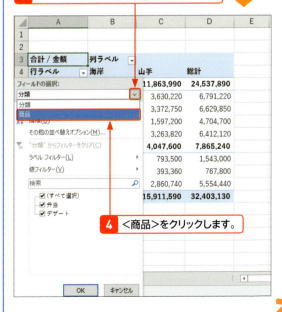

4 ＜商品＞をクリックします。

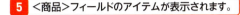

5 ＜商品＞フィールドのアイテムが表示されます。

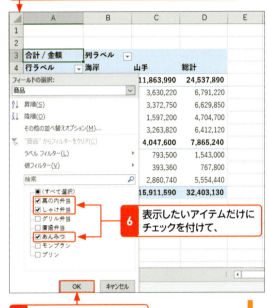

6 表示したいアイテムだけにチェックを付けて、

7 ＜OK＞をクリックします。

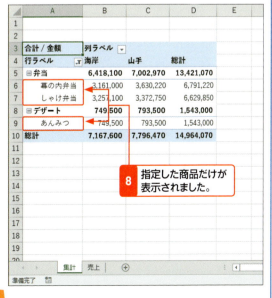

8 指定した商品だけが表示されました。

Section 29 「○○を含まない」という条件でアイテムを絞り込む

ラベルフィルターの利用

＜ラベルフィルター＞を利用してあいまいな条件でアイテムを絞り込む

「○○弁当」以外の商品の売上を集計するには、「○○弁当」を非表示にする必要があります。Sec.28で紹介したチェックボックスを使用して、「弁当」を含む商品のチェックを外す方法もありますが、商品の数が多いと面倒です。こんなときは、＜ラベルフィルター＞を利用しましょう。「○○を含む」「○○を含まない」「○○で始まる」「○○で終わる」といった、あいまいな条件でアイテムをかんたんに絞り込めます。

Before：全商品を表示した表

	A	B	C	D	E	F	G
1							
2							
3	合計 / 金額	列ラベル					
4	行ラベル	みなと店	桜ヶ丘店	青葉台店	白浜店	総計	
5	幕の内弁当	1,679,680	1,894,280	1,735,940	1,481,320	6,791,220	
6	しゃけ弁当	1,494,450	1,751,400	1,621,350	1,762,650	6,629,850	
7	グリル弁当	1,537,250	1,597,200		1,570,250	4,704,700	
8	唐揚弁当	1,513,920	1,654,520	1,609,300	1,634,380	6,412,120	
9	あんみつ	352,000	400,750	392,750	397,500	1,543,000	
10	モンブラン		393,360		374,440	767,800	
11	プリン	1,286,280	1,476,360	1,384,380	1,407,420	5,554,440	
12	総計	7,863,580	9,167,870	6,743,720	8,627,960	32,403,130	
13							

→ 全商品が表示されています。

After：ラベルフィルター実行

	A	B	C	D	E	F	G
1							
2							
3	合計 / 金額	列ラベル					
4	行ラベル	みなと店	桜ヶ丘店	青葉台店	白浜店	総計	
5	あんみつ	352,000	400,750	392,750	397,500	1,543,000	
6	モンブラン		393,360		374,440	767,800	
7	プリン	1,286,280	1,476,360	1,384,380	1,407,420	5,554,440	
8	総計	1,638,280	2,270,470	1,777,130	2,179,360	7,865,240	

→ 「○○弁当」を非表示にして、その他の商品だけを表示できます。

第5章 フィルターを利用して注目データを取り出そう

1 「弁当」を含まないアイテムを抽出する

1 フィルターボタン ▼ をクリックし、

2 ＜ラベルフィルター＞にマウスポインターを合わせて、

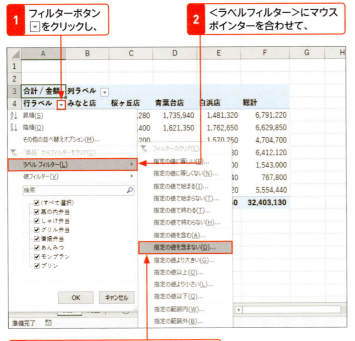

3 ＜指定の値を含まない＞をクリックします。

4 「弁当」と入力して、

5 ＜を含まない＞が選択されていることを確認して、

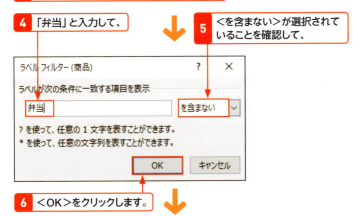

6 ＜OK＞をクリックします。

7 名前に「弁当」を含まない商品だけが表示されました。

ヒント 「弁当」を含む商品を抽出するには

手順 **3** のメニューから＜指定の値を含む＞を選択すると「○○」を含むアイテムだけを表示できます。また、Excel 2016／2013／2010では、＜検索＞ボックスにキーワードを入力しても、そのキーワードを含むアイテムをかんたんに抽出できます。

1 「弁当」と入力すると、

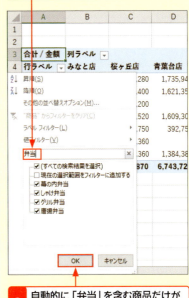

2 自動的に「弁当」を含む商品だけが絞り込みの条件となります。

メモ ラベルフィルターを解除するには

ラベルフィルターを解除する方法は、チェックボックスによる絞り込みの解除と同じです。フィルターボタン をクリックして、＜"（フィールド名）"からフィルターをクリア＞をクリックします。

Section 30 特定の期間のデータだけを表示する

日付フィルターの利用

＜日付フィルター＞を利用して表示される期間を絞り込む

フィルターボタンをクリックしたときに表示されるメニューは、行ラベルや列ラベルに配置したフィールドの種類によって変わります。文字データを配置した場合は Sec.29 で紹介した＜ラベルフィルター＞が表示され、「○○を含む」「○○で始まる」といった抽出を行えます。いっぽう、日付データを配置した場合は＜日付フィルター＞が表示され、「○○以降」「○○から○○まで」「今月」「先月」などの抽出を行えます。配置したフィールドの種類に応じた抽出条件を手早く指定できるので便利です。この Section では、＜日付フィルター＞を使用して、特定の期間の抽出をしてみましょう。

1 期間を指定して抽出する

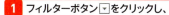

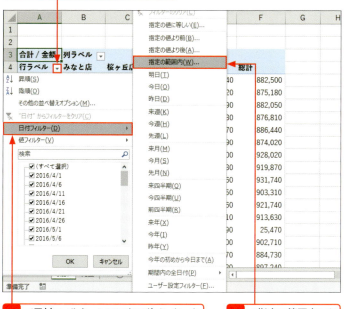

1 フィルターボタン▼をクリックし、
2 ＜日付フィルター＞にマウスポインターを合わせて、
3 ＜指定の範囲内＞をクリックします。
4 抽出する期間の開始日と、
5 終了日を入力して、
6 ＜OK＞をクリックします。
7 指定した期間のデータだけが表示されました。

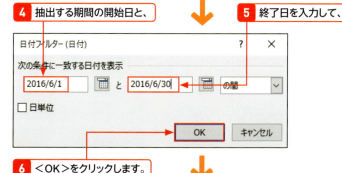

ヒント 「先月」や「今月」もかんたんに抽出できる

日付フィルターのメニューには、＜先月＞＜今月＞＜昨年＞＜今年＞などの項目があり、選択するだけでかんたんに該当するデータを抽出できます。日付を入力する必要がないので便利です。

メモ 日付フィルターを解除するには

日付フィルターを解除するには、フィルターボタン▼をクリックして、＜"（フィールド名）"からフィルターをクリア＞をクリックします。

メモ Excel 2016／2013ではタイムラインも使える

Excel 2016／2013では、集計期間を絞り込むための機能として、タイムラインが用意されています。Sec.37で解説するので、参考にしてください。

Section 31 売上目標を達成したデータを抽出する

値フィルターの実行

「5,000,000」円以上を売り上げた商品をすばやく表示できる

＜値フィルター＞を使用すると、集計結果から特定の範囲の数値を抽出できます。たとえば、「売上目標の金額以上」という条件で抽出を実行すると、売上目標を達成したデータを抽出できます。行ラベルフィールドに「商品」を配置している場合は「売上目標を達成した商品」が抽出され、「支店」を配置している場合は「売上目標を達成した支店」が抽出されるという具合に、条件と行ラベルフィールドの組み合わせに応じて、さまざまな抽出結果を得られます。ここでは、「5,000,000以上」という条件で売れ筋商品を抽出してみます。

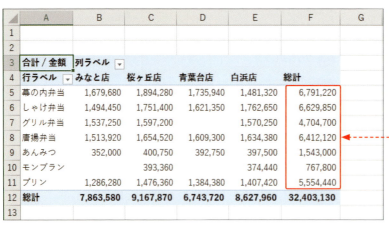

1 売上が「5,000,000以上」の商品を抽出する

1 「行ラベル」と表示されているセルのフィルターボタン▼をクリックし、

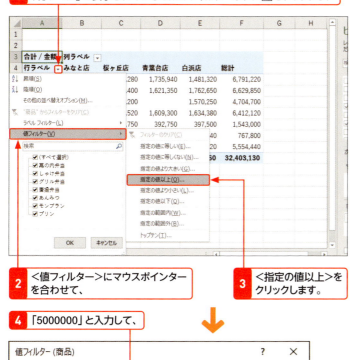

2 <値フィルター>にマウスポインターを合わせて、

3 <指定の値以上>をクリックします。

4 「5000000」と入力して、

5 <OK>をクリックします。

6 P.126の図のように、総計が「5,000,000以上」の商品が抽出されます。

メモ <値フィルター>と<ラベルフィルター>

フィルターボタン▼をクリックしたときに表示されるメニューには、<ラベルフィルター>と<値フィルター>があります。<ラベルフィルター>は行ラベル（ここでは商品）、または列ラベル（ここでは店舗）のアイテムを条件の対象とする抽出機能です。いっぽう、<値フィルター>は、値フィールドの数値を条件の対象とする抽出機能です。

メモ 条件の対象になるのは「総計」の数値

<値フィルター>で指定した条件の対象になるのは、「総計」の数値です。左図の例では、F列の<総計>の値が「5,000,000以上」の行が抽出されます。

メモ 値フィルターを解除するには

フィルターボタン▼をクリックして、<"（フィールド名）"からフィルターをクリア>をクリックすると、フィルターを解除して、すべてのデータを表示できます。

メモ 行ラベルの<値フィルター>と列ラベルの<値フィルター>

クロス集計表の場合、フィルターボタン▼は、「行ラベル」のセルと「列ラベル」のセルの2箇所に表示されます。ここでは、「行ラベル」のフィルターボタン▼を使用して、<総計>列の数値を対象として抽出を行いました。いっぽう、「列ラベル」のフィルターボタン▼から<値フィルター>を実行した場合は、<総計>行の数値が条件の対象になります。

1 「列ラベル」のフィルターボタン▼から<値フィルター>を実行すると、

2 <総計>行の数値が条件の対象になります。

Section 32 売上トップ5を抽出する

トップテンフィルターの実行

売れ行きのよい商品をすばやく抽出して表示する

たくさんのデータの中から、「トップ5」や「ワースト3」などのデータに焦点をあてて分析したいときは、トップテンの機能を使用して「上位○位」や「下位○位」を抽出します。たとえば、売上が「上位5位」の商品を抽出すると、売上の高い商品だけを表示でき、「人気の秘密」や「売れる秘訣」などが分析しやすくなります。反対に、「下位5位」の商品を抽出すれば、「顧客に受け入れられない要因」が見いだせるかもしれません。「上位／下位」と順位を指定するだけなので、操作もかんたんです。

Before：すべての商品が表示されている

	A	B	C	D	E	F	G
3	合計 / 金額	列ラベル					
4	行ラベル	みなと店	桜ヶ丘店	青葉台店	白浜店	総計	
5	幕の内弁当	1,679,680	1,894,280	1,735,940	1,481,320	6,791,220	
6	しゃけ弁当	1,494,450	1,751,400	1,621,350	1,762,650	6,629,850	
7	グリル弁当	1,537,250	1,597,200		1,570,250	4,704,700	
8	唐揚弁当	1,513,920	1,654,520	1,609,300	1,634,380	6,412,120	
9	あんみつ	352,000	400,750	392,750	397,500	1,543,000	
10	モンブラン		393,360		374,440	767,800	
11	プリン	1,286,280	1,476,360	1,384,380	1,407,420	5,554,440	
12	総計	7,863,580	9,167,870	6,743,720	8,627,960	32,403,130	

どの商品が売れているのか探すのが面倒です。

After：トップテンフィルター実行

	A	B	C	D	E	F	G
3	合計 / 金額	列ラベル					
4	行ラベル	みなと店	桜ヶ丘店	青葉台店	白浜店	総計	
5	幕の内弁当	1,679,680	1,894,280	1,735,940	1,481,320	6,791,220	
6	しゃけ弁当	1,494,450	1,751,400	1,621,350	1,762,650	6,629,850	
7	グリル弁当	1,537,250	1,597,200		1,570,250	4,704,700	
8	唐揚弁当	1,513,920	1,654,520	1,609,300	1,634,380	6,412,120	
9	プリン	1,286,280	1,476,360	1,384,380	1,407,420	5,554,440	
10	総計	7,511,580	8,373,760	6,350,970	7,856,020	30,092,330	

上位5位までの商品が抽出され、売れている商品が一目でわかります。

第5章 フィルターを利用して注目データを取り出そう

1 売上トップ5の商品を抽出する

1 フィルターボタン▼をクリックし、

2 ＜値フィルター＞にマウスポインターを合わせて、

3 ＜トップテン＞をクリックします。

4 ＜合計／金額＞＜上位＞＜5＞＜項目＞を選択します。

5 ＜OK＞をクリックします。

6 売上の高い5つの商品が抽出されます。

メモ 行／列ラベルの＜値フィルター＞で行／列を絞り込む

クロス集計表の場合、フィルターボタン▼は、「行ラベル」と表示されたセルと「列ラベル」と表示されたセルの2箇所に表示されます。そのうち、「行ラベル」のフィルターボタン▼から＜値フィルター＞を実行した場合は、＜総計＞列の「上位／下位○項目」に該当する行が抽出されます。また、「列ラベル」のフィルターボタン▼から＜値フィルター＞を実行した場合は、＜総計＞行の「上位／下位○項目」に該当する列が抽出されます。

メモ トップテンフィルターで選択できる単位

＜トップテンフィルター＞ダイアログボックスでは、単位を＜項目＞＜パーセント＞＜合計＞から選択できます。＜パーセント＞を選択すると、「上位10％」や「下位10％」を抽出できます。また、＜合計＞を選択すると、「上から合計10,000,000まで」のような指定も可能です。

ステップアップ トップ5を順位通りに並べて表示するには

トップテンの機能は抽出を行うだけで、並べ替えは行われません。抽出結果を並べ替えるには、＜総計＞の列のセルを選択して、＜データ＞リボンにある＜降順＞をクリックします。

＜総計＞のセルを選択して、＜データ＞タブの＜降順＞をクリックします。

Section 33 3次元集計で集計対象の「店舗」を絞り込む

レポートフィルターの利用

切り口を変えてデータを分析できる

ピボットテーブルでは、フィールドを入れ替えることで視点を変えた集計が行えることが最大の特徴ですが、ときには視点を据えて、集計結果をじっくり分析することも大切です。そのようなときに、同じ視点のまま集計対象のデータを入れ替える「スライス分析」と呼ばれる分析手法が役に立ちます。たとえば、「商品別月別集計表」では「いつ何が売れたか」がわかります。そこに「店舗」という条件を組み込めば、「○○店でいつ何が売れたか」という、より踏み込んだ分析が行えます。このように切り口を変えて分析する手法を、集計表の束から1枚だけを切り出す（スライスする）イメージにたとえて、「スライス分析」と呼びます。

スライス分析

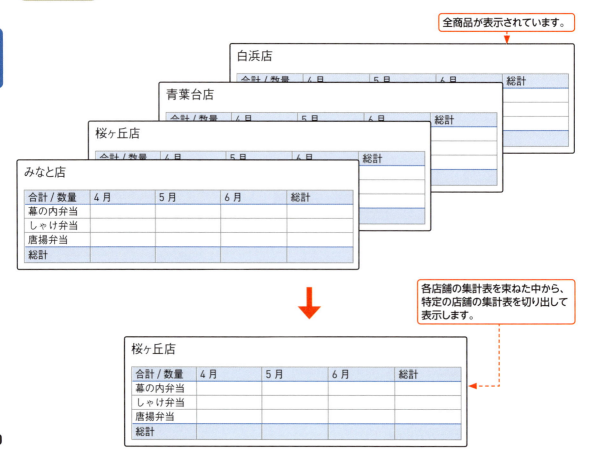

全商品が表示されています。

各店舗の集計表を束ねた中から、特定の店舗の集計表を切り出して表示します。

ピボットテーブルでスライス分析をするには

ピボットテーブルでスライス分析をするには、レポートフィルターフィールドを使用します。レポートフィルターとは、集計対象のデータの抽出機能です。たとえば、レポートフィルターフィールドに＜店舗＞を配置した場合、通常は全店舗のデータが集計されますが、レポートフィルターフィールドで＜桜ヶ丘店＞を選択すると、ピボットテーブルが「桜ヶ丘店」の集計表に早変わりします。

Before：全店舗の売上数が表示されている

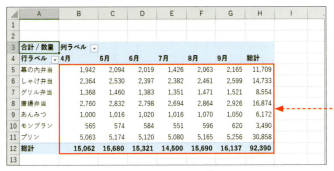

全店舗の売上数が集計されています。

After：レポートフィルター実行

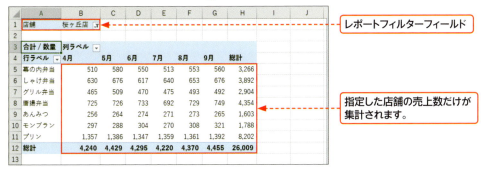

レポートフィルターフィールド

指定した店舗の売上数だけが集計されます。

1 ＜フィルター＞エリアにフィールドを配置する

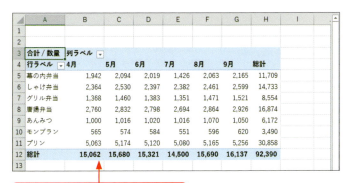

1 「商品別月別集計表」があります。

> **ヒント　行や列のアイテムも絞り込める**
>
> レポートフィルターフィールドは、3次元集計の絞り込みだけでなく、行や列のアイテムの絞り込みにも利用できます。たとえば、レポートフィルターフィールドに商品分類、行エリアフィールドに商品を配置し、レポートフィルターフィールドで「弁当」を選択すると、行エリアフィールドに「弁当」の商品だけを表示できます。

ヒント 「年」や「月」で絞り込みたいときは

レポートフィルターフィールドでは、日付のグループ化を行えません。あらかじめ、日付のフィールドを＜行＞エリアに配置し、Sec.21を参考に「年」や「月」でグループ化してから、＜レポートフィルター＞エリアに移動します。

先にグループ化してから配置すると、集計表を「月」で絞り込めます。

2 ＜店舗＞にマウスポインターを合わせて、

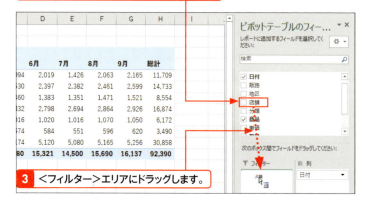

3 ＜フィルター＞エリアにドラッグします。

Excel 2010 / 2007では＜レポートフィルター＞エリアまでドラッグします。

4 ＜店舗＞フィールドが配置されました。

2 特定の店舗の集計表に切り替える

メモ スライサーも利用できる

Excel 2016 / 2013 / 2010では、スライサーという機能を使用しても、スライス分析ができます。詳しくは、Sec.35を参照してください。

メモ 絞り込みを解除するには

レポートフィルターの絞り込みを解除するには、フィルターボタンをクリックして、＜（すべて）＞を選択して＜OK＞をクリックします。

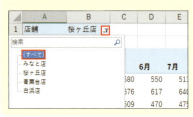

1 ＜店舗＞のフィルターボタンをクリックし、

2 ＜桜ヶ丘店＞をクリックして、

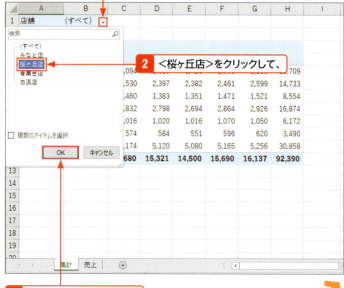

3 ＜OK＞をクリックします。

4 「桜ヶ丘店」だけの集計結果が表示されました。

ヒント 複数の店舗を選択することもできる

レポートフィルターのメニューで＜複数のアイテムを選択＞にチェックを付けると、複数のアイテムを選択できるようになります。

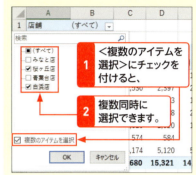

レポートフィルターフィールドの配置を設定するには

＜レポートフィルター＞エリアに複数のフィールドを配置すると、シート上でフィールドが縦に並びます。これを横に並ぶようにするには、P.67のステップアップを参考に＜ピボットテーブルオプション＞ダイアログボックスを表示し、＜レイアウトと書式＞タブで＜上から下＞の設定を＜左から右＞に変更します。

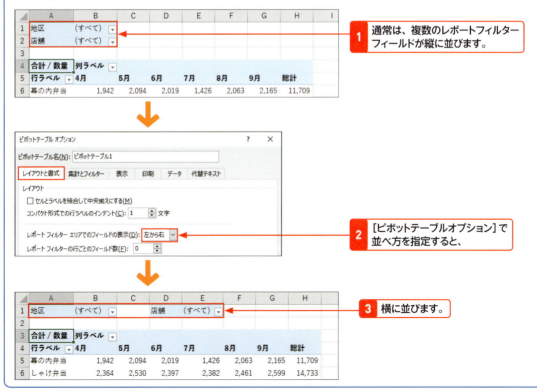

Section 34 3次元集計の各店舗をべつべつのワークシートに取り出す

レポートフィルターページの表示

シート見出しをクリックすれば集計表が切り替わる

Sec.33で紹介したように、レポートフィルターフィールドのフィルターボタン▼をクリックして、メニューから条件を選択すれば、2回クリックするだけで集計表を切り替えられます。しかし、頻繁に切り替える場合は、2回のクリックでも面倒に感じるものです。そのようなときは、＜レポートフィルターページの表示＞を実行して、集計表をべつべつのワークシートに分解しましょう。そうすれば、シート見出しをワンクリックするだけで、瞬時に集計表を切り替えられます。集計表をべつべつの用紙に印刷したい、というときにも便利です。

べつべつのワークシートに店舗ごとの集計表を表示することで、集計表の切り替えがワンクリックで行えるようになります。

1 店舗ごとの集計表をべつべつのワークシートに表示する

メモ レポートフィルターフィールドを配置しておく

店舗ごとの集計表をべつべつのワークシートに表示するには、あらかじめレポートフィルターフィールドに＜店舗＞を配置しておく必要があります。

1 レポートフィルターフィールドに＜店舗＞が配置されていることを確認します。

2 <分析>タブをクリックします。

Excel 2010／2007では<オプション>タブをクリックします。

3 <ピボットテーブル>をクリックして、

4 <オプション>のボタンをクリックして、

5 <レポートフィルターページの表示>をクリックします。

6 <レポートフィルターページの表示>ダイアログボックスが表示されます。

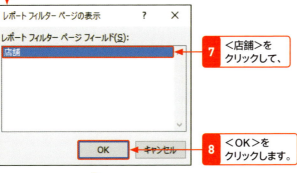

7 <店舗>をクリックして、

8 <OK>をクリックします。

9 べつべつのワークシートに店舗ごとの集計表が作成されました。

> **注意** <オプション>の右のボタンをクリックする
>
> 手順4では、<オプション>の右にあるボタンをクリックします。誤って<オプション>をクリックしないように注意しましょう。

> **ヒント** レポートフィルターフィールドが複数存在する場合
>
> レポートフィルターフィールドが複数存在する場合、<レポートフィルターページの表示>ダイアログボックスに複数のフィールドが表示されるので、どのフィールドを元に集計表を切り出すかを指定します。

1 複数のフィールドが配置されている場合、

2 切り出す基準のフィールドを指定します。

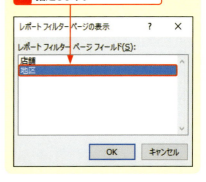

Section 35

3次元集計で集計対象の「店舗」をかんたんに絞り込む 2016 2013 2010

スライサーの利用

ワンクリックでかんたんに分析の切り口を変えられる

Sec.33 で、集計表を特定の切り口で切り取る「スライス分析」を紹介しました。その際、切り口となる条件は、レポートフィルターフィールドで指定しました。Excel 2016 ／ 2013 ／ 2010 では、レポートフィルターフィールドを使用するほかに、スライサーを使用しても、切り口となる条件を指定できます。スライサーに一覧表示されるアイテムをクリックするだけで、かんたんに集計対象の条件を切り替えることができます。また、複数のアイテムを条件として集計することも可能です。集計の対象のアイテムと対象外のアイテムがスライサー上に異なる色で表示されるため、一目で現在の抽出条件を確認できて便利です。

スライサーの利用

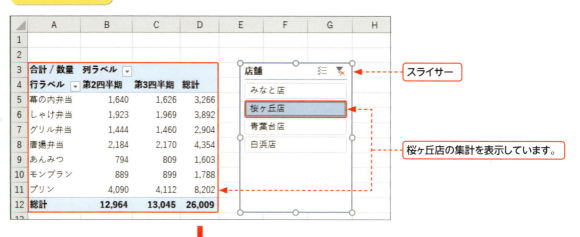

1 スライサーを挿入する

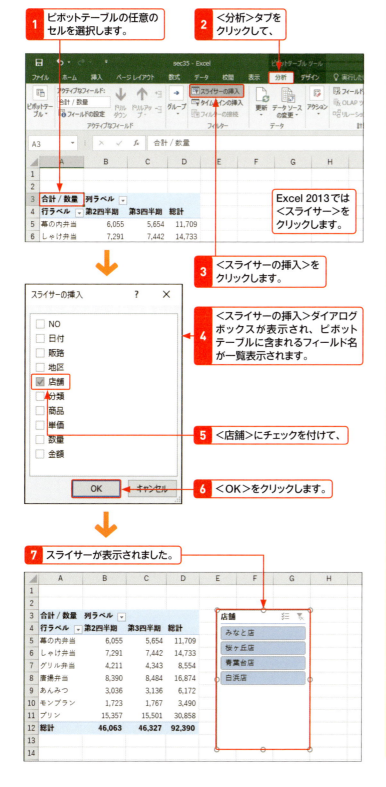

メモ Excel 2010では＜オプション＞タブを使う

Excel 2010の場合、手順2～3の代わりに、＜オプション＞リボンをクリックして、＜並べ替えとフィルター＞グループにある＜スライサー＞の上側をクリックします。

メモ スライサーのサイズを変更するには

スライサーをクリックして選択すると、八方にサイズ変更ハンドルが表示されます。それをドラッグすると、スライサーのサイズを変更できます。

マウスポインターがこの形になったときにドラッグすると、サイズを変更できます。

メモ スライサーを移動するには

スライサーの枠にマウスポインターを合わせ、マウスポインターの形が ✣ になったらドラッグします。

スライサーをドラッグすると移動できます。

137

2 特定の店舗の集計表に切り替える

メモ 絞り込みを解除するには

<フィルターのクリア> をクリックすると、絞り込みが解除され、すべての店舗の集計結果が表示されます。

メモ スライサーを削除するには

スライサーをクリックすると、周囲8個所にサイズ変更ハンドルが表示されます。その状態で Delete を押すと、シート上からスライサーを削除できます。
スライサーを削除すると、同時に絞り込みも解除されます。ただし、絞り込みの条件は保持されるので、フィールドを再度いずれかのエリアに配置すると、絞り込みが実行されます。条件を保持する必要がない場合は、スライサーを削除する前に絞り込みを解除しましょう。

1 <桜ヶ丘店>をクリックします。

2 「桜ヶ丘店」だけの集計結果が表示されました。

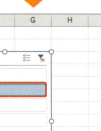

3 複数の店舗を集計対象にする

メモ スライサーで複数のアイテムを選択する

離れた位置にある複数のアイテムを選択するには、1つ目をクリックし、2つ目以降は Ctrl を押しながらクリックして選択します。連続するアイテムをまとめて選択するには、先頭のアイテムをクリックし、Shift を押しながら末尾のアイテムをクリックします。

1 <桜ヶ丘店>が選択されていることを確認します。

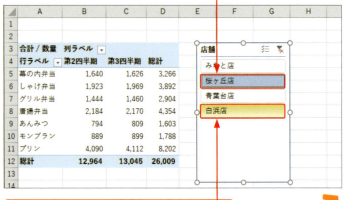

2 Ctrl を押しながら<白浜店>をクリックします。

3 「桜ヶ丘店」と「白浜店」のデータが集計されました。

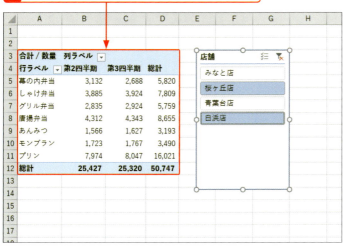

Excel 2016では<複数選択>が使える

Excel 2016では、<複数選択>をクリックしてオンにすると複数選択モードになり、クリックするだけで複数のアイテムを選択できます。選択を解除するには、選択したアイテムをもう1度クリックします。

ステップアップ 複数のスライサーを使用することもできる

<スライサーの挿入>ダイアログボックスでは、複数のスライサーを選択できます。たとえば、月別の集計表に<店舗>と<商品>のスライサーを配置すれば、「みなと店」の「グリル弁当」といった条件で集計を行えます。なお、スライサーでは、該当するアイテムに集計値が存在しない場合、アイテムが淡色表示になります。

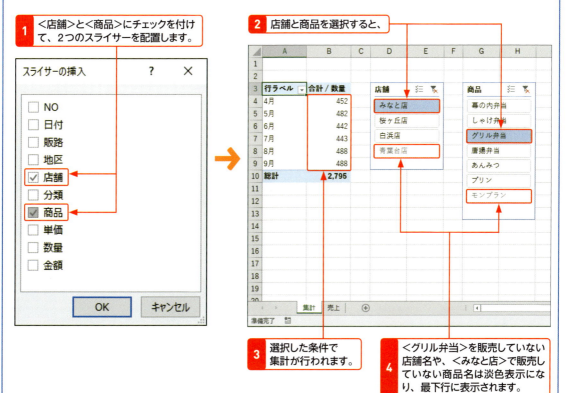

1 <店舗>と<商品>にチェックを付けて、2つのスライサーを配置します。

2 店舗と商品を選択すると、

3 選択した条件で集計が行われます。

4 <グリル弁当>を販売していない店舗名や、<みなと店>で販売していない商品名は淡色表示になり、最下行に表示されます。

Section 36 スライサーを複数のピボットテーブルで共有する 2016 2013 2010

レポートの接続

複数のピボットテーブルで同時にスライス分析できる

ワークシートに複数のピボットテーブルを作成して、「レポートの接続」設定を行うと、1つのスライサーを複数のピボットテーブルで共有できます。スライサーで抽出条件となるアイテムを指定すると、複数のピボットテーブルで同時に抽出が行われます。視点の異なる集計表を、同じ切り口で切り取って同時に分析できるので便利です。ここでは、月別集計表とそのスライサーが配置されているワークシートにもう1つ新しいピボットテーブルを用意して、商品別の集計表を作成します。そして、あらかじめ配置されていたスライサーで、新しい集計表を操作できるように「レポートの接続」を設定します。

Before：通常のスライサー

通常、スライサーで扱えるピボットテーブルは1つです。

After：レポートの接続を設定

「レポートの接続」の設定を行うと、1つのスライサーで複数のピボットテーブルを操作できるようになります。

1 ワークシートに2つのピボットテーブルを作成する

1 ピボットテーブルの作成先のセル（ここでは＜集計＞シートのセルD3）を確認しておきます。

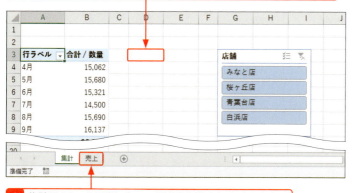

2 集計元のシート見出し（ここでは「売上」）をクリックします。

3 集計元の表内のセルをクリックして、 **4** ＜挿入＞タブをクリックし、

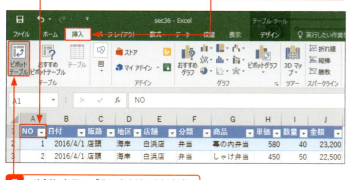

5 ＜ピボットテーブル＞をクリックします。

6 ＜ピボットテーブルの作成＞ダイアログボックスが表示されます。

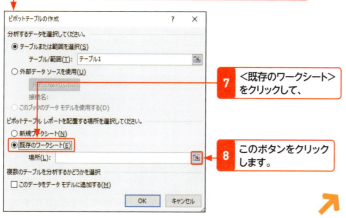

7 ＜既存のワークシート＞をクリックして、

8 このボタンをクリックします。

メモ サンプルのスライサーの設定

このSectionでは、すでにピボットテーブルとスライサーが作成されているところから、操作を開始します。スライサーを作成する方法はSec.35で解説したとおりです。スライサーに特別な設定はしていません。

ヒント ピボットテーブルの名前を確認するには

「レポートの接続」の設定では、ピボットテーブルを名前で区別するので、あらかじめ名前を確認しておきましょう。＜分析＞リボン（Excel 2010では＜オプション＞リボン）の＜ピボットテーブル＞をクリックすると、確認できます。

1 ピボットテーブル内のセルを選択します。

2 ＜ピボットテーブル＞をクリックして、

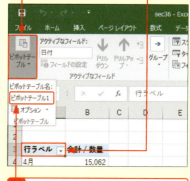

3 名前（ここでは「ピボットテーブル1」）を確認します。

メモ 作成先を既存のワークシートにする

ピボットテーブルを作成する場所は、＜新規ワークシート＞と＜既存のワークシート＞の2つから選択できます。ここでは、＜集計＞シートに作成したいので、手順**7**で＜既存のワークシート＞を選択しました。

応用編

ステップアップ スライサーのデザインを変更する

スライサーをクリックして選択すると、リボンに＜スライサーツール＞の＜オプション＞タブが表示されます。＜スライサースタイル＞グループからスライサーのデザインを変更できます。

1 ＜オプション＞タブをクリックして、

2 ＜その他＞をクリックします。

3 好きなデザインをクリックすると、

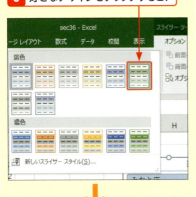

4 デザインが適用されます。

ヒント 作成直後に名前を確認できる

ピボットテーブルの作成直後の、フィールドを配置する前の状態では、ピボットテーブル上でピボットテーブル名を確認できます。

9 ピボットテーブルのシート見出し（ここでは「集計」）をクリックして、

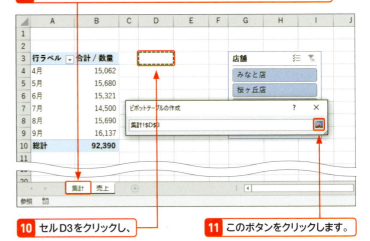

10 セルD3をクリックし、

11 このボタンをクリックします。

12 ＜集計＞シートのセルD3が指定されたことを確認して、

13 ＜OK＞をクリックします。

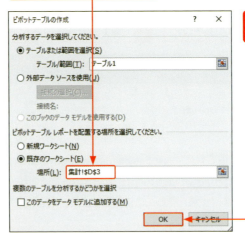

14 ピボットテーブルの土台が作成されました。

15 ピボットテーブルの名前（ここでは「ピボットテーブル2」）を確認します。

第5章 フィルターを利用して注目データを取り出そう

2 作成したピボットテーブルにフィールドを配置する

1 <商品>を<行>エリアにドラッグして配置し、

2 <数量>を<値>エリアにドラッグして配置します。

3 商品別の売上数集計表が作成されました。

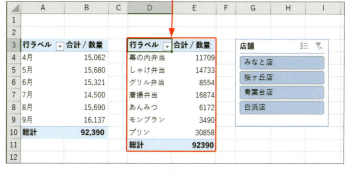

4 Sec.18を参照して、桁区切りの表示形式を設定しておきます。

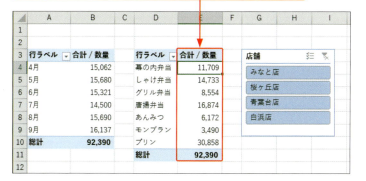

ステップアップ スライサーの列数を変更するには

スライサーのアイテムは、初期設定では縦1列で表示されますが、列数を変更することもできます。画面のスペースに応じてスライサーのサイズを調整し、見やすい列数で表示しましょう。

1 スライサーをクリックして選択します。

2 <オプション>タブをクリックして、

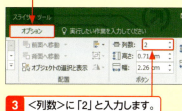

3 <列数>に「2」と入力します。

4 アイテムが2列で表示されました。

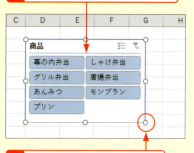

5 ここをドラッグしてスライサーのサイズを調整します。

3 スライサーからピボットテーブルに接続する

メモ ピボットテーブル側で接続設定するには

右の手順では、スライサー側からピボットテーブルに接続する方法を紹介していますが、ピボットテーブル側で接続の設定をすることもできます。それには、「ピボットテーブル2」の任意のセルを選択し、下図のように設定します。Excel 2010の場合は、下図の手順 2 の代わりに、＜オプション＞リボンの＜スライサー＞の下側をクリックして、＜スライサーの接続＞をクリックしてください。

1 ピボットテーブル2のセルを選択して、

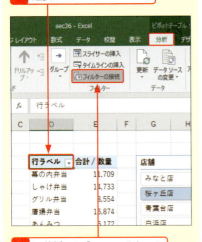

2 ＜分析＞タブの＜フィルターの接続＞をクリックします。

3 接続するスライサー（ここでは「店舗」）にチェックを付けて、

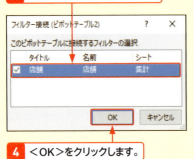

4 ＜OK＞をクリックします。

1 ＜桜ヶ丘店＞をクリックします。

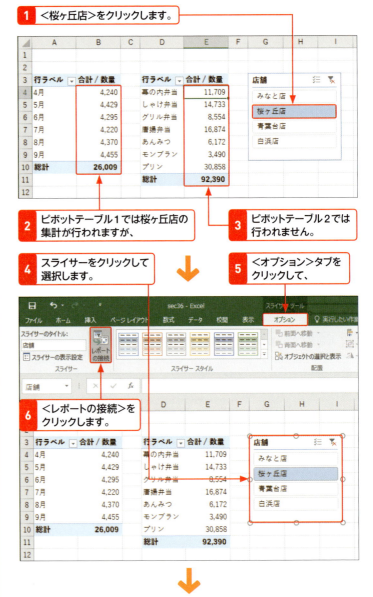

2 ピボットテーブル1では桜ヶ丘店の集計が行われますが、

3 ピボットテーブル2では行われません。

4 スライサーをクリックして選択します。

5 ＜オプション＞タブをクリックして、

6 ＜レポートの接続＞をクリックします。

7 ＜レポート接続＞ダイアログボックスが表示されます。

8 ＜ピボットテーブル1＞にチェックが付いていることを確認して、

9 ＜ピボットテーブル2＞をクリックしてチェックを付けて、

10 ＜OK＞をクリックします。

11 スライサーで選択した店舗のデータが集計されるようになりました。

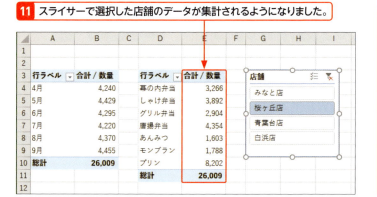

> **メモ** Excel 2010の場合
>
> Excel 2010では、手順**5**〜**6**の代わりに、＜オプション＞リボンの＜スライサー＞グループにある＜ピボットテーブルの接続＞をクリックします。

ステップアップ　スライサーの表示に関する設定を行うには

＜スライサーの設定＞ダイアログボックスを使用すると、スライサーの表示設定が行えます。ここでは、スライサーのタイトル文字列とアイテムの並び順を変更してみます。なお、スライサーのアイテムの並び順をユーザー設定リスト（Sec.25参照）に登録しておけば、手順**5**で＜昇順＞または＜降順＞をクリックしたときに、登録した順序の昇順、または降順に並べ替えられます。

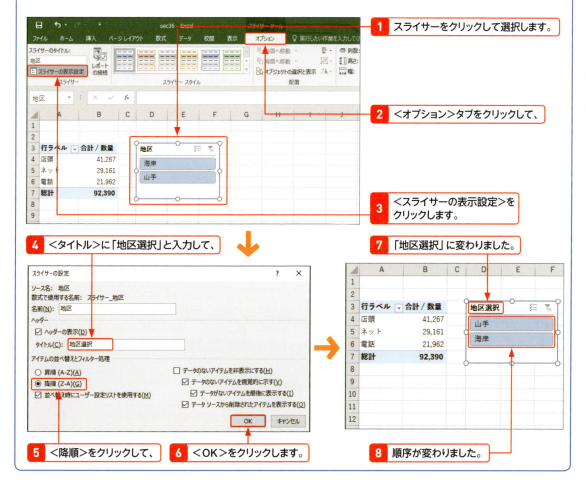

1 スライサーをクリックして選択します。
2 ＜オプション＞タブをクリックして、
3 ＜スライサーの表示設定＞をクリックします。
4 ＜タイトル＞に「地区選択」と入力して、
5 ＜降順＞をクリックして、
6 ＜OK＞をクリックします。
7 「地区選択」に変わりました。
8 順序が変わりました。

Section 37 特定の期間のデータだけをかんたんに集計する

2016 / 2013

タイムラインの利用

タイムラインを使えば集計期間をかんたんに変更できる

Excel 2016 ／ 2013 では、「タイムライン」を使用すると、ピボットテーブルの集計期間をわかりやすく変更できます。操作も、タイムライン上に表示される時間軸のバーをクリックやドラッグして指定するだけなのでかんたんです。集計期間の単位も、＜日＞＜月＞＜四半期＞など、タイムライン上でかんたんに切り替えられます。タイムラインを見れば、いつからいつまでのデータを集計しているのかが一目瞭然なので便利です。

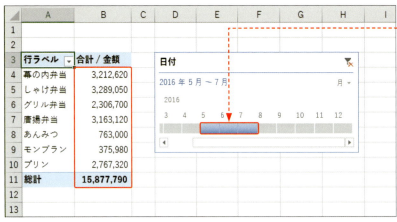

「月」単位で集計

タイムラインで5～7月をドラッグすると、その期間の集計が行われます。

「日」単位で集計

「日」単位に変えると、「○日～○日」の集計が行えます。

1 タイムラインを表示する

1 ピボットテーブルの任意のセルを選択します。

2 <分析>タブをクリックして、

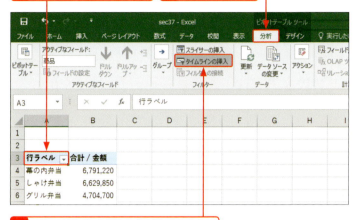

3 <タイムラインの挿入>をクリックします。

⬇

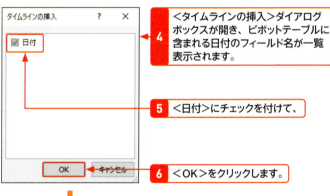

4 <タイムラインの挿入>ダイアログボックスが開き、ピボットテーブルに含まれる日付のフィールド名が一覧表示されます。

5 <日付>にチェックを付けて、

6 <OK>をクリックします。

⬇

7 タイムラインが表示されました。

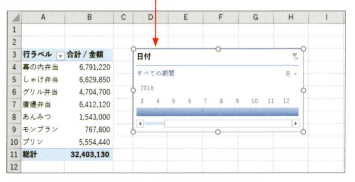

8 タイムラインを使いやすい位置に移動しておきます。

メモ <挿入>タブからも配置できる

ピボットテーブルのセルを選択して、<挿入>リボンの<フィルター>グループにある<タイムライン>をクリックしても、<タイムラインの挿入>ダイアログボックスを表示できます。

メモ タイムラインのサイズを変更するには

タイムラインの無地の部分をクリックして選択すると、八方にサイズ変更ハンドルが表示されます。ハンドルをドラッグすると、サイズを変更できます。

マウスポインターがこの形になったときにドラッグすると、サイズを変更できます。

メモ タイムラインを移動するには

タイムラインの枠にマウスポインターを合わせ、マウスポインターの形が になったらドラッグします。

タイムラインをドラッグすると移動できます。

メモ 削除するには

タイムラインの無地の部分をクリックして選択し、Delete を押すと、シート上からタイムラインを削除できます。

2 5月の集計を行う

キーワード　期間タイルと期間ハンドル

時間を表す青い四角形を「期間タイル」、期間タイルの両脇に表示されるハンドルを「期間ハンドル」と呼びます。

1 5月の期間タイルをクリックすると、

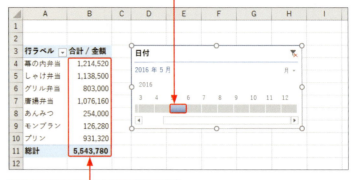

2 5月の集計結果が表示されます。

3 5月～7月の集計を行う

メモ　期間の選択を解除するには

＜フィルターのクリア＞をクリックすると、集計期間の選択が解除され、全期間の集計が行われます。

1 5～7月が選択されています。

2 ＜フィルターのクリア＞をクリックします。

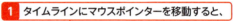

3 選択期間が解除されました。

1 タイムラインにマウスポインターを移動すると、

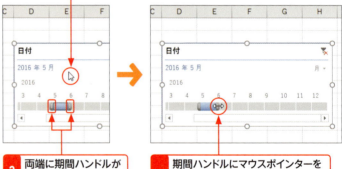

2 両端に期間ハンドルが表示されます。

3 期間ハンドルにマウスポインターを合わせ、マウスポインターがこの形なったら、

4 7月までドラッグします。

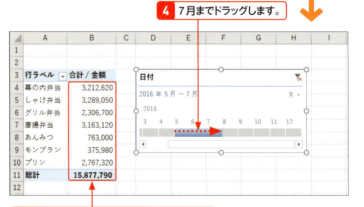

5 5月～7月の集計結果が表示されました。

4 日単位で集計する

1 <月>をクリックして、
2 <日>をクリックします。

3 目盛りが「日」単位に変わりました。

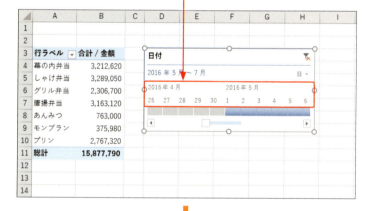

4 期間タイルをドラッグすると、

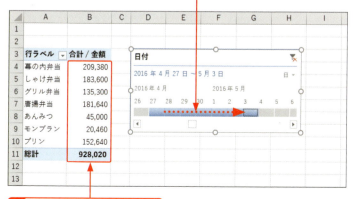

5 「日」単位の集計が行えます。

ヒント 左右に隠れている日付を選択するには

タイムライン下部にあるスクロールバーの ◀ ボタンや ▶ ボタンをクリックすると、左右に隠れている日付を表示できます。 Shift を利用して図のように操作すると、現在表示されている日付を開始日、隠れている日付を終了日として、集計期間を効率よく選択できます。

1 「4月28日」の期間タイルをクリックして、

2 ▶ボタンを何度かクリックします。

3 Shift を押しながら「5月12日」の期間タイルをクリックすると、

4 「4月28日～5月12日」が選択されます。

ヒント 複数のピボットテーブルと接続するには

1つのスライサーで複数のピボットテーブルを扱う方法を Sec.36 で紹介しましたが、同様の操作でタイムラインも複数のピボットテーブルに接続できます。

Section 38 集計値の元データを一覧表示する

ドリルスルーの実行

集計値の内訳を調べて売上低下の原因を探る

「いつもに比べて売上が低い」「予想以上の成績を記録した」など、ピボットテーブルの集計結果から気になる数値を見つけたときは、その数値の<u>内訳を調べると数値の要因を分析</u>できます。ただし、集計元のデータベースに含まれる大量のレコードから、特定の集計値のもとになるレコードを探すのは大変です。そのようなときは、ピボットテーブルの数値のセルをダブルクリックしてみましょう。新しいワークシートが挿入され、<u>数値の元データとなるレコードが一覧表の形式で表示</u>されます。一覧表を分析すれば、売上低下の原因や成績好調の要因を探ることができるというわけです。このように、集計値のもとになった詳細データを分析する手法を「<u>ドリルスルー分析</u>」と呼びます。

ドリルスルー分析

海岸地区の7月の幕の内弁当の数量が、ほかの月に比べて少ないのが気になります。

内訳を一覧表形式で表示して、売上低下の原因を探ります。

1 詳細データを表示する

1 海岸地区の7月の幕の内弁当の集計値のセルをダブルクリックすると、

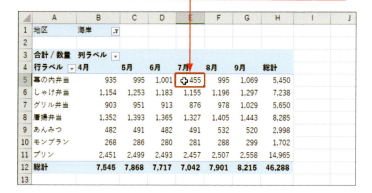

2 新しいワークシートに海岸地区の7月の幕の内弁当の内訳が表示されます。

3 必要に応じて、列幅の調整や並べ替えの設定を行います。

キーワード ドリルスルー

集計値のもとになったデータを参照することを、「ドリルスルー」と呼びます。詳細データを参照することで、集計値だけでは推し量れない綿密な分析を行えます。

ヒント 集計値のポップヒント

集計値のセルにマウスポインターを合わせると、行と列のラベルの内容がポップヒントに表示されます。行や列の位置がわかりづらい大きな表の場合に便利です。

ヒント レコードを並べ替えるには

レコードを並べ替えるには、並べ替えの基準となるフィールドのセルを選択して、<昇順>、または<降順>をクリックします。詳しくは、P.51のヒントを参照してください。

メモ 詳細データが表示されないときは

集計値のセルをダブルクリックしても詳細データが表示されないときは、P.67のステップアップを参考に<ピボットテーブルオプション>ダイアログボックスを表示し、<データ>タブで<詳細を表示可能にする>にチェックを付けます。

1 <データ>タブをクリックして、

2 <詳細を表示可能にする>にチェックを付けます。

Section 39 集計項目を展開して内訳を分析する

ドリルダウンによる分析

ドリルダウンで気になるデータの詳細を追跡する

売上低下の原因を探りたい…。そんなときは、ピボットテーブルの集計項目を大分類から小分類へと掘り下げて分析する「ドリルダウン」を行います。たとえば、「弁当の7月の売上低下」が気になるときは、1段階掘り下げて、「弁当」の中のどの商品に売上低下の原因があるのかを調べます。その結果、「幕の内弁当」に原因があることが判明した場合、今度は分析の視点を変えて、幕の内弁当の落ち込みの要因となっている店舗はどこかを調べます。特定の店舗で幕の内弁当の売上が落ちていれば、その店舗が原因であると特定できます。逆に、どの店舗も幕の内弁当の売上が一律に落ちているのであれば、幕の内弁当に何らかの問題があると考えられます。このように順を追って調べることにより、売上低下の原因を絞り込むことができるのです。

ドリルダウン分析

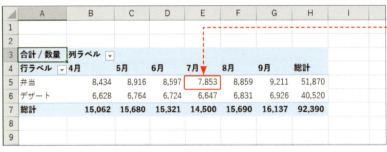

弁当の7月の売上がほかの月に比べて低下しているのが気になります。

7月の売上低下の原因を、ドリルダウンで「弁当」→「幕の内弁当」→「白浜店」と絞り込んでいきます。

白浜店の売上がないことが原因だとわかります。

1 データを掘り下げてドリルダウン分析する

1 「弁当」のセルをダブルクリックします。

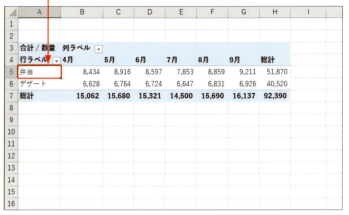

2 調べたいフィールド（ここでは＜商品＞）をクリックして、

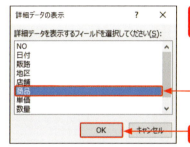

3 ＜OK＞をクリックします。

4 「弁当」の商品別の内訳が表示されました。

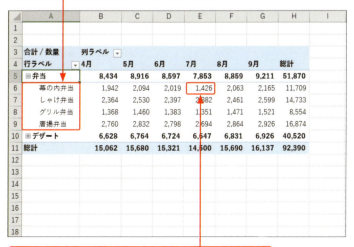

5 7月の「幕の内弁当」の売上が大幅に落ちていることがわかりました。

🔍 キーワード　ドリルダウン

「商品分類→商品」「年→月→日」「地域→店舗」というように、視点を詳細化していきながら分析する手法を、ドリルで穴を掘り進める様子にたとえて「ドリルダウン」と呼びます。原因や要因を分析するのに役立ちます。

⚠️ 注意　マウスポインターの形に注意する

セルをダブルクリックするときは、白い十字のマウスポインター✥になったときにダブルクリックします。セルの端にマウスポインターを移動すると、黒い矢印の形➡になりますが、その状態でダブルクリックしてもドリルダウンは行えないので注意してください。

📝 メモ　列ラベルフィールドでもドリルダウンできる

ここでは、行ラベルフィールドの項目に対してドリルダウンを行いましたが、列ラベルフィールドでも同様の操作で行えます。

2 さらにデータを掘り下げる

ステップアップ 全項目をまとめてドリルダウンするには

以下のように操作すると、フィールド内の全項目をまとめてドリルダウンできます。Excel 2010／2007では、手順2の代わりに＜オプション＞リボンの＜アクティブなフィールド＞→＜フィールド全体の展開＞をクリックします。

1 ＜分類＞のセルを選択して、

 ＜フィールドの展開＞をクリックします。

3 ＜商品＞をクリックして、

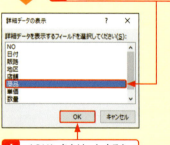

4 ＜OK＞をクリックすると、

 すべての内訳が表示されます。

---

1 「幕の内弁当」のセルをダブルクリックします。

2 調べたいフィールド（ここでは＜店舗＞）をクリックして、

3 ＜OK＞をクリックします。

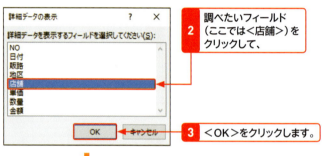

4 「幕の内弁当」の店舗別の内訳が表示されました。

5 「白浜店」で7月に「幕の内弁当」が販売されていないことがわかりました。

3 ほかの商品の詳細も調べる

	A	B	C	D	E	F	G	H	I
1									
2									
3	合計 / 数量	列ラベル							
4	行ラベル	4月	5月	6月	7月	8月	9月	総計	
5	弁当	8,434	8,916	8,597	7,853	8,859	9,211	51,870	
6	幕の内弁当	1,942	2,094	2,019	1,426	2,063	2,165	11,709	
7	みなと店	453	501	485	455	481	521	2,896	
8	桜ヶ丘店	510	580	550	513	553	560	3,266	
9	青葉台店	497	519	468	458	515	536	2,993	
10	白浜店	482	494	516		514	548	2,554	
11	しゃけ弁当	2,364	2,530	2,397	2,382				
12	グリル弁当	1,368	1,160	1,383	1,3				
13	唐揚弁当	2,760	2,832	2,798	2,69				
14	デザート	6,628	6,764	6,724	6,647	6,831	6,926	40,520	
15	総計	15,062	15,680	15,321	14,500	15,690	16,137	92,390	

① 「グリル弁当」のセルをダブルクリックします。

↓

	A	B	C	D	E	F	G	H	I
1									
2									
3	合計 / 数量	列ラベル							
4	行ラベル	4月	5月	6月	7月	8月	9月	総計	
5	弁当	8,434	8,916	8,597	7,853	8,859	9,211	51,870	
6	幕の内弁当	1,942	2,094	2,019	1,42				
7	みなと店	453	501	485	4				
8	桜ヶ丘店	510	580	550	5				
9	青葉台店	497	519	468	458	515	536	2,993	
10	白浜店	482	494	516		514	548	2,554	
11	しゃけ弁当	2,364	2,530	2,397	2,382	2,461	2,599	14,733	
12	グリル弁当	1,368	1,460	1,383	1,351	1,471	1,521	8,554	
13	みなと店	452	482	442	443	488	488	2,795	
14	桜ヶ丘店	465	509	470	475	493	492	2,904	
15	白浜店	451	469	471	433	490	541	2,855	
16	唐揚弁当	2,760	2,832	2,798	2,694	2,864	2,926	16,874	
17	デザート	6,628	6,764	6,724	6,647	6,831	6,926	40,520	

② 「グリル弁当」の店舗別の内訳が表示されました。

4 詳細データを折りたたんでドリルアップする

① 「グリル弁当」のセルをダブルクリックします。

	A	B	C	D	E	F	G	H	I
1									
2									
3	合計 / 数量	列ラベル							
4	行ラベル	4月	5月	6月	7月	8月	9月	総計	
5	弁当	8,434	8,916	8,597	7,853	8,859	9,211	51,870	
6	幕の内弁当	1,942	2,094	2,019	1,426	2,063	2,165	11,709	
7	みなと店	453	501	485	455	481	521	2,896	
8	桜ヶ丘店	510	580	550	513	553	560	3,266	
9	青葉台店	497	519	468	458	515	536	2,993	
10	白浜店	482	494	516		514	548	2,554	
11	しゃけ弁当	2,364	2,530	2,397	2,382	2,461	2,599	14,733	
12	グリル弁当	1,368	1,460	1,383	1,351	1,471	1,521	8,554	
13	みなと店	452	482	442	443	488	488	2,795	

メモ あとはダブルクリックだけで表示できる

一度ドリルダウンのフィールドを指定すると、ほかのアイテムはダブルクリックするだけでドリルダウンできます。左図では、「幕の内弁当」をダブルクリックしたときに＜店舗＞フィールドを指定したので、「グリル弁当」はダブルクリックするだけで、店舗別内訳を表示できます。

ヒント 別のフィールドでドリルダウンするには

一度ドリルダウンのフィールドを指定すると、そのフィールドは＜行＞エリアに追加されます。「店舗ではなく販路ごとにドリルダウンしたい」というときは、＜行＞エリアから＜店舗＞フィールドを削除して、＜販路＞フィールドでドリルダウンをやり直します。

＜店舗＞フィールドを削除してから、ドリルダウンをやり直します。

キーワード ドリルアップ

ドリルダウンとは逆に、詳細データを集約しながらより大きな視点で分析していく手法を「ドリルアップ」と呼びます。物事の動向や傾向を把握したり、要因を検証したりに役立ちます。

ヒント ➕や➖で切り替えることもできる

項目の前に表示される➕をクリックすると、項目を展開できます。また、➖をクリックすると、項目を折りたためます。

ヒント 各階層を別の列に表示するには

集計結果をほかのワークシートにコピーして分析したいときなどは、「分類名はA列、商品名はB列、店舗名はC列」のように列を分けたほうが扱いやすい場合があります。初期設定では、下位のフィールドは上位のフィールドと同じ列に字下げされた状態で表示されます。Sec.53を参考に「レポートのレイアウト」を変更すると、列を分けることができます。

2 「グリル弁当」の詳細データが折りたたまれました。

3 「弁当」のセルをダブルクリックします。

4 「弁当」より下の階層がすべて折りたたまれました。

メモ すべてのフィールドを折りたたむには

詳細データの表示と折りたたみを繰り返しているうちに表がごちゃごちゃしてしまうことがあります。最下層のセルを選択して、＜分析＞リボンの＜フィールドの折りたたみ＞（Excel 2010／2007では＜オプション＞リボンの＜アクティブなフィールド＞にある＜フィールド全体の折りたたみ＞）を何回かクリックすると、下階層から順にすべてのフィールドを折りたためます。

1 「みなと店」のセルを選択して、

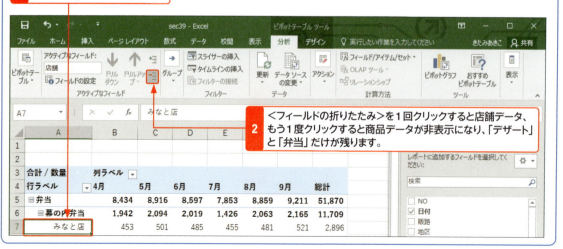

2 ＜フィールドの折りたたみ＞を1回クリックすると店舗データ、もう1度クリックすると商品データが非表示になり、「デザート」と「弁当」だけが残ります。

Chapter 06

第6章

さまざまな計算方法で集計しよう 応用編

Section 40 値フィールドの名前を変更する
41 数量と金額の2種類の数値をそれぞれ集計する
42 データの個数を求める
43 総計行を基準として売上構成比を求める
44 小計行を基準として売上構成比を求める
45 前月に対する比率を求める
46 売上の累計を求める
47 売上の高い順に順位を求める
48 金額フィールドをもとに新しいフィールドを作成する
49 フィールド内に新しいアイテムを追加する

Section 40 値フィールドの名前を変更する

フィールド名の変更

項目名を変更すると見やすい表になる

この章では、値フィールドでさまざまな計算を行います。ピボットテーブルに表示される値フィールドには、「合計 / 数量」「データの個数 / 商品」など、集計方法とフィールド名が組み合わされた見出しが表示されます。自動で表示される見出しでは、冗長に感じたり、計算の内容が分かりづらかったりする場合があります。そのようなときは、値フィールドのフィールド名を簡潔でわかりやすい名前に変更しましょう。ここでは、「行ラベル」の表示も、わかりやすい項目名に変更します。

Before：自動で表示される見出し

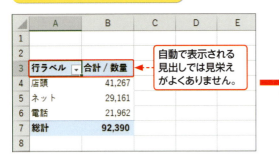

自動で表示される見出しでは見栄えがよくありません。

After：フィールド名を変更

見出しの文字列を変更すると、簡潔で見やすい表になります。

1 値フィールドのフィールド名を変更する

メモ Excel 2010 / 2007 の場合

Excel 2010の場合、＜オプション＞リボンの＜アクティブなフィールド＞をクリックすると、フィールド名を確認／設定できます。Excel 2007の場合は、＜オプション＞リボンの＜アクティブなフィールド＞欄でフィールド名を確認／設定します。

1 値フィールドの任意のセルを選択します。

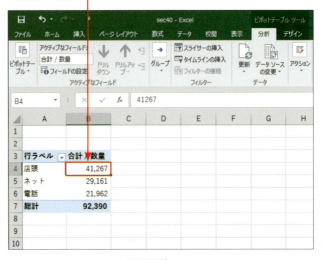

2 <分析>タブをクリックします。

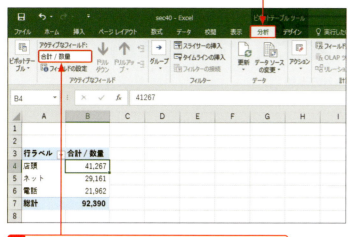

3 <アクティブなフィールド>にフィールド名が表示されます。

4 「売上数」と入力して、Enterを押します。

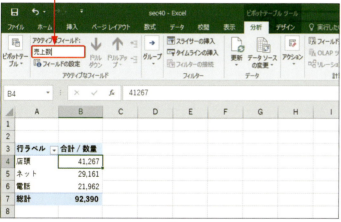

5 見出しの文字が変更されました。

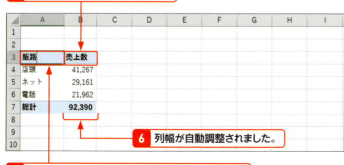

6 列幅が自動調整されました。

7 「行ラベル」のセルには、直接項目名を入力します。

 セルを直接編集してもよい

「合計 / 数量」と表示されているセルをクリックして、「売上数」と入力しても、フィールド名を変更できます。その場合、列幅は自動調整されません。

 ダイアログボックスでも変更できる

集計方法などを変更するときに使用する<値フィールドの設定>ダイアログボックスでも、フィールド名を変更できます。集計方法を変更する場合は、このダイアログボックスでフィールド名も一緒に変更するとよいでしょう。<値フィールドの設定>ダイアログボックスでフィールド名を変更する方法は、Sec.42で解説します。

 集計項目を変更する場合

「行ラベル」に「販路」と入力したあとで、「販路」フィールドを削除して、ほかのフィールドを配置しても、「販路」の文字は変化しません。「行ラベル」や「列ラベル」のセルの文字は、適宜修正しましょう。

Section 41 数量と金額の2種類の数値をそれぞれ集計する

値フィールドの追加

「数量」と「金額」の2フィールドを1つの表で集計できる

値エリアに複数のフィールドを配置すると、1つの集計表に複数の集計結果を表示できます。ここでは、<数量>フィールドと<金額>フィールドを配置して、「支店別商品分類別」の集計を行います。2つのフィールドを集計することで、「数量に比例して売上も高い」や「数量が少ない割に売上は高い」といった考察ができるようになります。

Before：<金額>フィールドの集計

	A	B	C	D
3	合計 / 金額	列ラベル		
4	行ラベル	弁当	デザート	総計
5	みなと店	6,225,300	1,638,280	7,863,580
6	桜ヶ丘店	6,897,400	2,270,470	9,167,870
7	青葉台店	4,966,590	1,777,130	6,743,720
8	白浜店	6,448,600	2,179,360	8,627,960
9	総計	24,537,890	7,865,240	32,403,130

支店別商品分類別に<金額>フィールドが集計されています。

After：<数量>フィールドと<金額>フィールドの集計

	A	B	C	D	E	F	G
3		列ラベル					
4		弁当		デザート		全体の 売上数	全体の 売上高
5	行ラベル	売上数	売上高	売上数	売上高		
6	みなと店	12,996	6,225,300	8,554	1,638,280	21,550	7,863,580
7	桜ヶ丘店	14,416	6,897,400	11,593	2,270,470	26,009	9,167,870
8	青葉台店	10,831	4,966,590	9,262	1,777,130	20,093	6,743,720
9	白浜店	13,627	6,448,600	11,111	2,179,360	24,738	8,627,960
10	総計	51,870	24,537,890	40,520	7,865,240	92,390	32,403,130

ピボットテーブルに<数量>フィールドを追加して、<金額>と<数量>の2種類の数値を集計します。

1 ＜値＞エリアに2フィールド目を追加する

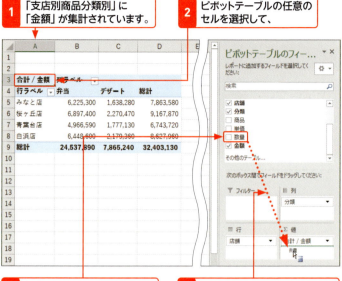

1. 「支店別商品分類別」に「金額」が集計されています。
2. ピボットテーブルの任意のセルを選択して、
3. ＜数量＞にマウスポインターを合わせて、
4. ＜値＞エリアの＜合計／金額＞の下にドラッグします。

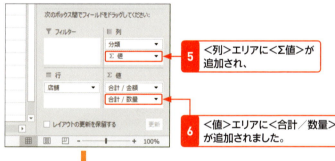

5. ＜列＞エリアに＜Σ値＞が追加され、
6. ＜値＞エリアに＜合計／数量＞が追加されました。

7. 列ラベルフィールドのアイテムごとに、「合計／金額」と「合計／数量」が表示されました。

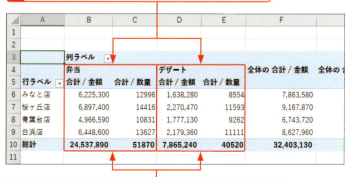

8. Sec.18を参考に桁区切りの表示形式を設定しておきます。

メモ ＜Σ値＞が追加される

＜値＞エリアに複数のフィールドを配置すると、＜列＞エリアに＜Σ値＞が追加されます。これは、集計値のレイアウトを変更するためのフィールドです。レイアウトの変更方法は、P.163のステップアップで解説します。

このフィールドを操作すると、集計値のレイアウトを設定できます。

ヒント 表示形式の変更

表示形式を変更するには、Sec.18を参考に設定を行います。その際、＜合計／数量＞の数値のセルを1つ選択して設定すると、数量のすべての集計値に設定されます。

1. 数量のセルを1つ選択して表示形式を設定すると、

2. すべての数量のセルに同じ表示形式が適用されます。

2 値フィールドのフィールド名を変更する

 メモ 簡潔で見やすい名称に変える

ピボットテーブルに複数の値フィールドを配置すると、表の見出しに「合計／数量」「合計／金額」などの文字が並びます。表が冗長になるので、簡潔で見やすい名称に変えましょう。なお、表の右端に表示される総計列の見出しは、自動的に「全体の○○」となります。

メモ <値>エリアのフィールド名も変わる

値フィールドのフィールド名を「売上高」「売上数」に変更すると、フィールドリストの<値>エリアのフィールド名も「売上高」「売上数」に変化します。

1 「合計／金額」の任意のセルを選択して、Sec.40を参考にフィールド名を「売上高」に変更します。

2 ほかの列の「合計／金額」も自動的に「売上高」に変わります。

3 同様に、「合計／数量」を「売上数」に変更します。

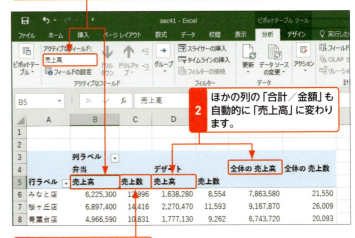

3 「金額」と「数量」の順序を変更する

メモ 上のフィールドが左に表示される

<値>エリアに複数のフィールドを配置する場合、上側に配置したフィールドが、ピボットテーブルの左側に表示されます。下図では上から順に<売上数><売上高>と配置されているので、ピボットテーブルの左から順に「売上数」「売上高」が表示されます。

上のフィールドは左、下のフィールドは右に表示されます。

1 「売上高」、「売上数」の順序で並んでいます。

2 ピボットテーブルの任意のセルを選択して、

3 <売上高>をドラッグして、<売上数>の下側に移動します。

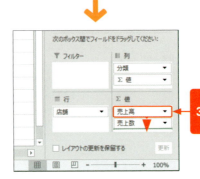

4 「売上高」と「売上数」の順序が逆になりました。

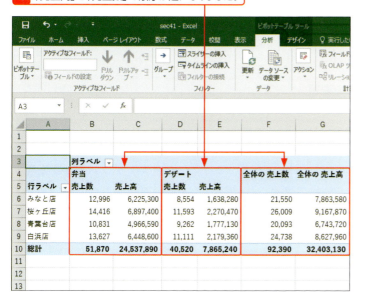

ヒント セルを直接ドラッグしてもよい

「売上高」のセルをドラッグして、「売上数」のセルの右側に太線が表示される位置でドロップしても、「売上高」と「売上数」を入れ替えられます。1箇所をドラッグするだけで、すべての「売上高」と「売上数」の順序が入れ替わります。

「売上高」のセルを「売上数」の右までドラッグします。

ステップアップ 集計値のレイアウトを横から縦に変更する

＜値＞エリアに複数のフィールドを配置すると、＜列＞エリアに＜Σ値＞が追加され、ピボットテーブルには複数の集計値が横並びで表示されます。＜Σ値＞を＜列＞エリアから＜行＞エリアにドラッグして移動すると、ピボットテーブルでは集計値が縦並びに変わります。

1 「売上数」と「売上高」が横に並んでいます。

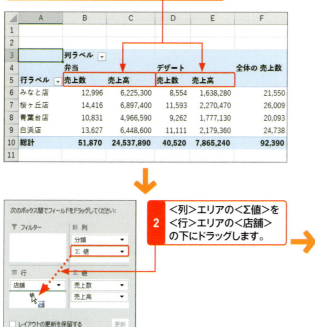

2 ＜列＞エリアの＜Σ値＞を＜行＞エリアの＜店舗＞の下にドラッグします。

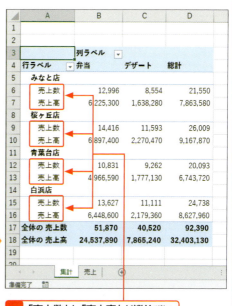

3 「売上数」と「売上高」が縦並びに変わりました。

Section 42 データの個数を求める

集計方法の変更

データの「個数」を求めれば「明細件数」や「受注件数」がわかる

ピボットテーブルでは、＜値＞エリアに数値のフィールドを配置すると合計、文字列のフィールドを配置するとデータの個数が求められます。しかし、分析の目的によっては、自動的に集計される以外の方法で集計したいこともあるでしょう。集計方法の種類には、合計、データの個数、平均、最大値、最小値などがあり、あとから自由に変更できます。集計方法を変更することで、アンケートから年齢別の回答者数（データ数）を求めたり、試験データから選択科目別の平均点、最高点、最低点を求めたりと、さまざまな集計が可能になります。ここでは、＜NO＞フィールドの個数を集計して、店舗ごとの「明細件数」を求めます。

Before：＜NO＞フィールドの合計を集計

合計 / NO	列ラベル						
行ラベル	4月	5月	6月	7月	8月	9月	総計
みなと店	18048	66920	96672	157423	205688	215616	760367
桜ヶ丘店	19629	71631	103167	167797	219072	229545	810841
青葉台店	15471	55314	79353	128849	168063	175995	623045
白浜店	18483	70294	102021	137081	217735	228399	774013
総計	71631	264159	381213	591150	810558	849555	2968266

＜NO＞フィールドを集計すると合計が求められますが、「NO」（明細番号）を合計しても意味がありません。

After：＜NO＞フィールドの個数を集計

明細件数	列ラベル						
行ラベル	4月	5月	6月	7月	8月	9月	総計
みなと店	96	112	96	112	112	96	624
桜ヶ丘店	102	119	102	119	119	102	663
青葉台店	78	91	78	91	91	78	507
白浜店	102	119	102	98	119	102	642
総計	378	441	378	420	441	378	2436

集計方法を「合計」から「個数」に変えると、各店舗の各月の明細件数がわかります。

フィールド名を「明細件数」に変更すると、集計の意味が伝わります。

1 現在の集計方法を確認する

1 ＜値＞エリアに＜NO＞フィールドが配置されていることを確認します。

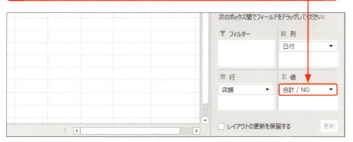

2 「NO」フィールドの合計が表示されていることを確認します。

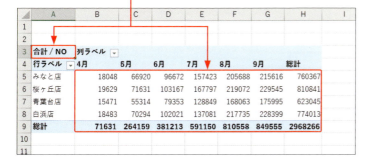

> **メモ 件数のカウントには「NO」を使用する**
>
> レコード数を求めるときは、空欄のないフィールドでデータをカウントする必要があります。「NO」のように、レコード固有の値が入力されているフィールドを利用するのが一般的です。

> **メモ データの種類で集計方法が決まる**
>
> ピボットテーブルでは、＜値＞エリアに数値のフィールドを配置すると、自動的に合計が求められます。このSectionでは、数値が入力されている「NO」を配置したので、「NO」の数値が合計されました。

＜NO＞フィールドには数値が入力されています。

2 集計方法を変更する

1 値フィールドの任意のセルを選択して、

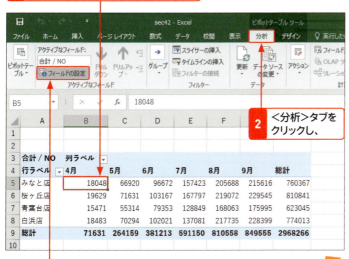

2 ＜分析＞タブをクリックし、

3 ＜フィールドの設定＞をクリックします。

> **メモ Excel 2010／2007の場合**
>
> Excel 2010の場合、手順**2**〜**3**の代わりに、＜オプション＞リボンの＜アクティブなフィールド＞→＜フィールドの設定＞をクリックします。Excel 2007の場合は、手順**2**〜**3**の代わりに、＜オプション＞リボンの＜アクティブなフィールド＞グループにある＜フィールドの設定＞をクリックします。

> **メモ Excel 2010ではリボンからも設定できる**
>
> Excel 2010では、＜オプション＞リボンの＜計算方法＞→＜集計方法＞→＜データの個数＞を順にクリックしても、データの個数を求められます。

ヒント ショートカットメニューも使える

値フィールドの任意のセルを右クリックして、＜値の集計方法＞のサブメニューから集計方法を変更することもできます。ダイアログボックスを使用するより、すばやく操作できて便利です。

1 集計値を右クリックして、

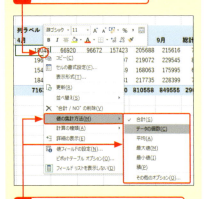

2 ＜値の集計方法＞のサブメニューから集計方法を選択します。

メモ 集計方法を変更してから名前を変更する

集計方法を「個数」に変更すると、フィールド名は自動的に「個数 / NO」(Excel 2013 / 2010 / 2007では「データの個数 / NO」) に変わります。先に「明細件数」と入力しても、集計方法を変更すると書き換わってしまうので、集計方法を設定したあとでフィールド名を入力しましょう。

1 集計方法を変更すると、

2 フィールド名が変わります。

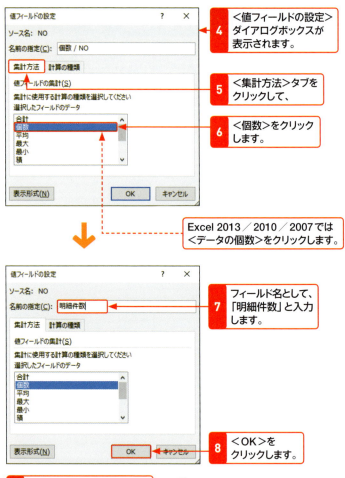

4 ＜値フィールドの設定＞ダイアログボックスが表示されます。

5 ＜集計方法＞タブをクリックして、

6 ＜個数＞をクリックします。

Excel 2013 / 2010 / 2007では＜データの個数＞をクリックします。

7 フィールド名として、「明細件数」と入力します。

8 ＜OK＞をクリックします。

9 「NO」フィールドのデータの個数が求められました。

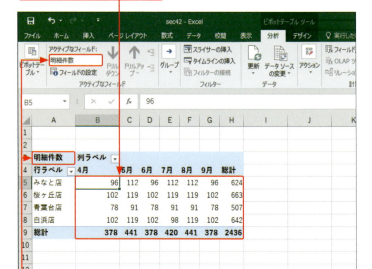

10 フィールド名を変更できました。

同じフィールドを複数の集計方法で集計するには

試験の得点のデータベースを元に、「得点」の平均、最高点、最低点を求めたいことがあります。そのようなときは、＜値＞エリアに＜得点＞フィールドを3回ドラッグします。集計表に「合計／得点」「合計／得点2」「合計／得点3」の3列が表示されるので、それぞれの集計方法を＜平均＞＜最大＞＜最小＞に変更し、Sec.18を参考に平均点の小数点以下の桁数を1桁に設定します。なお、Excel 2013／2010／2007の場合は、集計方法を＜平均＞＜最大値＞＜最小値＞に変更してください。

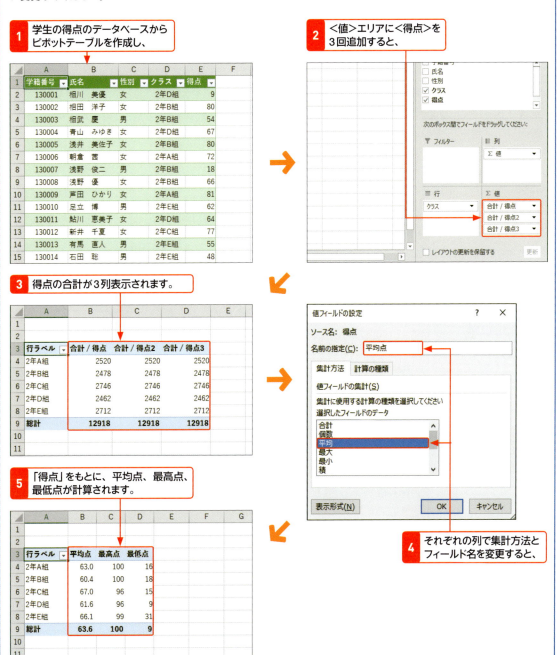

Section 43 総計行を基準として売上構成比を求める

列集計に対する比率

各商品の貢献度が明白になる

売上全体に対する各商品や各支店の貢献度を分析したいときは、売上の数値を比較するよりも、<u>全体に占める割合（構成比）で比較</u>するほうが確実です。ピボットテーブルでは、合計やデータの個数などの集計結果をもとに、比率を求めることができます。ここでは、商品別支店別のクロス集計表で、総計行（各支店の売上の合計）を100%として比率を計算します。計算結果から、「みなと店の商品別売上構成比」「桜ヶ丘店の商品別売上構成比」という具合に、支店ごとに売上構成比が求められます。どの商品が売上に貢献しているかを、支店ごとに調べられます。

Before：
売上金額の合計を集計

	A	B	C	D	E	F	G
1							
2							
3	合計 / 金額	列ラベル					
4	行ラベル	みなと店	桜ヶ丘店	青葉台店	白浜店	総計	
5	幕の内弁当	1,679,680	1,894,280	1,735,940	1,481,320	6,791,220	
6	しゃけ弁当	1,494,450	1,751,400	1,621,350	1,762,650	6,629,850	
7	グリル弁当	1,537,250	1,597,200		1,570,250	4,704,700	
8	唐揚弁当	1,513,920	1,654,520	1,609,300	1,634,380	6,412,120	
9	あんみつ	352,000	400,750	392,750	397,500	1,543,000	
10	モンブラン		393,360		374,440	767,800	
11	プリン	1,286,280	1,476,360	1,384,380	1,407,420	5,554,440	
12	総計	7,863,580	9,167,870	6,743,720	8,627,960	32,403,130	

商品別支店別に売上が集計されています。

After：
総計行を基準として
売上の比率を計算

	A	B	C	D	E	F	G	H
1								
2								
3	売上構成比	列ラベル						
4	行ラベル	みなと店	桜ヶ丘店	青葉台店	白浜店	総計		
5	幕の内弁当	21.36%	20.66%	25.74%	17.17%	20.96%		
6	しゃけ弁当	19.00%	19.10%	24.04%	20.43%	20.46%		
7	グリル弁当	19.55%	17.42%	0.00%	18.20%	14.52%		
8	唐揚弁当	19.25%	18.05%	23.86%	18.94%	19.79%		
9	あんみつ	4.48%	4.37%	5.82%	4.61%	4.76%		
10	モンブラン	0.00%	4.29%	0.00%	4.34%	2.37%		
11	プリン	16.36%	16.10%	20.53%	16.31%	17.14%		
12	総計	100.00%	100.00%	100.00%	100.00%	100.00%		

各列の総計を100%として比率を求めます。
各商品の貢献度が明らかになります。

1 列集計に対する比率を求める

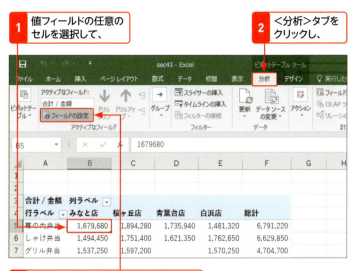

① 値フィールドの任意のセルを選択して、
② <分析>タブをクリックし、
③ <フィールドの設定>をクリックします。

④ <値フィールドの設定>ダイアログボックスが表示されます。
⑤ <名前の指定>に「売上構成比」と入力して、
⑥ <計算の種類>タブをクリックします。

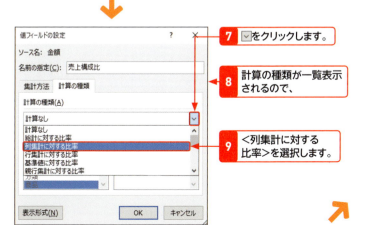

⑦ ∨をクリックします。
⑧ 計算の種類が一覧表示されるので、
⑨ <列集計に対する比率>を選択します。

メモ Excel 2010／2007の場合

Excel 2010の場合、手順②～③の代わりに、<オプション>リボンの<アクティブなフィールド>→<フィールドの設定>をクリックします。

Excel 2007の場合は、手順②～③の代わりに、<オプション>リボンの<アクティブなフィールド>グループにある<フィールドの設定>をクリックし、手順⑨の代わりに<行方向の比率>を選択します。

ヒント ショートカットメニューも使える

値フィールドの任意のセルを右クリックして、<計算の種類>のサブメニューからも計算の種類を変更できます。

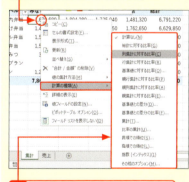

① 集計値を右クリックして、
② <計算の種類>から選択します。

メモ 「集計方法」と「計算の種類」の違い

値フィールドでは、「集計方法」(Sec.42参照)と「計算の種類」の2種類を設定できます。「集計方法」とは、データベースのレコードを集めて計算するときの方法を指定するもので、合計、データの個数、平均などを選べます。一方、「計算の種類」とは、求めた合計やデータの個数などの数値をもとに、比率や累計などを計算する機能です。「計算の種類」の初期値は<計算なし>で、その場合、「集計方法」で指定した計算結果がそのまま表示されます。

小数部の桁数を調整するには

＜値フィールドの設定＞ダイアログボックスで＜表示形式＞をクリックします。表示される画面で＜分類＞から＜パーセンテージ＞を選択し、＜小数点以下の桁数＞欄で桁数を指定します。

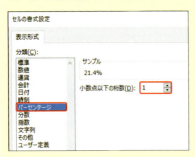

計算の種類を元の状態に戻すには

＜値フィールドの設定＞ダイアログボックスの＜計算方法＞タブで、＜計算の種類＞から＜計算なし＞を選択すると、もとの状態に戻せます。

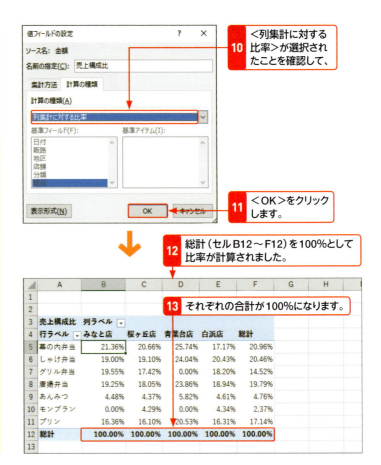

10 ＜列集計に対する比率＞が選択されたことを確認して、

11 ＜OK＞をクリックします。

12 総計（セルB12～F12）を100%として比率が計算されました。

13 それぞれの合計が100%になります。

目的に応じて計算の種類を選ぶ

下表は、＜値フィールドの設定＞ダイアログボックスの＜計算の種類＞タブで設定できる主な計算の種類です。目的に応じて使い分けましょう。

計算の種類	説明
計算なし	＜集計方法＞で指定した計算結果をそのまま表示
総計に対する比率	総合計（表の右下隅のセル）を100%とした比率を表示（P.171参照）
列集計に対する比率	各列の総計をそれぞれ100%として、列ごとに比率を表示（Sec.43参照）
行集計に対する比率	各行の総計をそれぞれ100%として、行ごとに比率を表示（P.171参照）
基準値に対する比率	「基準フィールド」の「基準アイテム」で指定した値を100%として、比率を表示（Sec.45参照）
基準値との差分	「基準フィールド」の「基準アイテム」で指定した値との差を表示
基準値との差分の比率	「基準フィールド」の「基準アイテム」で指定した値を100%として求めた比率から100%を引いて値を表示（P.175参照）
親集計に対する比率	「基準フィールド」で指定した値を100%として比率を表示（Sec.44参照）
累計	「基準フィールド」の値の累計を表示（Sec.46参照）
昇順での順位	フィールドの値の小さい順の順位を表示（Sec.47参照）
降順での順位	フィールドの値の大きい順の順位を表示（Sec.47参照）

ヒント 行集計に対する比率を求める

クロス集計表で総計値を基準に比率を求めるには、次の3種類の方法があります。どの値を基準にするかによって、見えてくるものが変わります。特徴を理解して設定しましょう。

総計に対する比率（Excel 2007では＜全体に対する比率＞）

	A	B	C	D	E	F
3	合計 / 金額	列ラベル				
4	行ラベル	みなと店	桜ヶ丘店	青葉台店	白浜店	総計
5	幕の内弁当	5.18%	5.85%	5.36%	4.57%	20.96%
6	しゃけ弁当	4.61%	5.41%	5.00%	5.44%	20.46%
7	グリル弁当	4.74%	4.93%	0.00%	4.85%	14.52%
8	唐揚弁当	4.67%	5.11%	4.97%	5.04%	19.79%
9	あんみつ	1.09%	1.24%	1.21%	1.23%	4.76%
10	モンブラン	0.00%	1.21%	0.00%	1.16%	2.37%
11	プリン	3.97%	4.56%	4.27%	4.34%	17.14%
12	総計	24.27%	28.29%	20.81%	26.63%	100.00%

総合計（セルF12）を100%として、各集計値の比率が求められます。セルB5～E11の合計が100%になります。

列集計に対する比率（Excel 2007では＜行方向の比率＞）

総計行を100%として、列ごとに比率を計算します。
たとえば「みなと店」の場合、セルB5～B11の合計が100%になります。

行集計に対する比率（Excel 2007では＜列方向の比率＞）

総計列を100%として、行ごとに比率を計算します。
たとえば「幕の内弁当」の場合、セルB5～E5の合計が100%になります。

Section 44 小計行を基準として売上構成比を求める

2016 2010 2013

親集計に対する比率

階層ごとに売上構成比を求められる

階層構造の集計表で、＜親集計に対する比率＞という計算方法で集計を行うと、小計の値を100％として**階層ごとに構成比率を求める**ことができます。ここでは、行ラベルフィールドに＜分類＞と＜商品＞を配置した表で、商品分類ごとに各商品の売上構成比を求めます。＜親集計に対する比率＞を設定する際に、＜基準フィールド＞として＜分類＞を指定することがポイントです。

Before：「商品分類」と「商品」の2階層の集計表

	A	B	C	D	E	F	G	H
1								
2								
3	合計 / 金額	列ラベル						
4	行ラベル	みなと店	桜ヶ丘店	青葉台店	白浜店	総計		
5	⊟弁当	6,225,300	6,897,400	4,966,590	6,448,600	24,537,890		
6	幕の内弁当	1,679,680	1,894,280	1,735,940	1,481,320	6,791,220		
7	しゃけ弁当	1,494,450	1,751,400	1,621,350	1,762,650	6,629,850		
8	グリル弁当	1,537,250	1,597,200		1,570,250	4,704,700		
9	唐揚弁当	1,513,920	1,654,520	1,609,300	1,634,380	6,412,120		
10	⊟デザート	1,638,280	2,270,470	1,777,130	2,179,360	7,865,240		
11	あんみつ	352,000	400,750	392,750	397,500	1,543,000		
12	モンブラン		393,360		374,440	767,800		
13	プリン	1,286,280	1,476,360	1,384,380	1,407,420	5,554,440		
14	総計	7,863,580	9,167,870	6,743,720	8,627,960	32,403,130		
15								

→ 商品分類ごとに小計が表示されています。

After：「商品分類」を基準に比率を計算

	A	B	C	D	E	F	G	H
1								
2								
3	売上構成比	列ラベル						
4	行ラベル	みなと店	桜ヶ丘店	青葉台店	白浜店	総計		
5	⊟弁当	100.00%	100.00%	100.00%	100.00%	100.00%		
6	幕の内弁当	26.98%	27.46%	34.95%	22.97%	27.68%		
7	しゃけ弁当	24.01%	25.39%	32.65%	27.33%	27.02%		
8	グリル弁当	24.69%	23.16%	0.00%	24.35%	19.17%		
9	唐揚弁当	24.32%	23.99%	32.40%	25.34%	26.13%		
10	⊟デザート	100.00%	100.00%	100.00%	100.00%	100.00%		
11	あんみつ	21.49%	17.65%	22.10%	18.24%	19.62%		
12	モンブラン	0.00%	17.33%	0.00%	17.18%	9.76%		
13	プリン	78.51%	65.02%	77.90%	64.58%	70.62%		
14	総計							
15								

→ 小計を100％として比率を求めます。商品分類ごとに各商品の貢献度が明らかになります。

1 親集計に対する比率を求める

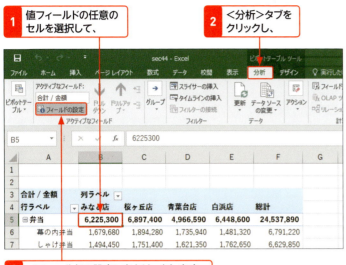

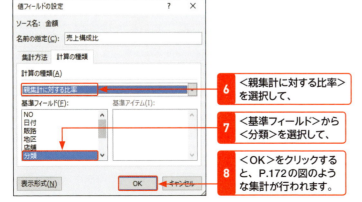

メモ Excel 2010の場合

Excel 2010の場合、手順2～3の代わりに、＜オプション＞リボンの＜アクティブなフィールド＞→＜フィールドの設定＞をクリックします。

ヒント ＜基準フィールド＞の指定がカギ

＜親集計に対する比率＞を計算するときは、＜基準フィールド＞として小計のフィールドを指定することがポイントです。行ラベルフィールドが階層化されている場合は小計行、列ラベルフィールドが階層化されている場合は小計列のフィールドを指定しましょう。

ヒント 総計行を非表示にするには

分類ごとに売上構成比を求めると、総計行は空欄になります。Sec.54を参考に＜行のみ集計を行う＞を設定すると、総計行を非表示にできます。

総計行が空欄になるので、

総計行を非表示にして、見栄えを整えます。

Section 45 前月に対する比率を求める

基準値に対する比率

前月を基準に比率を求めれば売上の成長度がわかる

月々の業績の成長度を分析したいときは、＜基準値に対する比率＞という計算方法を使用して、前月の売上高を基準に比率を求めます。「100％より大きければプラス成長」「100％未満であればマイナス成長」という具合に、成長度が一目瞭然になります。下図のように、売上と比率を並べて表示すれば、売上と成長度が一目でわかる見やすい表になります。

Before：月ごとの売上

行ラベル	合計 / 金額	合計 / 金額2
4月	5,277,000	5277000
5月	5,543,780	5543780
6月	5,378,640	5378640
7月	4,955,370	4955370
8月	5,529,680	5529680
9月	5,718,660	5718660
総計	32,403,130	32403130

月々の売上の合計が計算されています。

After：前月比を計算

行ラベル	売上高	前月比
4月	5,277,000	100.00%
5月	5,543,780	105.06%
6月	5,378,640	97.02%
7月	4,955,370	92.13%
8月	5,529,680	111.59%
9月	5,718,660	103.42%
総計	32,403,130	

前月の売上高を100％として比率を求めます。

1 基準値に対する比率を求める

メモ ＜金額＞フィールドを2回追加する

＜値＞エリアに同じフィールドを追加すると、フィールド同士を区別するために、「合計 / 金額2」のようにフィールド名の末尾に数字が付きます。ここでは、＜値＞エリアに＜金額＞フィールドを2回追加して、一方を売上高、もう一方を前月比の計算に使用します。

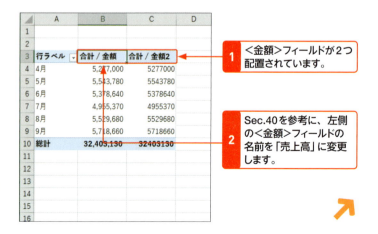

1 ＜金額＞フィールドが2つ配置されています。

2 Sec.40を参考に、左側の＜金額＞フィールドの名前を「売上高」に変更します。

3 右側の<金額>フィールドのセルを選択して、

4 <分析>タブをクリックし、

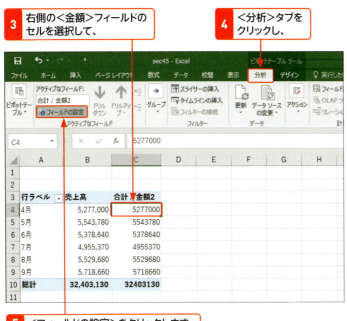

5 <フィールドの設定>をクリックします。

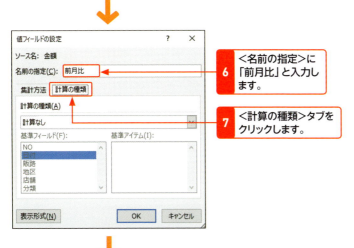

6 <名前の指定>に「前月比」と入力します。

7 <計算の種類>タブをクリックします。

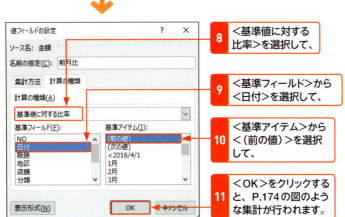

8 <基準値に対する比率>を選択して、

9 <基準フィールド>から<日付>を選択して、

10 <基準アイテム>から<(前の値)>を選択して、

11 <OK>をクリックすると、P.174の図のような集計が行われます。

メモ Excel 2010／2007の場合

Excel 2010の場合、手順4～5の代わりに、<オプション>リボンの<アクティブなフィールド>→<フィールドの設定>をクリックします。
Excel 2007の場合は、手順4～5の代わりに、<オプション>リボンの<アクティブなフィールド>グループにある<フィールドの設定>をクリックします。

ヒント 「伸び率」を求めるには

<値フィールドの設定>ダイアログボックスの<計算の種類>で<基準値との差分の比率>、<基準フィールド>で<日付>、<基準アイテム>で<(前の値)>を選択すると、伸び率が求められます。伸び率とは、前月比から「100％」を引いた値のことです。たとえば、前月比が「105.06％」なら伸び率は「5.06％」になります。

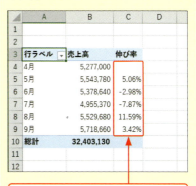

プラスの数値なら売上アップ、マイナスの数値なら売上ダウンと判断できます。

ヒント 計算の種類をもとの状態に戻すには

<値フィールドの設定>ダイアログボックスの<計算の種類>タブで、<計算の種類>から<計算なし>を選択すると、もとの状態に戻せます。

Section 46 売上の累計を求める

累計の計算

累計を求めれば、半期目標に到達した月が一目瞭然!

ピボットテーブルには、累計を求める機能があります。月々の売上の累計を求めれば、「5カ月目に半期目標の2,500万円を達成した」「年間売上目標まであと1,000万円」というような分析がかんたんに行えます。また、予算や経費など、限られたコストの中でやり繰りが必要なデータの場合も、累計がわかれば管理しやすくなります。累計のデータはさまざまなシーンで役に立つので、計算方法を覚えておきましょう。

Before：月ごとの売上

	A	B	C	D
3	行ラベル	合計 / 金額	合計 / 金額2	
4	4月	5,277,000	5,277,000	
5	5月	5,543,780	5,543,780	
6	6月	5,378,640	5,378,640	
7	7月	4,955,370	4,955,370	
8	8月	5,529,680	5,529,680	
9	9月	5,718,660	5,718,660	
10	総計	32,403,130	32,403,130	

月々の売上の合計が計算されています。

After：累計を計算

	A	B	C	D	E
3	行ラベル	売上高	累計		
4	4月	5,277,000	5,277,000		
5	5月	5,543,780	10,820,780		
6	6月	5,378,640	16,199,420		
7	7月	4,955,370	21,154,790		
8	8月	5,529,680	26,684,470		
9	9月	5,718,660	32,403,130		
10	総計	32,403,130			

累計を求めると、その月までの売上の合計が一目でわかります。

1 累計を求める

メモ ＜金額＞フィールドを2回追加する

＜値＞エリアに同じフィールドを追加すると、フィールド同士を区別するために、「合計 / 金額2」のようにフィールド名の末尾に数字が付きます。ここでは、＜値＞エリアに＜金額＞フィールドを2回追加して、一方を売上高、もう一方を累計の計算に使用します。

1 ＜金額＞フィールドが2つ配置されています。

2 Sec.40を参考に、左側の＜金額＞フィールドの名前を「売上高」に変更します。

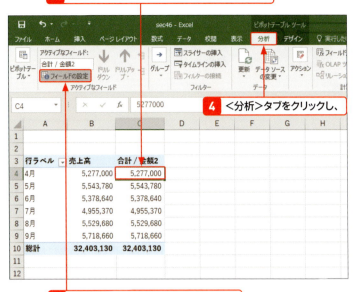

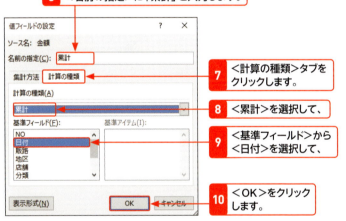

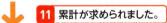

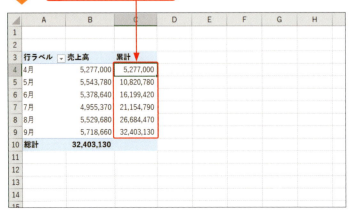

メモ Excel 2010／2007の場合

Excel 2010の場合、手順4～5の代わりに、＜オプション＞リボンの＜アクティブなフィールド＞→＜フィールドの設定＞をクリックします。

Excel 2007の場合は、手順4～5の代わりに、＜オプション＞リボンの＜アクティブなフィールド＞グループにある＜フィールドの設定＞をクリックします。

ヒント ＜基準フィールド＞で累計の方向を選ぶ

＜値フィールドの設定＞ダイアログボックスの＜基準フィールド＞では、累計の方向を指定します。たとえば、行ラベルフィールドに日付が配置されている集計表で＜基準フィールド＞に＜日付＞を指定すると、縦方向の累計が求められます。また、列ラベルフィールドに日付が配置されている集計表で＜基準フィールド＞に＜日付＞を指定すると、横方向の累計が求められます。

＜基準フィールド＞に指定した＜日付＞が行ラベルにある場合は縦の累計になり、

列ラベルにある場合は横の累計になります。

177

Section 47 売上の高い順に順位を求める

2016 2013 2010

順位の計算

地区ごとに順位を振れば、地区の順位と総合順位の関係が歴然！

並べ替え（Sec.24参照）の機能を使用すると、売れ行きのよい商品や営業成績のよい支店がかんたんにわかります。Excel 2016／2013／2010では順位を表示する機能が用意されているので、さらにわかりやすい表ができます。特に下図のようなクロス集計表の場合、総計の順に商品を並べ替えると総合の順位はわかりますが、売上高の数値だけを見て、総合順位と各地区の順位の関係を把握するのは困難です。地区ごとに順位を表示すれば、「総合1位の幕の内弁当は海岸地区で1位だが山手地区では2位」といった事実が明確になります。「1、2、3…」と番号を振ることで、地区ごとの商品の位置付けがダイレクトに伝わります。

178

1 順位を求める

1 <合計/金額2>フィールドのセルを選択して、

2 <分析>タブをクリックし、

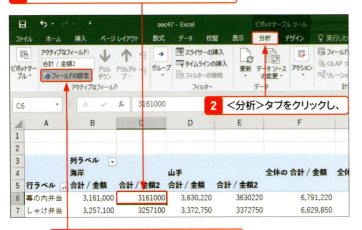

3 <フィールドの設定>をクリックします。

4 <名前の指定>に「順位」と入力します。

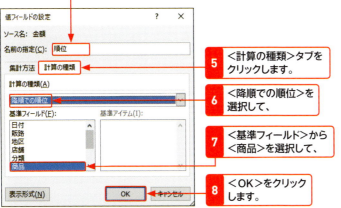

5 <計算の種類>タブをクリックします。

6 <降順での順位>を選択して、

7 <基準フィールド>から<商品>を選択して、

8 <OK>をクリックします。

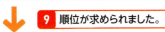

9 順位が求められました。

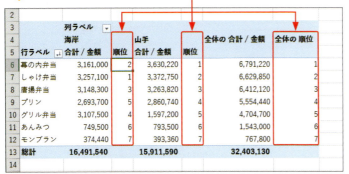

10 Sec.40を参考に、<合計/金額>フィールドの名前を「売上高」に変更しておきます。

メモ 作業前のサンプル

このSectionで使用するサンプルでは、地区ごとに順位を振る準備として、<値>エリアに<金額>フィールドを2つ配置しています。一方を売上高、もう一方を順位の表示に使用します。

メモ Excel 2010ではリボンからも設定できる

Excel 2010では、「計算の種類」の設定を<オプション>リボンからも行えます。<オプション>リボンの<計算方法>→<計算の種類>をクリックして、<降順での順位>をクリックします。続いて、表示される設定画面で、基準フィールドとして<商品>を指定します。

メモ <昇順での順位>と<降順での順位>

<値フィールドの設定>ダイアログボックスの<計算の種類>には、<昇順での順位>と<降順での順位>があります。前者は数値の小さい順の順位、後者は数値の大きい順の順位です。

メモ <基準フィールド>で順位の方向を指定する

このSectionの集計表では、行に商品、列に地区が配置されています。手順**7**で<基準フィールド>として<商品>を選択すると、地区ごとに商品の順位が求められます。<地区>を選択した場合は、商品ごとに地区の順位が求められます。

Section 48 金額フィールドをもとに新しいフィールドを作成する

集計フィールドの挿入

ピボットテーブル内で集計結果をもとに計算できる

ピボットテーブルの集計結果を使用して、計算を行いたいことがあります。そのようなときに活躍するのが、＜集計フィールド＞の機能です。この機能を使用すると、集計結果をもとに、ピボットテーブル上で値フィールド用の新しいフィールドを作成できます。ここでは、売上金額の5％をロイヤリティとして本部に支払うものとして、「金額×5％」という数式から「ロイヤリティ」という集計フィールドを作成します。作成した集計フィールドはピボットテーブルの要素として活用できるので、ピボットテーブルの用途が大きく広がります。

Before：集計フィールド作成前

ロイヤリティ（金額×5％）を集計したいが、フィールドがないので表示できません。

After：集計フィールドを作成

「金額×5％」の式を＜ロイヤリティ＞という名前で登録すると、フィールドとして集計できます。

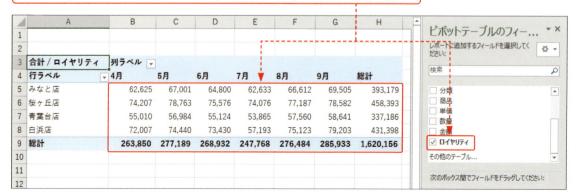

1 集計フィールドを作成する

1 ピボットテーブルの任意のセルを選択して、

2 <分析>タブをクリックします。

3 <フィールド/アイテム/セット>をクリックして、

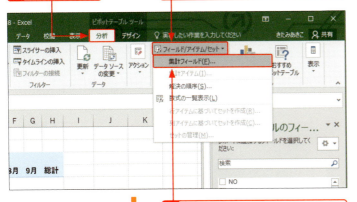

4 <集計フィールド>をクリックします。

5 <集計フィールドの挿入>ダイアログボックスが表示されます。

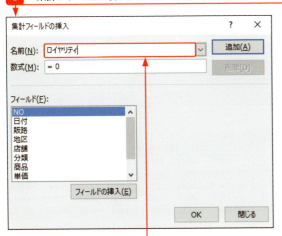

6 作成するフィールドの名前として「ロイヤリティ」と入力します。

メモ <金額>を配置しておく必要はない

集計フィールドの計算のもとになるフィールドは、ピボットテーブル上になくてもかまいません。ここでは、<金額>フィールドをもとに<ロイヤリティ>を計算していますが、<金額>フィールドを配置しなくても計算を行えます。

メモ Excel 2013 / 2010 / 2007の場合

Excel 2013では、手順**2**～**4**の代わりに<分析>リボンの<計算方法>→<フィールド/アイテム/セット>→<集計フィールド>をクリックします。
Excel 2010では、手順**2**～**4**の代わりに<オプション>リボンの<計算方法>→<フィールド/アイテム/セット>→<集計フィールド>をクリックします。
Excel 2007では、手順**2**～**4**の代わりに、<オプション>リボンの<数式>→<集計フィールド>をクリックします。

キーワード INT関数

INT関数は、指定した<数値>の小数点以下を切り捨て、整数にする関数です。正の数値を指定すると、小数点以下が削除されます。たとえば、「INT(9.87)」の結果は「9」になります。

書式：INT(数値)

メモ 算術演算子や関数が使える

集計フィールドの数式には、「+」「-」「*」「/」などの算術演算子や関数を使用できます。ここでは、<金額>フィールドに0.05を掛けて、小数点以下を切り捨てるために、「=INT(金額*0.05)」という数式を設定します。なお、P.182の手順では「金額」を<フィールド>欄からダブルクリックして挿入していますが、直接キーボードから「金額」と入力してもかまいません。

メモ　集計値が計算の対象になる

集計フィールドの数式は、数式で使用されているフィールドの個々のデータではなく、集計結果に対して使用されます。たとえば、「金額*0.05」とした場合、個々のレコードの金額に0.05を乗算して合計されるのではなく、金額の合計に0.05が乗算されます。

メモ　<値>エリアに配置される

作成した集計フィールドは、自動的に<値>エリアに配置されます。

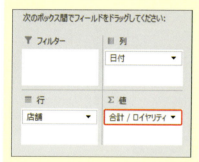

メモ　<値>エリアにしか配置できない

作成した集計フィールドはフィールドリストに追加されますが、<値>エリアにしか配置できません。<列>エリアや<行>エリアにドラッグすると、エラーメッセージが表示されます。

---

7 <数式>に「=INT(」と入力します。

8 ここを下までドラッグして、

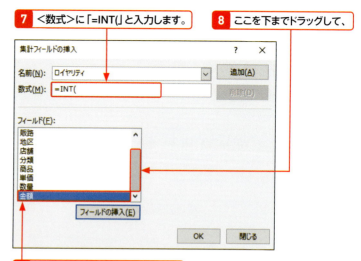

9 <金額>をダブルクリックします。

10 「金額」が入力されました。

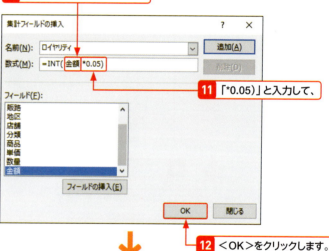

11 「*0.05)」と入力して、

12 <OK>をクリックします。

13 <ロイヤリティ>フィールドが表示されました。

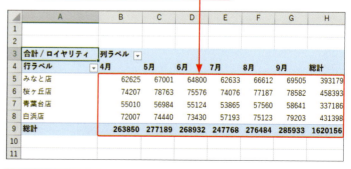

14 Sec.18を参考に桁区切りの表示形式を設定しておきます。

行ラベルや列ラベルの配置は変更できる

集計フィールドは＜値＞エリアにしか配置できませんが、そのほかのフィールドは自由に配置できます。下図は、P.182のピボットテーブルの＜日付＞フィールドを＜列＞エリアに移動して、新たに＜金額＞フィールドを＜値＞エリアに配置した集計表です。集計項目を変えることで、集計フィールドをさまざまな形で利用できます。

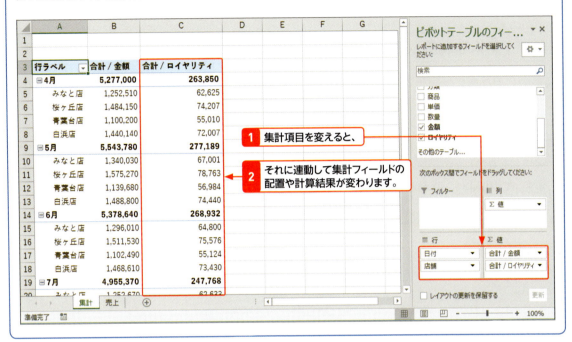

1 集計項目を変えると、
2 それに連動して集計フィールドの配置や計算結果が変わります。

 集計フィールドを修正／削除するには

P.181を参考に＜集計フィールドの挿入＞ダイアログボックスを表示し、＜名前＞欄から目的の集計フィールドを選択します。その状態で図のように操作すると、集計フィールドを修正／削除できます。

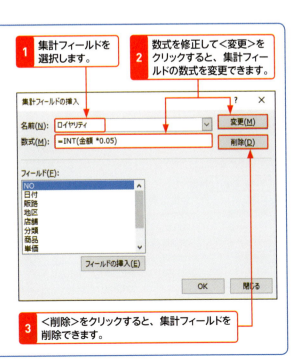

1 集計フィールドを選択します。
2 数式を修正して＜変更＞をクリックすると、集計フィールドの数式を変更できます。
3 ＜削除＞をクリックすると、集計フィールドを削除できます。

Section 49 フィールド内に新しいアイテムを追加する

集計アイテムの挿入

集計アイテムを利用して新しいアイテムを追加する

「集計表の商品欄に発売予定の新商品を追加して売上のシミュレーションをしたい…」。通常の表であれば、表の中に新しい行を挿入して、新商品の売上の予想金額を入力できます。しかし、ピボットテーブルでは、行の挿入もデータの入力もできません。そのようなときは、<集計アイテム>の機能を使用して、既存のフィールドに新しいアイテムを追加します。ここでは、<商品>フィールドに「バランス弁当」というアイテムを追加します。その売上は、もっとも売上金額の多い「幕の内弁当」の80%を見込むものとします。これにより、新商品投入時の全体の売上を予測できます。

Before：通常のピボットテーブル

合計 / 金額	列ラベル				
行ラベル	みなと店	桜ヶ丘店	青葉台店	白浜店	総計
幕の内弁当	1,679,680	1,894,280	1,735,940	1,481,320	6,791,220
しゃけ弁当	1,494,450	1,751,400	1,621,350	1,762,650	6,629,850
グリル弁当	1,537,250	1,597,200		1,570,250	4,704,700
唐揚弁当	1,513,920	1,654,520	1,609,300	1,634,380	6,412,120
あんみつ	352,000	400,750	392,750	397,500	1,543,000
モンブラン		393,360		374,440	767,800
プリン	1,286,280	1,476,360	1,384,380	1,407,420	5,554,440
総計	7,863,580	9,167,870	6,743,720	8,627,960	32,403,130

通常は、<商品>フィールドに含まれるアイテムしか表示できません。

After：集計アイテムを追加

合計 / 金額	列ラベル				
行ラベル	みなと店	桜ヶ丘店	青葉台店	白浜店	総計
幕の内弁当	1,679,680	1,894,280	1,735,940	1,481,320	6,791,220
しゃけ弁当	1,494,450	1,751,400	1,621,350	1,762,650	6,629,850
グリル弁当	1,537,250	1,597,200		1,570,250	4,704,700
唐揚弁当	1,513,920	1,654,520	1,609,300	1,634,380	6,412,120
あんみつ	352,000	400,750	392,750	397,500	1,543,000
モンブラン		393,360		374,440	767,800
プリン	1,286,280	1,476,360	1,384,380	1,407,420	5,554,440
バランス弁当	1,343,744	1,515,424	1,388,752	1,185,056	5,432,976
総計	9,207,324	10,683,294	8,132,472	9,813,016	37,836,106

<商品>フィールドのアイテムとして「バランス弁当」を追加して、「バランス弁当」を発売した場合の全体の売上をシミュレーションできます。

1 集計アイテムを作成する

1 <商品>フィールドの任意のセルを選択します。

2 <分析>タブをクリックします。

3 <フィールド/アイテム/セット>をクリックして、

4 <集計アイテム>をクリックします。

5 <"商品"への集計アイテムの挿入>ダイアログボックスが表示されます。

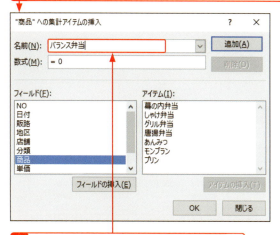

6 アイテム名として「バランス弁当」と入力します。

メモ あらかじめ商品のセルを選択しておく

集計アイテムを挿入するときは、あらかじめ挿入先のフィールド(ここでは<商品>フィールド)の任意のセルを選択してから、操作します。

メモ Excel 2013／2010／2007の場合

Excel 2013では、手順**2**～**4**の代わりに<分析>リボンの<計算方法>→<フィールド/アイテム/セット>→<集計アイテム>をクリックします。
Excel 2010では、手順**2**～**4**の代わりに<オプション>リボンの<計算方法>→<フィールド/アイテム/セット>→<集計アイテム>をクリックします。
Excel 2007では、手順**2**～**4**の代わりに、<オプション>リボンの<数式>→<集計アイテム>をクリックします。

メモ エラーが表示されるときは

ピボットテーブル内にグループ化されているフィールドがあると、エラーメッセージが表示されて、集計アイテムを追加できません。グループ化したフィールドをいったん<行>エリアか<列>エリアに配置し、P.95のメモを参考にグループ化を解除すれば、集計アイテムを追加できます。

メモ <数式>の入力

数式を入力する際、<数式>欄にカーソルがある状態で<アイテム>欄のアイテムをダブルクリックすると、そのアイテム名をカーソル位置に挿入できます。

メモ 数式を修正するには

集計アイテムとして登録した数式を変更するには、P.185の手順1～4を参考に<"商品"への集計アイテムの挿入>ダイアログボックスを表示します。<名前>欄から目的の集計アイテムを選択して、<数式>欄で数式を修正し、<変更>をクリックします。

1 集計アイテムを選択して、

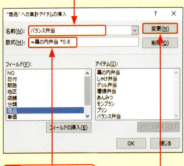

2 数式を修正し、

3 <変更>をクリックします。

メモ 最下行に追加される

集計アイテムは、<商品>フィールドのアイテムの最下行に追加されます。集計アイテムのセルを選択して、枠にマウスポインターを合わせてドラッグすると、行全体を自由な位置に移動できます。なお、並べ替えが設定されている表に集計アイテムを追加した場合は、並べ替えの条件に合った位置に追加されます。

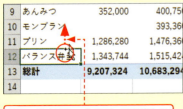

ドラッグすると、「バランス弁当」の行ごと移動できます。

7 <数式>に「=」と入力します。

8 <商品>をクリックして、

9 <幕の内弁当>をダブルクリックします。

10 「幕の内弁当」が入力されました。

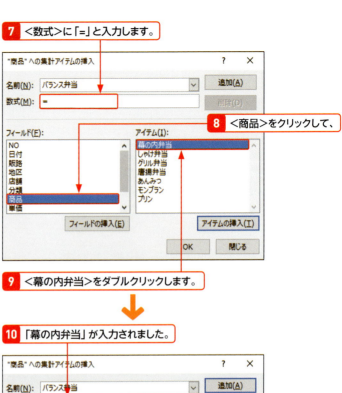

11 「*0.8」と入力して、

12 <OK>をクリックします。

13 「バランス弁当」が追加されました。

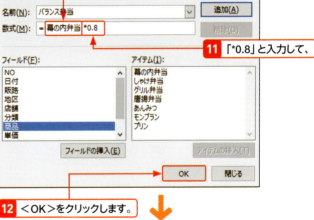

	A	B	C	D	E	F	G
1							
2							
3	合計 / 金額	列ラベル					
4	行ラベル	みなと店	桜ヶ丘店	青葉台店	白浜店	総計	
5	幕の内弁当	1,679,680	1,894,280	1,735,940	1,481,320	6,791,220	
6	しゃけ弁当	1,494,450	1,751,400	1,621,350	1,762,650	6,629,850	
7	グリル弁当	1,537,250	1,597,200		1,570,250	4,704,700	
8	唐揚弁当	1,513,920	1,654,520	1,609,300	1,634,380	6,412,120	
9	あんみつ	352,000	400,750	392,750	397,500	1,543,000	
10	モンブラン		393,360		374,440	767,800	
11	プリン	1,286,280	1,476,360	1,384,380	1,407,420	5,554,440	
12	バランス弁当	1,343,744	1,515,424	1,388,752	1,185,056	5,432,976	
13	総計	9,207,324	10,683,294	8,132,472	9,813,016	37,836,106	
14							

2 集計アイテムを目立たせる

1 「バランス弁当」のセルにマウスポインターを合わせ、になったらクリックします。

7	グリル弁当	1,537,250	1,597,200		1,570,250	4,704,700
8	唐揚弁当	1,513,920	1,654,520	1,609,300	1,634,380	6,412,120
9	あんみつ	352,000	400,750	392,750	397,500	1,543,000
10	モンブラン		393,360		374,440	767,800
11	プリン	1,286,280	1,476,360	1,384,380	1,407,420	5,554,440
12	バランス弁当	1,343,744	1,515,424	1,388,752	1,185,056	5,432,976
13	総計	9,207,324	10,683,294	8,132,472	9,813,016	37,836,106
14						

2 「バランス弁当」の行のセルが選択されます。

7	グリル弁当	1,537,250	1,597,200		1,570,250	4,704,700
8	唐揚弁当	1,513,920	1,654,520	1,609,300	1,634,380	6,412,120
9	あんみつ	352,000	400,750	392,750	397,500	1,543,000
10	モンブラン		393,360		374,440	767,800
11	プリン	1,286,280	1,476,360	1,384,380	1,407,420	5,554,440
12	バランス弁当	1,343,744	1,515,424	1,388,752	1,185,056	5,432,976
13	総計	9,207,324	10,683,294	8,132,472	9,813,016	37,836,106
14						

3 <ホーム>タブをクリックして、

4 <塗りつぶしの色>のをクリックして、

5 色を選択します。

5	幕の内弁当	1,679,680	1,894,280	1,735,940	1,481,320	6,791,220
6	しゃけ弁当	1,494,450	1,751,400	1,621,350	1,762,650	6,629,850
7	グリル弁当	1,537,250	1,597,200		1,570,250	4,704,700
8	唐揚弁当	1,513,920	1,654,520	1,609,300	1,634,380	6,412,120
9	あんみつ	352,000	400,750	392,750	397,500	1,543,000
10	モンブラン		393,360		374,440	767,800
11	プリン	1,286,280	1,476,360	1,384,380	1,407,420	5,554,440
12	バランス弁当	1,343,744	1,515,424	1,388,752	1,185,056	5,432,976
13	総計	9,207,324	10,683,294	8,132,472	9,813,016	37,836,106

6 セルが塗りつぶされ、正規の商品と区別しやすくなります。

メモ マウスポインターの形に注意する

「バランス弁当」のセルの左寄りにマウスポインターを合わせると、の形になります。その状態でクリックすると、「バランス弁当」の行全体を選択できます。または、「バランス弁当」のセルの中央にマウスポインターを合わせ、の形になったところで「バランス弁当」の行のセル範囲をドラッグしても、「バランス弁当」の行全体を選択できます。

メモ 通常のセルと同じように色を設定できる

ピボットテーブルのセルは、通常のセルと同じように塗りつぶしや文字の色を設定できます。ただし、設定した色は、<商品>フィールドを表から削除すると解除されます。書式設定については、Sec.52で詳しく解説します。

メモ 集計フィールドを削除するには

ピボットテーブルから<商品>フィールドを削除しても、追加した集計アイテムはそのまま残ります。そのため、次に商品ごとに売上を集計したいときなどに、「バランス弁当」が表示されてしまうなどの不都合が生じます。不要になった集計アイテムは、削除するようにしましょう。<"商品"への集計アイテムの挿入>ダイアログボックスを表示して、<名前>から集計アイテムを選択し、<削除>ボタンをクリックすると、削除できます。

ステップアップ 集計アイテムの数式はセルごとに変更できる

ここでは、集計アイテムを「=幕の内弁当*0.8」と定義しましたが、この数式はセルごとに変更できます。たとえば、「桜ヶ丘店」の「バランス弁当」だけ、売上予測が「幕の内弁当」の70%という場合は、「桜ヶ丘店」の「バランス弁当」のセルを選択し、数式バーで数式を「=幕の内弁当*0.8」から「=幕の内弁当*0.7」に修正します。

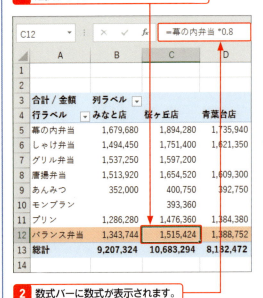

1 「桜ヶ丘店」の「バランス弁当」のセルを選択すると、
2 数式バーに数式が表示されます。
3 数式バーで数式を修正すると、
4 「桜ヶ丘店」だけ集計結果が変わります。

ステップアップ 集計フィールドや集計アイテムを一覧表示するには

どのフィールドに集計アイテムを追加したのか忘れてしまったときは、＜数式の一覧表示＞の機能を使用しましょう。＜分析＞リボンの＜フィールド／アイテム／セット＞→＜数式の一覧表示＞をクリックすると、新しいワークシートに集計フィールドと集計アイテムが一覧表示されます。なお、Excel 2013では＜分析＞リボンの＜計算方法＞→＜フィールド／アイテム／セット＞→＜数式の一覧表示＞を、Excel 2010では＜オプション＞リボンの＜計算方法＞→＜フィールド／アイテム／セット＞→＜数式の一覧表示＞を、Excel 2007では＜オプション＞リボンの＜数式＞→＜数式の一覧表示＞をクリックしてください。

新しいワークシートに集計フィールドと集計アイテムが一覧表示されます。

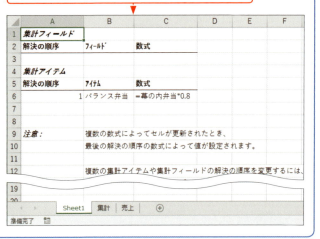

Chapter 07

第7章
ピボットテーブルを見やすく表示しよう 応用編

Section		
	50	集計表に美しいスタイルを設定する
	51	独自のスタイルを登録して集計表に設定する
	52	集計表の一部の書式を変更する
	53	階層構造の集計表のレイアウトを変更する
	54	総計の表示／非表示を切り替える
	55	小計の表示／非表示を切り替える
	56	グループごとに空白行を入れて見やすくする
	57	空白のセルに「0」と表示する
	58	販売実績のない商品も表示する

Section 50 集計表に美しいスタイルを設定する

ピボットテーブルスタイルの適用

瞬時に美しいデザインの集計表に変身させる

ピボットテーブルを使用してプレゼンテーションするようなときは、表の見栄えにも気を配りたいものです。<ピボットテーブルスタイル>の機能を使用すると、瞬時に美しいデザインを設定できます。一覧から選ぶだけなので、面倒な手間はかかりません。ピボットテーブルのセルに手動で書式を設定すると、設定の仕方によってはフィルターを使用したり、レイアウトを変えたりしたときに書式が崩れてしまうことがあります。<ピボットテーブルスタイル>なら、ピボットテーブル専用の書式機能なので、レイアウトの変更にも適応できます。

Before：標準のデザイン

	A	B	C	D	E	F	G
1							
2							
3	合計 / 金額	列ラベル					
4	行ラベル	店頭	ネット	電話	総計		
5	⊟海岸	7,742,770	4,994,710	3,754,060	16,491,540		
6	みなと店	3,601,800	2,429,560	1,832,220	7,863,580		
7	白浜店	4,140,970	2,565,150	1,921,840	8,627,960		
8	⊟山手	7,410,530	4,868,130	3,632,930	15,911,590		
9	桜ヶ丘店	4,387,470	2,741,720	2,038,680	9,167,870		
10	青葉台店	3,023,060	2,126,410	1,594,250	6,743,720		
11	総計	15,153,300	9,862,840	7,386,990	32,403,130		
12							

標準のデザインでは、ありきたりな印象になります。

After：ピボットテーブルスタイルを設定

	A	B	C	D	E	F	G
1							
2							
3	合計 / 金額	列ラベル					
4	行ラベル	店頭	ネット	電話	総計		
5	⊟海岸	7,742,770	4,994,710	3,754,060	16,491,540		
6	みなと店	3,601,800	2,429,560	1,832,220	7,863,580		
7	白浜店	4,140,970	2,565,150	1,921,840	8,627,960		
8	⊟山手	7,410,530	4,868,130	3,632,930	15,911,590		
9	桜ヶ丘店	4,387,470	2,741,720	2,038,680	9,167,870		
10	青葉台店	3,023,060	2,126,410	1,594,250	6,743,720		
11	総計	15,153,300	9,862,840	7,386,990	32,403,130		
12							

<ピボットテーブルスタイル>を使用すると、かんたんに表のデザインを設定できます。

1 ピボットテーブルスタイルを適用する

1. ピボットテーブルの任意のセルを選択して、
2. <デザイン>タブをクリックし、

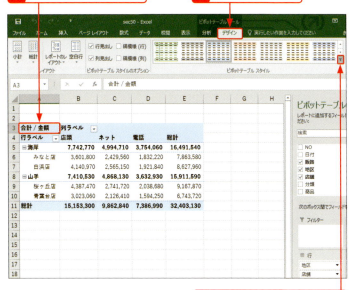

3. <その他>をクリックします。

4. 好みのデザイン(ここでは<ピボットスタイル(中間)14>を)クリックすると、

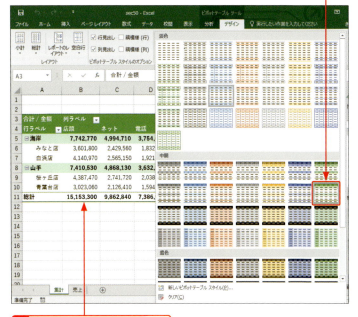

5. 表にデザインが適用されます。

メモ 背景色の濃さは3種類

<ピボットテーブルスタイル>のデザインは、<淡色><中間><濃色>の3種類に分かれています。資料として印刷する場合は<淡色>、プレゼンで画面表示する場合は<中間>という具合に、用途に適したものを選びましょう。

メモ リアルタイムでプレビューできる

<ピボットテーブルスタイル>の選択肢にマウスポインターを合わせると、表にそのスタイルを適用した状態が表示されます。いろいろ試して好みに合ったものを決めてから、クリックして確定します。

ヒント 自分で自由に色を設定したいときは

自分で自由に色を付けたい場合は、<ピボットテーブルスタイル>の先頭にある<なし>を選択すると、表が背景色のないスタイルになります。そのあと、Sec.52を参考に書式を設定します。

<なし>をクリックします。

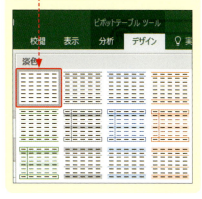

2 ピボットテーブルスタイルのオプションを適用する

> **メモ** ＜行見出し＞と＜列見出し＞
>
> 手順2の＜行見出し＞と＜列見出し＞は、行や列の見出しを強調するための設定です。既定ではオンになっており、見出しに塗りつぶしや太字などの書式が設定されます。どのような書式になるかは、適用したピボットテーブルスタイルによって変わります。下図は＜ピボットスタイル（濃色）26＞の例です。

＜行見出し＞も＜列見出し＞もオンの状態です。

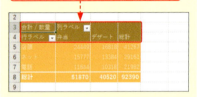

＜列見出し＞だけがオンの状態です。

＜行見出し＞だけがオンの状態です。

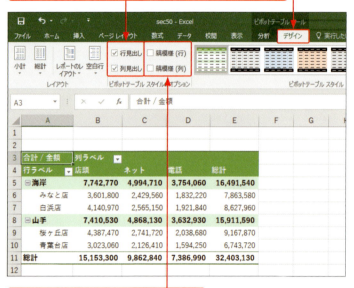

> **メモ** ＜縞模様（行）＞と＜縞模様（列）＞
>
> ＜ピボットテーブルスタイルのオプション＞にある＜縞模様（行）＞は偶数行と奇数行、＜縞模様（列）＞は偶数列と奇数列の区切りを明確にする設定です。どのような区切りになるかは、適用したピボットテーブルスタイルによって変わります。右図では罫線で区切られましたが、セルの塗りつぶしによって縞模様になる場合もあります。

1 ＜デザイン＞タブをクリックします。

2 ＜行見出し＞と＜列見出し＞にはチェックが付いています。

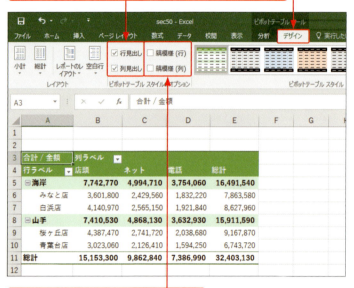

3 ＜縞模様（行）＞と＜縞模様（列）＞にはチェックが付いていません。

4 ＜縞模様（行）＞にチェックを付けると、

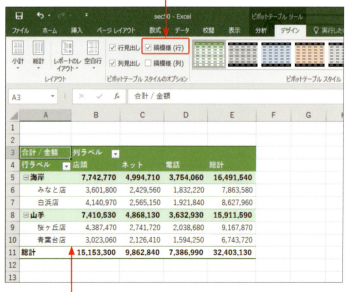

5 行間に罫線が引かれます。

6 <縞模様(列)>にチェックを付けると、

7 列間に罫線が引かれます。

ヒント 初期設定のスタイルに戻すには

ピボットテーブルの作成直後に適用されているスタイルは、<ピボットスタイル(淡色)16>です。<行見出し>と<列見出し>をオン、<縞模様(行)>と<縞模様(列)>をオフにして、このスタイルを適用し直せば、ピボットテーブルを初期設定のデザインに戻せます。

1 初期状態に戻して、

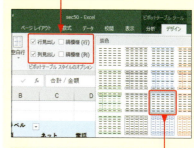

2 <ピボットスタイル(淡色)16>を設定します。

ヒント 階層の有無でデザインの印象が変わる

<ピボットテーブルスタイル>の一覧には、行が階層構造になっている場合のデザインの見本が表示されます。一見、縞模様に見えるデザインは、縞模様ではなく上の階層と下の階層の書式です。そのため、集計表に階層がないと見た目が単調になる場合や、列に階層があると見本にはない色が設定される場合があります。

デザインの見本は縞模様に見えますが、

行に階層がない場合は、無色になります。

デザインの見本には白と黄色しか使われていませんが、

列に階層がある場合は、上の階層が灰色で表示されます。

Section 51 独自のスタイルを登録して集計表に設定する

新しいピボットテーブルスタイル

自分専用のスタイルを登録してピボットテーブルを修飾できる

「商品のイメージカラーで色付けしたピボットテーブルを会議資料として使いたい」「＜ピボットテーブルスタイル＞に気に入ったデザインがない」という場合は、オリジナルのデザインを＜ピボットテーブルスタイル＞に登録しましょう。セルに対して書式を設定するのではなく、「見出し行の書式」「総計行の書式」という具合に、ピボットテーブルの要素に対して書式を指定するので、集計項目を変更しても書式が崩れることはありません。指定できる要素の種類は豊富で、複雑な設定も可能なので、プレゼンテーションでピボットテーブルを使用する場合などは、手の込んだデザインに挑戦してみてもよいでしょう。

オリジナルのデザインを登録する

オリジナルのデザインを登録して、集計表に設定できます。

登録したデザインなら、レイアウトを変更しても書式を維持できます。

第7章 ピボットテーブルを見やすく表示しよう

1 ピボットテーブルスタイルを登録する

1 ピボットテーブルの任意のセルを選択して、

2 <デザイン>タブをクリックし、

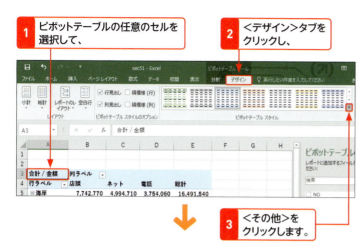

3 <その他>をクリックします。

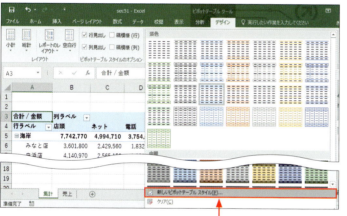

4 <新しいピボットテーブルスタイル>をクリックします。

5 登録するデザインの名前を入力して、

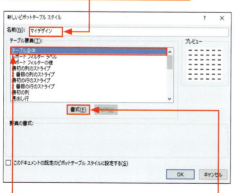

6 <テーブル全体>を選択して、

7 <書式>をクリックします。

ヒント 既存のスタイルの一部を変更する

既存のスタイルの一部の書式だけを変更したいというときは、そのスタイルを右クリックして<複製>をクリックします。複製したデザインを修正して、別名を付けて登録できます。

1 もとにするスタイルを右クリックして、

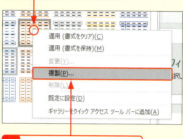

2 <複製>をクリックします。

3 登録名を入力して、

4 変更する要素を選択し、

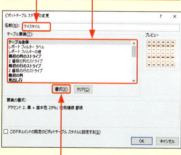

5 <書式>をクリックして、書式を設定します。

メモ <テーブル全体>とは

<テーブル要素>には、設定対象の要素名が一覧表示されます。<テーブル全体>を選択すると、テーブル全体に適用する書式を指定できます。

ヒント 罫線の設定方法

表の外側や内側に引く罫線は、1本ずつスタイルや色を指定できます。たとえば、内側に太線の縦線を引きたい場合は、＜スタイル＞で太線を選択し、＜色＞を指定して、田をクリックします。

1 太線を選択して、

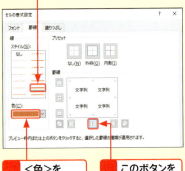

2 ＜色＞を選択します。
3 このボタンをクリックすると、

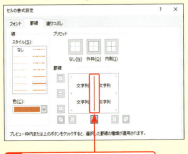

4 内側に縦の太線を引けます。

メモ ＜見出し行＞とは

＜見出し行＞の書式は、集計表の先頭の見出しの行に適用されます。なお、＜見出し行＞など個々の要素に＜テーブル全体＞と重複する書式を指定した場合は、個々の要素の書式が優先されます。

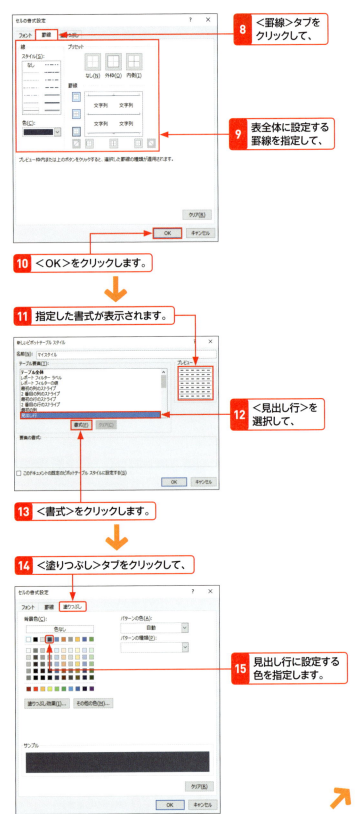

8 ＜罫線＞タブをクリックして、

9 表全体に設定する罫線を指定して、

10 ＜OK＞をクリックします。

11 指定した書式が表示されます。

12 ＜見出し行＞を選択して、

13 ＜書式＞をクリックします。

14 ＜塗りつぶし＞タブをクリックして、

15 見出し行に設定する色を指定します。

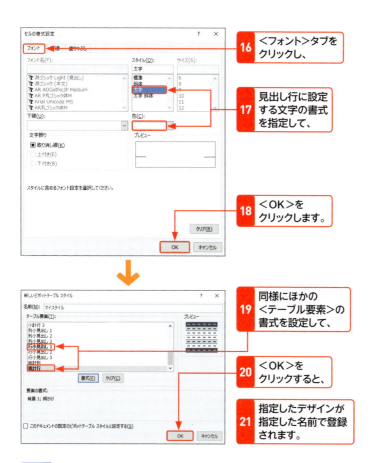

16 <フォント>タブをクリックし、

17 見出し行に設定する文字の書式を指定して、

18 <OK>をクリックします。

19 同様にほかの<テーブル要素>の書式を設定して、

20 <OK>をクリックすると、

21 指定したデザインが指定した名前で登録されます。

 メモ **<行小見出し1>と<総計行>**

手順⑲では、<行小見出し1>と<総計行>の書式を指定しました。<行小見出し1>の書式は、行ラベルフィールドを複数指定したときに、1番上の階層の行に適用されます。<総計行>の書式は、最下行の総計の行に適用されます。

ステップアップ　各行に縞模様を設定するには

<テーブル要素>の<最初の行のストライプ>と<2番目の行のストライプ>に異なる色を指定すると、縞模様のスタイルを作成できます。縞模様のスタイルを表に適用するには、P.192を参考に<縞模様(行)>にチェックを付ける必要があります。

2　登録したピボットテーブルスタイルを適用する

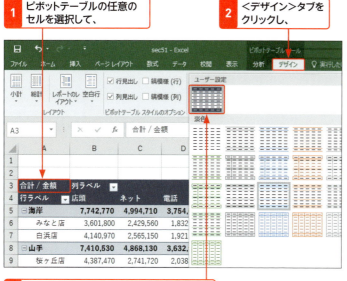

1 ピボットテーブルの任意のセルを選択して、

2 <デザイン>タブをクリックし、

3 <ピボットテーブルスタイル>から登録したデザインをクリックします。

ヒント　登録したスタイルを変更・削除するには

登録したスタイルは、<ピボットテーブルスタイル>の<ユーザー設定>に表示されます。登録したスタイルを右クリックして、<変更>や<削除>をクリックすると、変更したり削除したりできます。

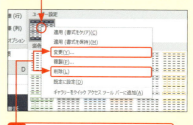

1 登録したスタイルを右クリックすると、

2 <変更>や<削除>を選べます。

Section 52 集計表の一部の書式を変更する

書式の保持と要素の選択

個別で設定した書式をできるだけ保つ

ピボットテーブルのセルに対して手動で書式を設定しても、フィルターを使用したり、レイアウトを変えたりしたときに崩れてしまうことがあります。しかし、強化支店や注力商品など、集計表の一部のセルに独自の書式を設定して目立たせたいこともあります。そのようなときのために、**なるべく書式が維持できるように設定を確認**しておきましょう。また、特定の行に付けた書式と、ピボットテーブルの要素に付けた書式の保持のされ方の違いも確認しておきましょう。

特定の行、見出し、総計行に付けた色が、それぞれのように維持されるのかを確認します。

1 書式を保持するための設定を確認する

メモ Excel 2010／2007の場合

Excel 2010では、手順2の代わりに＜オプション＞リボンをクリックします。
Excel 2007では、手順2〜4の代わりに、＜オプション＞リボンをクリックして、＜ピボットテーブル＞グループにある＜オプション＞をクリックします。

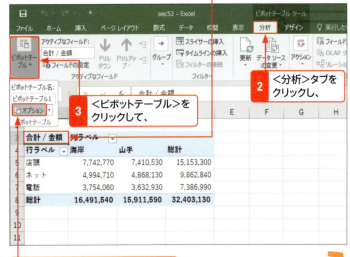

1 ピボットテーブルの任意のセルを選択して、
2 ＜分析＞タブをクリックし、
3 ＜ピボットテーブル＞をクリックして、
4 ＜オプション＞をクリックします。

5 <ピボットテーブルオプション>ダイアログボックスが表示されます。

6 <レイアウトと書式>タブをクリックして、

7 <更新時に列幅を自動調整する>と<更新時にセル書式を保持する>にチェックが付いていることを確認し、

8 <OK>をクリックします。

メモ 列幅の自動調整とセル書式の保持

ピボットテーブルの既定の設定では、レイアウトを変えたときに、列幅がデータに合わせて自動調整され、セルの書式がなるべく保持されるようになっています。ここでは、それらの設定が既定通りの設定になっているかどうかを確認します。

2 特定のアイテムの行に書式を設定して目立たせる

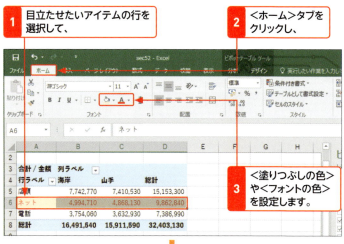

1 目立たせたいアイテムの行を選択して、

2 <ホーム>タブをクリックし、

3 <塗りつぶしの色>や<フォントの色>を設定します。

ヒント 集計表の行全体を効率よく選択するには

「ネット」のセルの左寄りにマウスポインターを合わせると、➡の形になります。その状態でクリックすると、ピボットテーブルの行全体を選択できます。

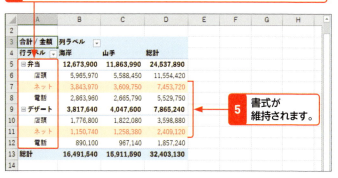

4 Sec.17を参考に<分類>フィールドを追加して、階層構造にします。

5 書式が維持されます。

メモ 書式の保持がオフだと書式は解除される

<ピボットテーブルオプション>ダイアログボックスの書式保持の設定がオフの場合、表のレイアウトを変更すると書式が解除されます。

メモ 表からフィールドを削除すると解除される

ピボットテーブルから<販路>フィールドを削除すると、書式の保持の設定がオンの場合でも、書式は解除されます。

6 確認したら、<分類>フィールドを削除しておきます。

3 ピボットテーブルの要素に書式を設定する

メモ Excel 2010／2007の場合

Excel 2010／2007では、手順 2 ～ 5 の代わりに、<オプション>リボンをクリックして、<選択>をクリックし、<ピボットテーブル全体>をクリックします。

1 <オプション>タブをクリックして、

2 <選択>をクリックし、

3 <ピボットテーブル全体>をクリックします。

メモ 全体を選択してからラベルを選択する

<選択>のメニューでは、最初は<ピボットテーブル全体>以外の項目が淡色表示になっています。いったん、<ピボットテーブル全体>をクリックして表全体を選択すると、<選択>のメニューから<ラベル>や<値>などを選択できるようになります。

ヒント <値>をクリックすると集計値が選択される

<選択>のメニューから<値>をクリックすると、表の集計値のセルが選択されます。「数値だけフォントを変えたい」といったときに便利です。

<選択>のメニューから<値>をクリックすると、数値のセルが選択されます。

1 ピボットテーブルの任意のセルを選択して、

2 <分析>タブをクリックします。

3 <アクション>をクリックして、

4 <選択>をクリックし、

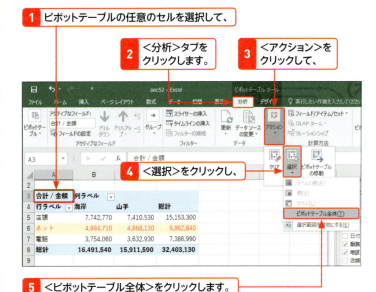

5 <ピボットテーブル全体>をクリックします。

6 表全体が選択されました。

7 <選択>をクリックし、

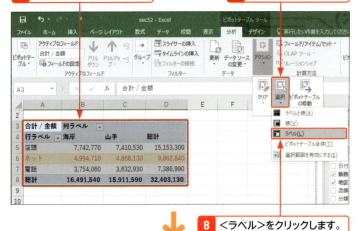

8 <ラベル>をクリックします。

9 表の見出し行と見出し列が選択されました。

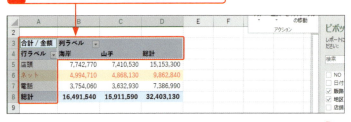

10 <ホーム>タブをクリックして、

11 <塗りつぶしの色>の を クリックして、

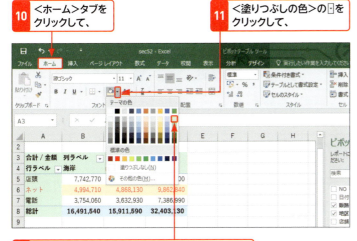

 色を選択すると、表の見出しに色が設定されます。

 総計行を選択して、色を設定しておきます。

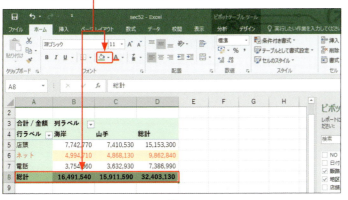

14 ピボットテーブルのフィールドをすべて削除して、別のフィールドを追加し直しても、見出しと総計行の書式は保持されます。

 ヒント　総計行や総計列を効率よく選択するには

総計行のセルの左寄りにマウスポインターを合わせると、➡の形になります。また、総計列のセルの上よりにマウスポインターを合わせると、⬇の形になります。その状態でクリックすると、総計行や総計列全体を選択できます。

 メモ　マウスポインターの形が変わらないときは

マウスポインターの形が➡や⬇に変わらない場合は、<選択>のメニューから<選択範囲を有効にする>をオンにします。

 メモ　総入れ替えしても書式は保持される

ここで紹介した方法で見出しを選択して色を付けた場合、ピボットテーブル自体をクリアしない限り、フィールドを総入れ替えしても色は保持されます。また、総計行や総計列を選択して色を付けた場合も、保持されます。なお、ピボットテーブルをクリアする方法は、P.77のヒントを参照してください。

Section 53 階層構造の集計表のレイアウトを変更する

アウトライン形式と表形式

目的に応じてレイアウトを使い分ける

＜行＞エリアに複数のフィールドを配置して階層構造になった行ラベルフィールドには、3種類の表示方法があります。既定のレイアウトは「コンパクト形式」で、すべての行見出しがA列に表示され、階層の低い行見出しは字下げで区別されます。階層が深くても表が横に広がらない点はメリットですが、表をほかのシートやテキストファイルなどにコピーすると、階層がわかりづらくなります。そのようなときは、レイアウトを「アウトライン形式」や「表形式」に変更すると、行見出しが異なる列に表示されるので、階層がはっきりと区別できます。また、フィールド名が明記されるというメリットもあります。

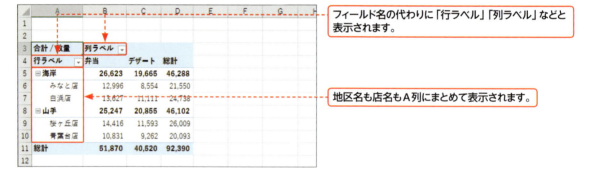

1 アウトライン形式に変更する

1 ピボットテーブルの任意のセルを選択します。

2 <デザイン>タブをクリックして、

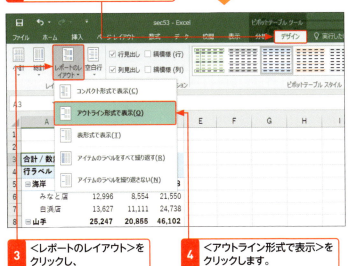

3 <レポートのレイアウト>をクリックし、

4 <アウトライン形式で表示>をクリックします。

5 アウトライン形式で表示されます。

6 店舗名がB列に移動しました。

7 フィールド名が表示されました。

メモ コンパクト形式に戻すには

<デザイン>リボンの<レイアウト>グループにある<レポートのレイアウト>をクリックして、<コンパクト形式で表示>をクリックすると、レイアウトをコンパクト形式に戻せます。

<コンパクト形式で表示>をクリックします。

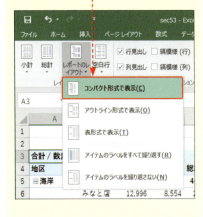

ヒント コンパクト形式の字下げの幅を設定するには

コンパクト形式のときに、階層の低い行見出しの字下げの幅を設定するには、P.67のステップアップを参考に<ピボットテーブルオプション>ダイアログボックスを表示します。<レイアウトと書式>タブの<コンパクト形式での行ラベルのインデント>で字下げの文字数を指定します。

字下げの文字数を指定します。

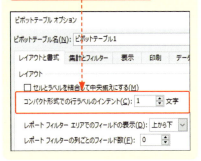

2 表形式に変更する

ヒント 上階層の見出しを繰り返すには

Excel 2016／2013／2010では、アウトライン形式、または表形式の場合に、上の階層の見出しを繰り返し表示できます。＜デザイン＞リボンの＜レイアウト＞グループにある＜レポートのレイアウト＞をクリックして、＜アイテムのラベルをすべて繰り返す＞を選択します。反対に非表示にするには、＜アイテムのラベルを繰り返さない＞を選択します。

1 ＜レポートのレイアウト＞をクリックして、

2 ＜アイテムのラベルをすべて繰り返す＞をクリックします。

3 すべての行に地区名が表示されます。

メモ 小計行の位置と表示／非表示

コンパクト形式とアウトライン形式の場合、小計行は既定では地区の先頭に表示されますが、末尾に移動することもできます（P.209のヒント参照）。表形式の場合は、小計行は地区の末尾に固定されます。

1 ピボットテーブルの任意のセルを選択します。

2 ＜デザイン＞タブをクリックして、

3 ＜レポートのレイアウト＞をクリックし、

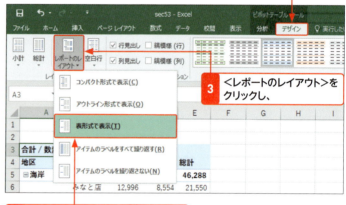

4 ＜表形式で表示＞をクリックします。

5 表形式で表示されます。

6 各地区の最下行に小計行が表示されます。

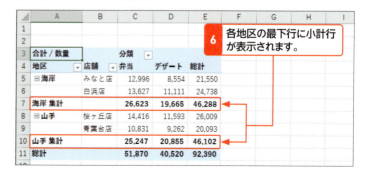

表形式の上階層の見出しをセル結合するには

ピボットテーブルのセルは、結合できません。ただし、表形式の上の階層のセルの場合、P.67のステップアップを参考に＜ピボットテーブルオプション＞ダイアログボックスを表示し、＜レイアウトと書式＞タブで＜セルとラベルを結合して中央揃えにする＞にチェックを付けると、結合できます。アイテム名が中央に表示されるため、見やすくなります。

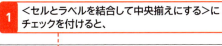

 階層ごとにレイアウトを設定するには

3階層以上ある場合、階層ごとに異なるレイアウトを指定できます。たとえば、＜地区＞＜店舗＞＜分類＞の3階層のうち、＜店舗＞をアウトライン表示にすると、分類名だけをB列に表示できます。アウトライン表示にするには、＜店舗＞のセルを選択して、Sec.58を参考に＜フィールドの設定＞ダイアログボックスを表示します。＜レイアウトと印刷＞タブで＜隣のフィールドのラベルを同じ列内に表示する（コンパクト形式）＞のチェックを外します。

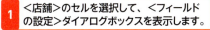

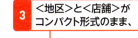

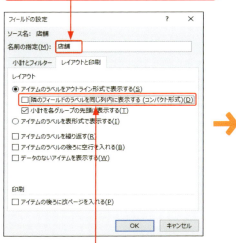

Section 54

総計の表示／非表示を切り替える

総計の表示／非表示

必要に応じて総計の表示と非表示を切り替える

ピボットテーブルでデータの合計を求めるときは、各行各列の末尾で総計を求めるのが一般的です。しかし、比率や累計、順位を求めるときなど、総計が必要ないこともあります。また、集計表をほかのシートにコピーするときは、数式で求められるデータがないほうが都合がよいということもあります。総計行、総計列はかんたんに表示と非表示を切り替えられるので、必要に応じて切り替えましょう。ここでは、累計を求めた表から総計行だけを削除する手順を例に操作を説明します。

Before：総計行を表示

累計を求めた表があります。
累計を求めると総計行が空白になります。

After：総計行を非表示

不要な総計行を非表示にできます。

1 総計行を非表示にする

1 ピボットテーブルの任意のセルを選択します。

2 <デザイン>タブをクリックして、

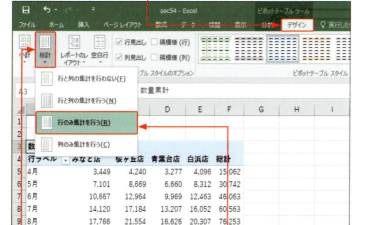

3 <総計>をクリックし、

4 <行のみ集計を行う>をクリックします。

5 総計行が非表示になりました。

6 総計列は残ります。

 メモ <総計>のサブメニュー

<デザイン>リボンの<レイアウト>グループにある<総計>をクリックして、<行と列の集計を行う>をクリックすると、総計行と総計列を表示できます。反対に、<行と列の集計を行わない>をクリックすると、総計行と総計列を非表示にできます。

なお、<列のみ集計を行う>をクリックすると、総計行は表示、総計列は非表示になります。

行と列の集計を行わない

	合計 / 数量	列ラベル	
	行ラベル	海岸	山手
	弁当	26623	25247
	デザート	19665	20855

行と列の集計を行う

	合計 / 数量	列ラベル		
	行ラベル	海岸	山手	総計
	弁当	26623	25247	51870
	デザート	19665	20855	40520
	総計	46288	46102	92390

行のみ集計を行う

	合計 / 数量	列ラベル		
	行ラベル	海岸	山手	総計
	弁当	26623	25247	51870
	デザート	19665	20855	40520

列のみ集計を行う

	合計 / 数量	列ラベル	
	行ラベル	海岸	山手
	弁当	26623	25247
	デザート	19665	20855
	総計	46288	46102

Section 55 小計の表示／非表示を切り替える

小計の表示／非表示

必要に応じて小計の表示と非表示を切り替える

ピボットテーブルで階層集計を行うと、小計行や小計列が表示されます。「支店を地区ごとに集計して分析したい」というときは、地区ごとの小計の計算は必須です。しかし、単に支店を地区ごとに並べることが目的のときは、小計がないほうがすっきりし、支店の集計値が見やすくなります。また、集計表をほかのシートにコピーするときも、小計がないほうがデータベースとして使用しやすいというメリットがあります。小計行、小計列はかんたんに表示と非表示を切り替えられるので、必要に応じて切り替えましょう。

Before：小計を表示　　**After：小計を非表示**

必要に応じて小計の表示と非表示を切り替えることができます。

1 小計を非表示にする

メモ　小計を再表示するには

＜デザイン＞リボンの＜レイアウト＞グループにある＜小計＞をクリックして、＜すべての小計をグループの先頭に表示する＞をクリックすると、小計をもとの位置に再表示できます。

1 ピボットテーブルの任意のセルを選択します。

2 <デザイン>タブをクリックして、

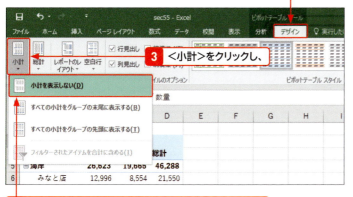

3 <小計>をクリックし、

4 <小計を表示しない>をクリックすると、P.208の図のように小計が非表示になります。

> **ヒント　小計行の位置を変えるには**
>
> <小計>は、単に小計行の位置を変えたいときにも使用できます。<すべての小計をグループの末尾に表示する>をクリックすると、地区ごとの末尾に小計を表示できます。なお、レイアウトが表形式の場合、小計の位置は必ず末尾になります。

ステップアップ　特定のフィールドの小計だけを非表示にするには

<小計を表示しない>を設定すると、行と列の両方のすべての階層の小計が非表示になります。「列の小計だけを非表示にしたい」「特定の階層の小計だけを表示したい」などの場合は、<フィールドの設定>ダイアログボックスで、フィールドごとに小計を表示するかどうかを指定しましょう。<自動>を選択すると表示、<なし>を選択すると<非表示>にできます。

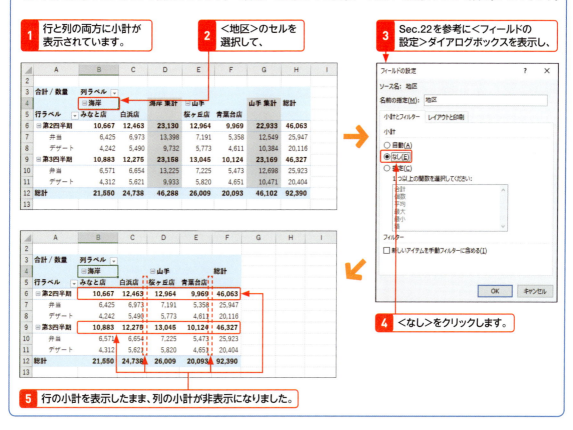

1 行と列の両方に小計が表示されています。

2 <地区>のセルを選択して、

3 Sec.22を参考に<フィールドの設定>ダイアログボックスを表示し、

4 <なし>をクリックします。

5 行の小計を表示したまま、列の小計が非表示になりました。

Section 56 グループごとに空白行を入れて見やすくする

空白行の挿入

空白行を入れて、分類間の区切りを明確にする

「大分類→小分類」のように分類別に集計して分類単位での分析を行いたいときは、分類ごとの区切りが不明確だと表が読み取りづらくなります。そんなときは、分類の末尾に空白行を入れましょう。分類間の区切りが明確になり、表が断然見やすくなります。ここでは、支店を地区ごとに分けて集計している表で、地区の末尾に空白行を入れます。

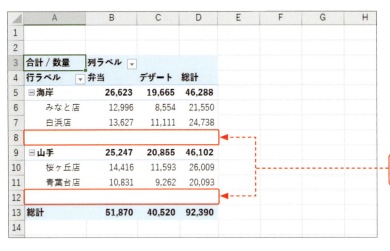

地区の末尾に空白行を入れると、地区の区切りがわかりやすくなります。

1 地区の末尾に空白行を挿入する

ヒント どのレイアウトでも空白行を入れられる

ここではコンパクト形式の表に空白行を入れますが、アウトライン形式や表形式の場合も、同様の手順で空白行を入れられます。

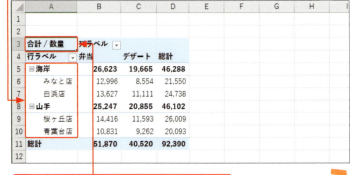

1 ＜地区＞と＜支店＞が階層構造になっています。

2 ピボットテーブルの任意のセルを選択します。

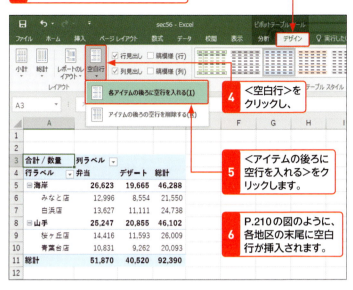

メモ 空白行を削除するには

＜デザイン＞リボンの＜レイアウト＞グループにある＜空白行＞をクリックして、＜アイテムの後ろの空行を削除する＞をクリックすると、空白行を削除できます。

ステップアップ 特定の階層だけ末尾に空白行を入れるには

行ラベルフィールドに3つ以上のフィールドが配置されている表で、特定の階層の末尾に空白行を入れるには、空白行を入れる階層のセルを選択して、＜フィールドの設定＞ダイアログボックスを表示します。続いて、＜レイアウトと印刷＞タブで＜アイテムのラベルの後ろに空行を入れる＞を設定します。下図では、＜地区＞＜支店＞＜四半期＞の3フィールドが配置されている表で、＜地区＞ごとに空白行を入れています。

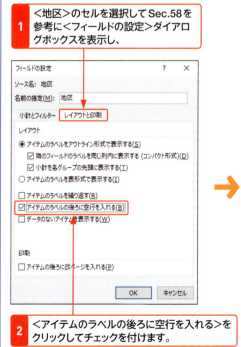

Section 57 空白のセルに「0」と表示する

空白のセルに表示する値

空白のセルに「0」を表示して、売上がないことを明確にする

下図のピボットテーブルは、各商品の売上高を店舗別に集計したものです。店舗によっては取り扱っていない商品があり、一部のセルが空白になっています。資料として印刷したいときなどは、空白が混ざった状態では印象がよくありません。また、取り扱いがないことを明確にするために、「0」や「（取り扱いなし）」など、何らかのデータを表示したいということもあるでしょう。そこで、ここでは空白のセルを「0」で埋めて、見栄えを整えます。ピボットテーブル自体に対する設定なので、レイアウトを変更した場合でも、集計結果に空白があれば、自動的に「0」が表示されます。

Before：空白のセルがある表

取り扱いのない商品のセルが空欄になっています。

After：空白のセルに「0」を自動表示

空欄を「0」で埋めると見栄えが整います。

1 空白のセルを「0」で埋める

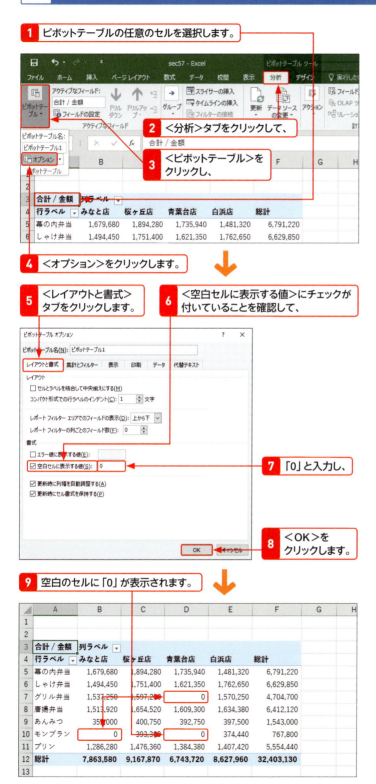

メモ Excel 2010／2007の場合

Excel 2010では、手順2の代わりに＜オプション＞リボンをクリックします。Excel 2007では、手順2～4の代わりに、＜オプション＞リボンをクリックして、＜ピボットテーブル＞グループにある＜オプション＞をクリックします。

ヒント エラー値に表示する値も指定できる

集計元のデータによっては、集計フィールドなどの集計値に「#DIV/0!」「#VALUE!」といったエラー値が表示されることがあります。＜ピボットテーブルオプション＞ダイアログボックスで＜エラー値に表示する値＞にチェックを付けると、エラー値の代わりに表示する値を指定できます。

第7章 ピボットテーブルを見やすく表示しよう

213

Section 58 販売実績のない商品も表示する

データのないアイテムの設定

すべての商品を表示して売上実績がないことを明確にする

下図のピボットテーブルは、「青葉台店」の商品別月別売上表です。各店舗で扱っている商品の総数は7種類ですが、「青葉台店」では「グリル弁当」と「モンブラン」を扱っていないため、商品数が5種類しか表示されません。ピボットテーブルでは、集計対象のアイテムが存在しない場合、そのアイテムが表示されないからです。しかし、「青葉台店」ではこの2商品を扱っていないことを明確にするために、全商品を一覧表示したいということもあるでしょう。そこでここでは、集計対象のアイテムがない場合でも、すべてのアイテムを表示するように設定を変える方法を紹介します。

Before：青葉台店の売上集計表

取り扱いのない「グリル弁当」と「モンブラン」が表示されません。

After：取り扱いのない商品も表示

「グリル弁当」と「モンブラン」を表示すると、取り扱いのない商品が明確になります。

1 データのないアイテムを表示する

1 <商品>フィールドの任意のセルを選択します。

2 <分析>タブをクリックして、

3 <フィールドの設定>をクリックします。

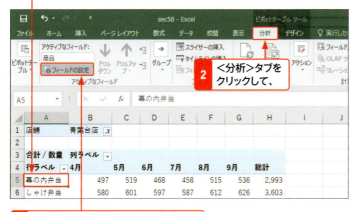

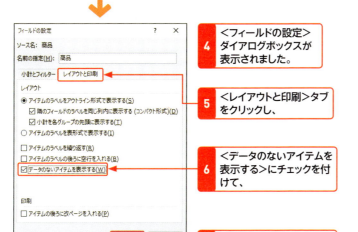

4 <フィールドの設定>ダイアログボックスが表示されました。

5 <レイアウトと印刷>タブをクリックし、

6 <データのないアイテムを表示する>にチェックを付けて、

7 <OK>をクリックします。

8 「グリル弁当」と「モンブラン」が表示されました。

メモ Excel 2010の場合

Excel 2010では、手順2~3の代わりに<オプション>リボンの<アクティブなフィールド>をクリックして、<フィールドの設定>をクリックします。

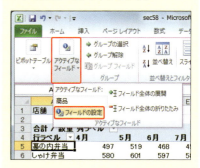

メモ Excel 2007の場合

Excel 2007では、手順2の代わりに、<オプション>リボンをクリックします。

ヒント ショートカットメニューからすばやく表示するには

<商品>フィールドを右クリックして、表示されるメニューから<フィールドの設定>をクリックすると、<フィールドの設定>ダイアログボックスをすばやく表示できます。

1 右クリックして、

2 <フィールドの設定>をクリックします。

2 データのないアイテムに「------」を表示する

メモ　Excel 2010／2007の場合

Excel 2010では、手順2の代わりに＜オプション＞リボンをクリックします。
Excel 2007では、手順2～4の代わりに、＜オプション＞リボンをクリックして、＜ピボットテーブル＞グループにある＜オプション＞をクリックします。

メモ　事前に選択するセル

前ページで紹介した＜フィールドの設定＞ダイアログボックスを表示するには、あらかじめ設定対象のフィールドのセルを選択しておく必要があります。いっぽう、＜ピボットテーブルオプション＞ダイアログボックスを表示するときに事前に選択するセルは、ピボットテーブル内であれば、どのセルでもかまいません。

メモ　別の店舗でも全商品が表示される

前ページで紹介した＜データのないアイテムを表示する＞設定は、1回でOKです。設定後、レポートフィルターフィールドで別の店舗を選択した場合でも、全商品が表示されます。

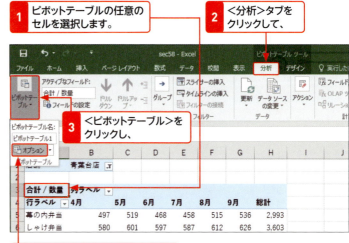

1 ピボットテーブルの任意のセルを選択します。
2 ＜分析＞タブをクリックして、
3 ＜ピボットテーブル＞をクリックし、
4 ＜オプション＞をクリックします。
5 ＜レイアウトと書式＞タブをクリックします。
6 ＜空白セルに表示する値＞にチェックが付いていることを確認して、
7 「------」と入力し、
8 ＜OK＞をクリックします。

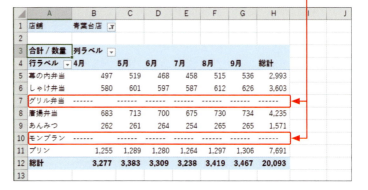

9 「グリル弁当」と「モンブラン」の行に「------」が表示されました。

1 ＜みなと店＞を選択します。

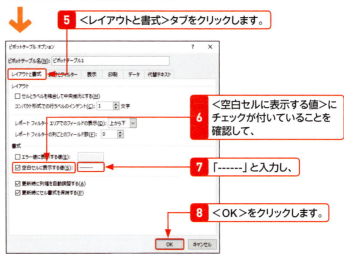

2 みなと店で取り扱っていない「モンブラン」が表示されます。

Chapter 08

第8章

ピボットグラフでデータを視覚化しよう 応用編

Section		
	59	ピボットグラフとは
	60	ピボットグラフを作成する
	61	ピボットグラフの種類を変更する
	62	ピボットグラフのデザインを変更する
	63	ピボットグラフのグラフ要素を編集する
	64	ピボットグラフのフィールドを入れ替える
	65	ピボットグラフに表示するアイテムを絞り込む
	66	集計対象のデータを絞り込む
	67	全体に占める割合を表現する
	68	ヒストグラムでデータのばらつきを表す

Section 59

ピボットグラフとは

ピボットグラフの概要

ピボットテーブルと連携しながら視覚的にデータ分析できる

ピボットテーブルからグラフを作成すると、ピボットグラフが作成されます。ピボットテーブルでフィールドの配置を変更すると、その変更が即座にピボットグラフに反映されます。また、ピボットテーブルでフィルターを使用してデータを絞り込むと、グラフの表示項目も絞り込まれます。常に現在の集計結果がグラフ化されるため、表とグラフを同時に見ながら視覚的なデータ分析が行えます。

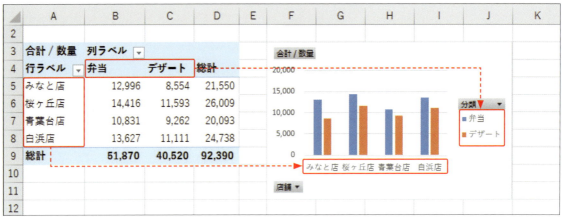

支店別分類別の集計表からピボットグラフを作成します。

集計項目を「支店」から「月」に変更すると、グラフも自動的に月別のグラフに変化します。

グラフ上でもフィールドの入れ替えやフィルター操作が可能

フィールドの入れ替えやフィルターの操作は、ピボットテーブルだけでなく、ピボットグラフ上でも行えます。ピボットグラフで行った操作は、ピボットテーブルにも反映されます。ピボットグラフを重点的に使用してデータ分析するときは、グラフを直接操作できるので便利です。

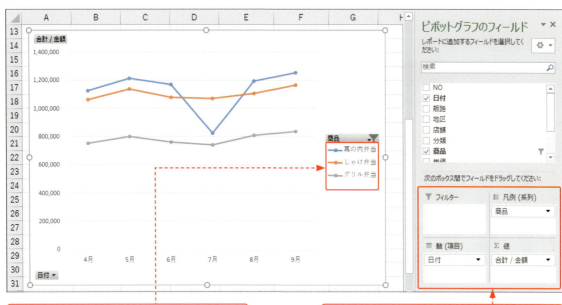

気になるアイテムだけを絞り込んで表示できます。

ピボットグラフでフィールドの入れ替えを行えます。

メモ ピボットグラフの制約

ピボットグラフは、ピボットテーブル専用のグラフです。そのため、通常のグラフにはない制約があります。

●作成できるグラフの種類

ピボットグラフでは、散布図、バブルチャート、株価チャートを作成できません。また、Excel 2016の新機能であるツリーマップ、サンバースト、ヒストグラム、箱ひげ図、ウォーターフォールも作成できません。ピボットテーブルの集計結果からこれらのグラフを作成したいときは、Sec.74を参考に集計結果を通常の表に変換し、通常のグラフを作成しましょう。

●複数のグラフの作成

ピボットテーブルから複数のグラフを作成した場合、各グラフは同じフィールド構成になります。一方を「店舗別グラフ」、もう一方を「月別グラフ」というように、異なるフィールド構成のグラフを同時に表示することはできません。

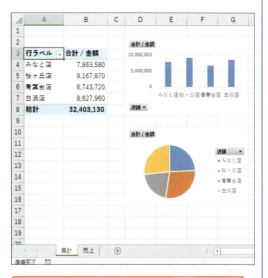

フィールド構成が同じグラフしか作成できません。

応用編

ピボットグラフの画面構成

ピボットグラフを選択すると、リボンにグラフを編集するためのタブの集まりである<ピボットグラフツール>が表示されます。フィールドリストには、<フィルター><凡例（系列）><軸（項目）><値>の4つのエリアが表示されます。エリアの名称は、下図のようにバージョンによって異なります。なお、Excel 2007では、このほかに<ピボットグラフフィルタウィンドウ>が表示されます。

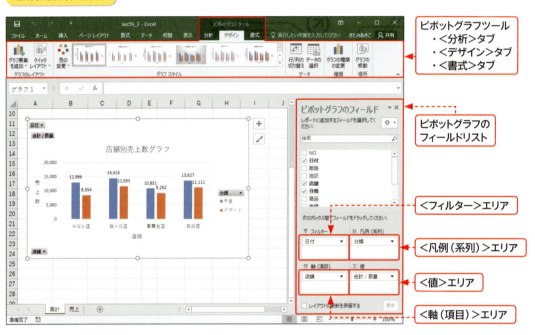

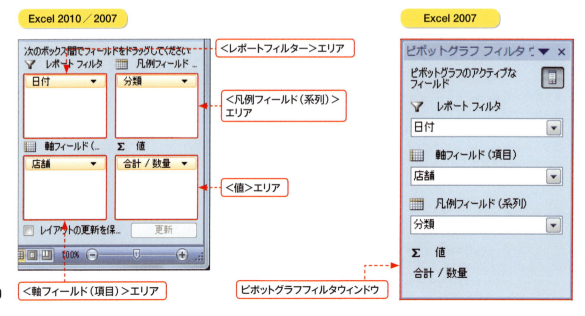

ピボットグラフのグラフ要素

下図は、縦棒グラフ上のグラフ要素を示したものです。ほかの種類のグラフの場合も、グラフ要素はこれに準じます。グラフとピボットテーブル、フィールドリストの各エリアとの関係も、確認しておきましょう。

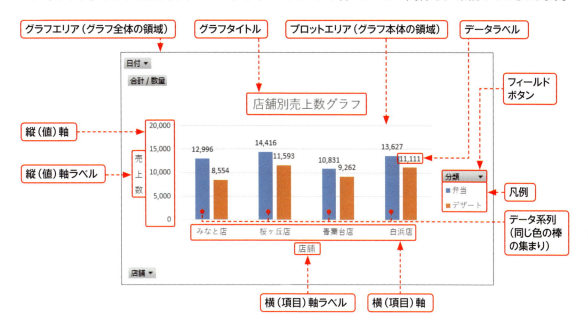

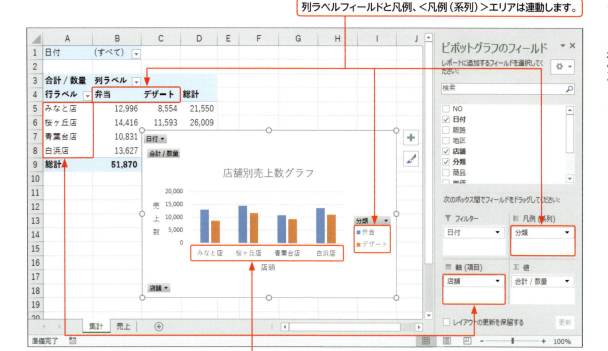

Section 60 ピボットグラフを作成する

グラフの作成

集計結果をグラフに表わそう

ピボットテーブルの集計結果をピボットグラフに表すと、データを視覚化できます。表に並んだ数値だけでは読み取りにくいデータの傾向が一目瞭然になるので、効率よくデータ分析を進められます。ここでは、店舗別販路別の集計表から「集合縦棒」グラフを作成し、見やすい位置に配置します。行ラベルフィールドの「店舗」はグラフの横（項目）軸に、列ラベルフィールドの「販路」はグラフの凡例に表示されます。ピボットテーブルのセルを選択して、グラフの種類を選ぶだけでかんたんに作成できるので、気軽にグラフを利用しましょう。

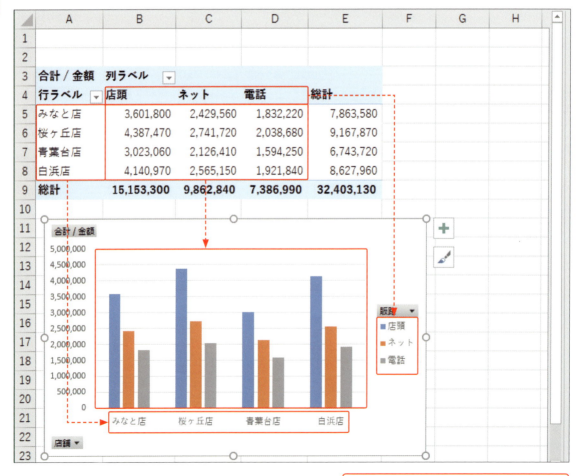

ピボットテーブルからピボットグラフを作成します。

1 ピボットグラフを作成する

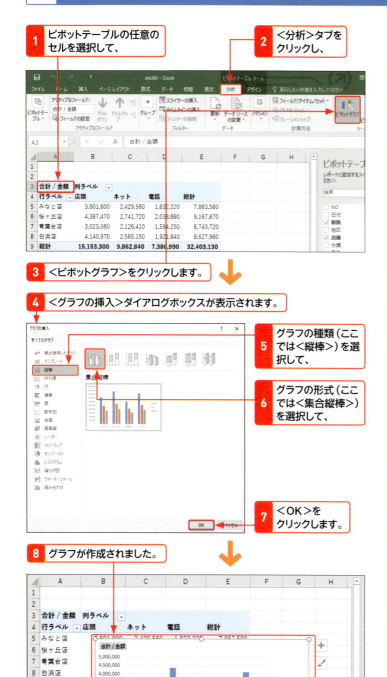

 Excel 2010／2007で グラフを作成するには

Excel 2010／2007の場合は、手順2の代わりに＜オプション＞リボンをクリックします。

 グラフのセル範囲を 選択する必要はない

ピボットグラフを作成するときは、グラフのもとになるセル範囲を選択する必要はありません。ピボットテーブル内のセルが選択されていれば、自動的に総計や小計を除いたセル範囲からグラフが作成されます。

 ピボットグラフを 選択するには

任意のセルをクリックすると、グラフの選択が解除されます。再度グラフを選択するには、グラフの何もない部分にマウスポインターを合わせ、ポップヒントに「グラフエリア」と表示されたことを確認してクリックします。グラフが選択されると、周りが枠で囲まれます。

グラフエリアをクリックすると、グラフを選択できます。

ピボットグラフを 削除するには

ピボットグラフを選択して、Deleteを押すと、ピボットグラフを削除できます。ピボットグラフを削除しても、ピボットテーブルは残ります。

2 グラフの位置とサイズを変更する

ヒント セルの枠線に合わせて配置するには

グラフの移動やサイズ変更をするときに、[Alt]を押しながらドラッグすると、グラフをセルの枠線に合わせて配置できます。

ヒント ほかのワークシートに移動するには

ピボットグラフを選択して、＜デザイン＞リボンの＜場所＞グループにある＜グラフの移動＞をクリックすると、＜グラフの移動＞ダイアログボックスが表示されます。＜オブジェクト＞から移動先のワークシートを選択すると、グラフを移動できます。

1 ＜グラフの移動＞をクリックして、

2 移動先のワークシートを選択します。

ヒント サイズ変更ハンドル

グラフを選択したときにグラフの八方に表示される小さい図形を「サイズ変更ハンドル」と呼びます。サイズ変更ハンドルをドラッグすると、グラフのサイズを変更できます。

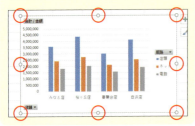

1 グラフエリアにマウスポインターを合わせて、

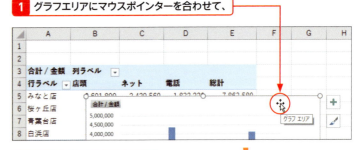

2 移動先までドラッグします。

3 グラフが移動しました。

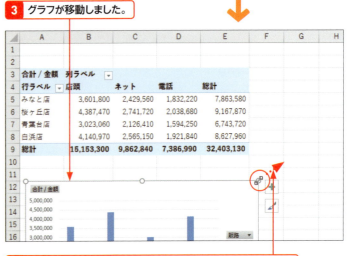

4 四隅のハンドルにマウスポインターを合わせてドラッグすると、グラフのサイズを変更できます。

メモ 目的に合わせてグラフの種類を選ぼう

ピボットグラフを作成するときは、データ分析の目的に応じてグラフの種類を選びましょう。売上高を比較するには棒グラフ、時系列の推移を表すには折れ線グラフ、構成比を示すには円グラフというように、調べたい内容をわかりやすく表現できるグラフを使用します。

集合縦棒
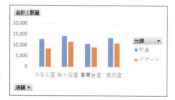
棒の高さで数値の大小を比較します。

集合横棒

棒の長さで数値の大小を比較します。

積み上げ縦棒
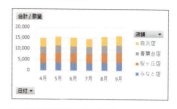
各項目の合計量とその内訳を比較します。

100%積み上げ横棒

各項目の全体を100%として内訳を比較します。

折れ線
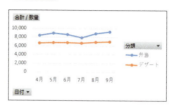
時系列に並べた数値の推移を表します。

3-D面
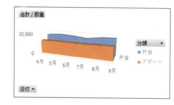
時系列に並べた数値の推移を表します。

積み上げ面
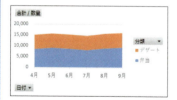
各項目の合計量と内訳の推移を表します。

円
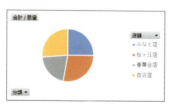
扇形の面積で内訳の比率を表します。

レーダー
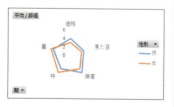
多角形でバランスを表します。

ヒストグラム（集合縦棒）
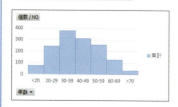
一定区間に含まれるデータの分布を表します。

組み合わせ
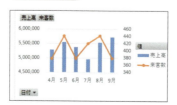
縦棒と折れ線など、異なる種類を組み合わせたグラフです。

Section 61 ピボットグラフの種類を変更する

グラフの種類の変更

グラフの種類によって伝わる内容が変わる

同じデータから作成したグラフでも、グラフの種類によって、伝わる内容が変わります。下図の集合縦棒グラフは、店舗別販売経路別に売上を表したものです。「桜ヶ丘店の店頭販売の売上がもっとも高い」「青葉台店の電話注文の売上がもっとも低い」というように、個々の棒の高さを比較して売上を分析できます。しかし、店舗全体の売上を比較するのは困難です。そんなときは、積み上げ縦棒グラフに変更してみましょう。各販売経路の棒が重なって店舗ごとに1本の棒で表されるので、全体の売上の比較が容易になります。知りたい内容に合わせて最適なグラフを表示することで、データをより有効活用できます。

Before：集合縦棒グラフ

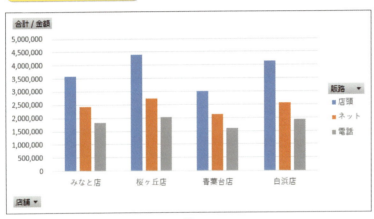

店舗ごと販売経路ごとの売上をそれぞれ比較できます。

After：積み上げ縦棒グラフ

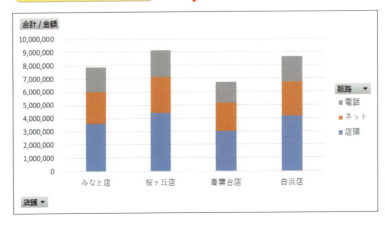

店舗ごとに販売経路の内訳とその合計を比較できます。

1 グラフの種類を変更する

1 画面をスクロールしてグラフ全体を表示し、グラフを選択しておきます。

2 <デザイン>タブをクリックして、

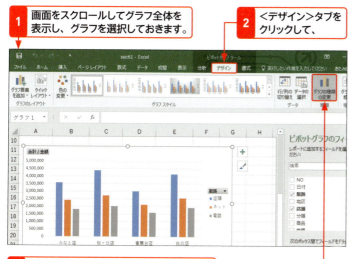

3 <グラフの種類の変更>をクリックします。

4 グラフの種類を選択して、

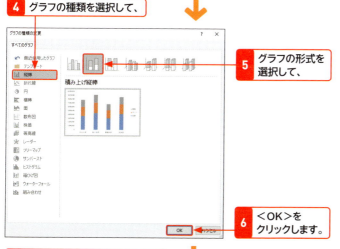

5 グラフの形式を選択して、

6 <OK>をクリックします。

7 グラフの種類が変更されます。

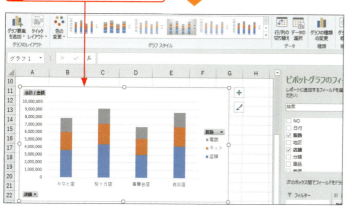

メモ <デザイン>タブが見当たらないときは

グラフの編集を行うための<デザイン>などのタブは、ピボットグラフを選択したときにだけ表示されます。編集を行うときは、必ず事前にピボットグラフを選択しましょう。

メモ バージョンによってリボンの構成が違う

Excel 2016／2013の<ピボットグラフツール>は、<分析><デザイン><書式>の3つのタブで構成されていますが、Excel 2010／2007では<デザイン><レイアウト><書式><分析>の4つのタブで構成されています。また、Excel 2010／2007の<グラフの種類の変更>は、<デザイン>タブの左端にあります。

Excel 2010／2007には、ピボットグラフ用のタブが4つあります。

<グラフの種類の変更>は左端にあります。

メモ 集計項目の変更時にもグラフの種類を見直そう

ピボットテーブルの集計項目を変えたときにも、グラフの種類を見直しましょう。たとえば、「店舗別の売上集計表」を「月別の売上集計表」に変えたときは、縦棒グラフから折れ線グラフに変更すると、月ごとの売上の推移がわかりやすくなります。

Section 62 ピボットグラフのデザインを変更する

グラフスタイル

使用目的に合わせたデザインを選ぼう

ピボットグラフには、グラフ全体のデザインを設定するための「グラフスタイル」という機能が用意されています。プレゼンテーションで使用する場合は華やかなデザイン、報告書の添付資料として印刷するときは落ち着いたデザイン、というように、使用目的に合わせてデザインを変更するとよいでしょう。また、特に注目したいデータだけ色を変更するのも、データ分析には効果的です。

Before：作成直後のグラフ

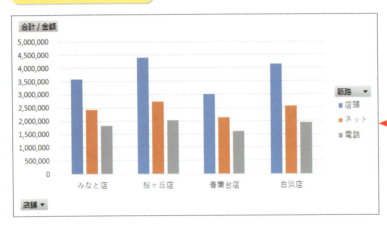

作成直後のグラフには、既定のデザインと色が適用されています。

After：グラフスタイルを適用

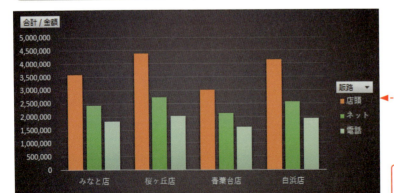

＜店頭＞に注目して分析したいときは、＜店頭＞の棒を目立つ色に変えると効果的です。

グラフスタイルを利用すると、グラフ全体のデザインを変更できます。

1 グラフ全体のデザインを変更する

1 グラフを選択して、

2 <デザイン>タブをクリックし、

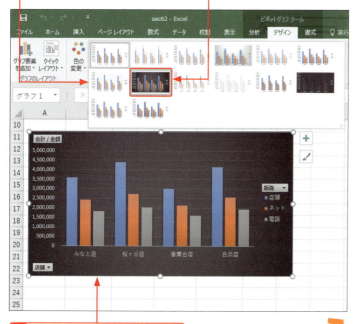

3 <その他>をクリックします。

↓

4 グラフのスタイルが一覧表示されるので、

5 デザイン（ここでは<スタイル8>）を選択すると、

6 グラフのデザインが変更されます。

キーワード　グラフスタイル

グラフスタイルは、グラフの線や影、立体効果などが組み合わされたグラフ専用の書式設定機能です。グラフスタイルを使用すると、一覧から選択するだけで、グラフ全体の書式が変化します。

メモ　スタイルと色の2段階で設定する

Excel 2016／2013では、<グラフスタイル>と<色の変更>の2段階の操作でグラフのデザインを設定します。

メモ　Excel 2010／2007でデザインを設定するには

Excel 2010／2007の<グラフのスタイル>には、色の設定も含まれています。手順**5**～**8**の代わりに、以下のように設定します。

1 デザイン（ここでは<スタイル48>）を選択すると、

↓

2 デザインと色が一気に変化します。

メモ グラフの種類に応じたデザインが表示される

＜グラフスタイル＞の一覧に表示されるデザインは、グラフの種類に応じたものになります。棒グラフ用、折れ線グラフ用、円グラフ用と、さまざまなデザインが用意されています。

グラフの種類が円グラフのときは、円グラフ用のデザインが表示されます。

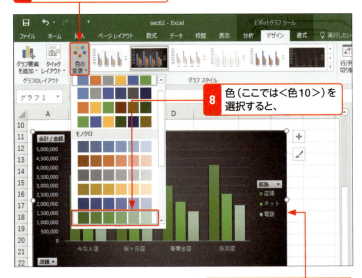

7 ＜色の変更＞をクリックして、

8 色（ここでは＜色10＞）を選択すると、

9 グラフの色が変更されます。

ステップアップ Excel 2016／2013で作成したグラフにExcel 2010／2007のスタイルを適用するには

Excel 2016／2013とExcel 2010／2007では、既定の色や図形の効果が異なります。そのため、Excel 2016／2013で作成したグラフをExcel 2010／2007で開くと、カラーパレットにはExcel 2016／2013の色が表示されます。また、＜グラフのスタイル＞にも、Excel 2010／2007の本来とは異なる色やデザインが表示されます。Excel 2010／2007本来の色やデザインが表示されるようにするには、＜ページレイアウト＞リボンの＜テーマ＞タブで、＜テーマ＞から＜Office＞を選択します。

1 ＜ページレイアウト＞タブの＜テーマ＞から＜Office＞を選択します。

2 ＜グラフのスタイル＞の選択肢が、Office 2010／2007の色とデザインに変わります。

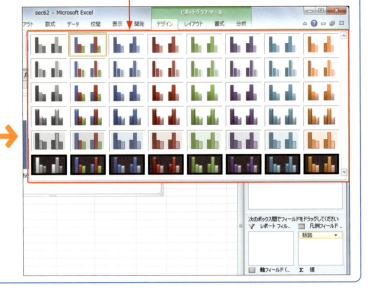

2 データ系列の色を変更する

1 <店頭>系列の任意の棒をクリックすると、

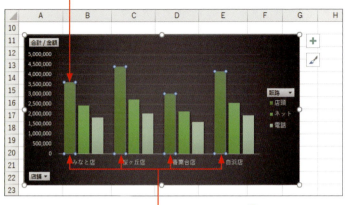

2 <店頭>系列のすべての棒が選択されます。

3 <書式>タブをクリックして、

4 <図形の塗りつぶし>の右側をクリックし、

5 色を選択します。

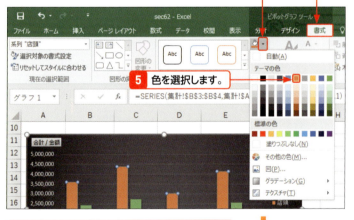

6 <店頭>系列のすべての棒の色が変わります。

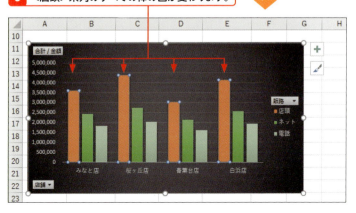

メモ スタイルを変更すると個別の書式が消える

グラフスタイルを変更すると、先に設定していた文字のサイズや色などが解除されます。グラフ要素に個別に書式を設定したいときは、グラフのスタイルを適用したあとで設定するようにしましょう。

ヒント 系列内のすべての棒の色を変えるには

棒をクリックすると、同じ色の棒がすべて選択されます。もう1度クリックすると、クリックした棒だけが選択されます。その状態で色を設定すると、選択した棒だけの色を変更できます。

1 棒をクリックすると、

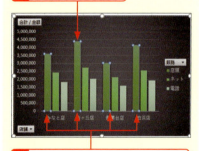

2 同じ色の棒がすべて選択されます。

3 もう1度クリックすると、棒が1本だけ選択されます。

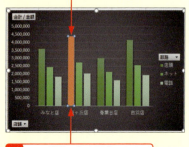

4 その状態で色を設定します。

Section 63 ピボットグラフの グラフ要素を編集する

グラフタイトルや軸ラベルの表示

目的に合わせてグラフ要素を編集しよう

作成直後のピボットグラフには最低限のグラフ要素しか表示されないため、わかりやすいグラフとはいえません。グラフを印刷して会議の資料にする場合などは、必要なグラフ要素を追加しましょう。ここでは、棒グラフにタイトルと軸の数値の説明を表示して、売上高のグラフであることを示します。なお、データ分析を進める過程でグラフ上のフィールドを入れ替えることがあります。フィールドが入れ替わると、タイトルや軸ラベルがグラフの内容と一致しなくなることがあります。グラフ要素を編集するときは、そのことをふまえて設定しましょう。

Before：作成直後のグラフ

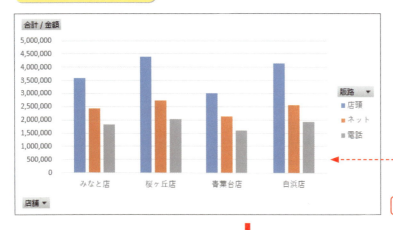

わかりやすいグラフとはいえません。

After：グラフタイトルと軸ラベルを追加

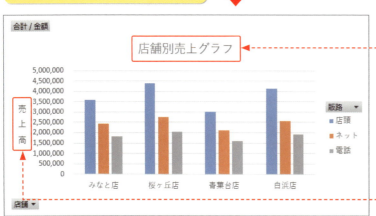

グラフタイトルと軸ラベルを表示すると、グラフの意味が伝わります。

1 グラフタイトルを表示する

1 グラフを選択しておきます。

2 <デザイン>タブをクリックします。

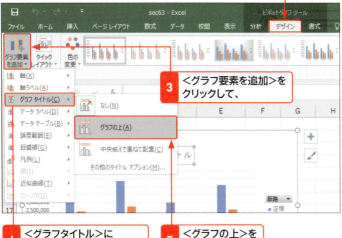

3 <グラフ要素を追加>をクリックして、

4 <グラフタイトル>にマウスポインターを合わせ、

5 <グラフの上>をクリックします。

6 グラフタイトルが表示されました。

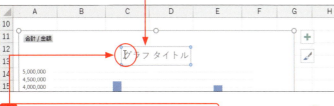

7 グラフタイトルにマウスポインターを合わせ、Ⅰの形になったらクリックします。

8 カーソルが表示されるので、「グラフタイトル」の文字を削除して、

9 タイトルの文字列(ここでは「店舗別売上グラフ」)を入力します。

10 グラフエリアをクリックすると、グラフタイトルが確定します。

メモ Excel 2010 / 2007では<レイアウト>タブを使う

Excel 2010/2007の場合は、手順**2**〜**5**の代わりに、<レイアウト>リボンの<ラベル>グループにある<グラフタイトル>をクリックして、<グラフの上>をクリックします。

1 <レイアウト>タブをクリックして、

2 <グラフタイトル>をクリックし、

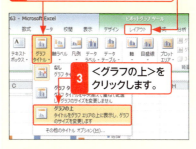

3 <グラフの上>をクリックします。

メモ Excel 2016 / 2013では<グラフ要素>も使える

Excel 2016/2013では、グラフを選択すると表示される<グラフ要素>＋から、さまざまなグラフ要素の表示/非表示をかんたんに切り替えられます。チェックを付けると表示され、チェックを外すと非表示になります。

1 <グラフ要素>をクリックして、

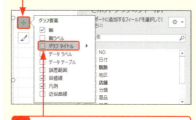

2 <グラフタイトル>をクリックすると、

3 グラフタイトルが追加されます。

第8章 ピボットグラフでデータを視覚化しよう

2 軸ラベルを表示する

メモ Excel 2010／2007では＜レイアウト＞タブを使う

Excel 2010／2007の場合は、手順 2 ～ 5 の代わりに、＜レイアウト＞リボンの＜ラベル＞グループにある＜軸ラベル＞をクリックして、＜主縦軸ラベル＞→＜軸ラベルを垂直に配置＞をクリックします。縦（値）軸ラベルが最初から縦書きで表示されるので、手順 6 ～ 9 の操作は不要です。

1 ＜レイアウト＞タブをクリックして、

2 ＜軸ラベル＞をクリックし、

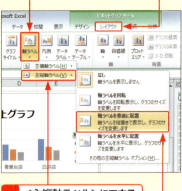

3 ＜主縦軸ラベル＞にマウスポインターを合わせて、

4 ＜軸ラベルを垂直に配置＞をクリックします。

5 縦（値）軸ラベルが縦書きで表示されます。

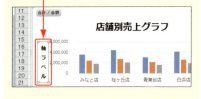

メモ タイトルやラベルを非表示にするには

グラフ上でグラフタイトルや軸ラベルを選択し、Delete を押すと削除できます。

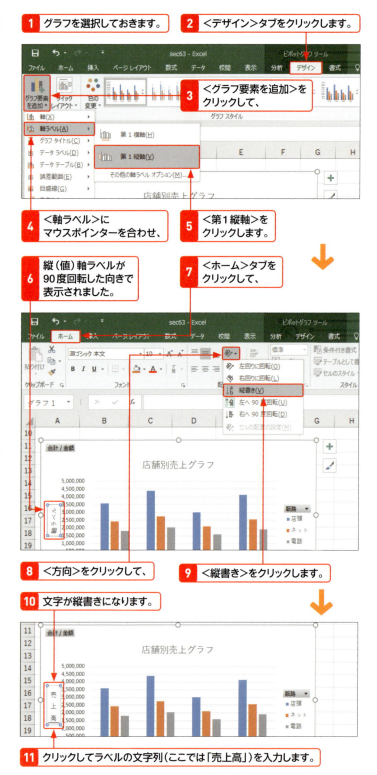

1 グラフを選択しておきます。

2 ＜デザイン＞タブをクリックします。

3 ＜グラフ要素を追加＞をクリックして、

4 ＜軸ラベル＞にマウスポインターを合わせ、

5 ＜第1縦軸＞をクリックします。

6 縦（値）軸ラベルが90度回転した向きで表示されました。

7 ＜ホーム＞タブをクリックして、

8 ＜方向＞をクリックして、

9 ＜縦書き＞をクリックします。

10 文字が縦書きになります。

11 クリックしてラベルの文字列（ここでは「売上高」）を入力します。

ステップアップ 縦(値)軸の数値の範囲を固定するには

軸の目盛りの数値は、既定ではデータに合わせて自動的に変化します。集計項目を入れ替えたときに、自動で最適な範囲になるので便利です。しかし、目盛りを固定したまま集計項目を変更して、同じ尺度でグラフを比べたいこともあります。そのようなときは、＜軸の書式設定＞作業ウィンドウ(Excel 2010／2007ではダイアログボックス)を表示し、＜最小値＞と＜最大値＞を固定します。なお、自動調整される状態に戻すには、Excel 2016／2013では＜リセット＞、Excel 2010／2007では＜自動＞をクリックします。

1 ＜白浜店＞のグラフと＜青葉台店＞のグラフで目盛りの範囲が異なり、比較が困難です。

2 数値の上をクリックして縦(値)軸を選択します。

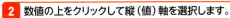

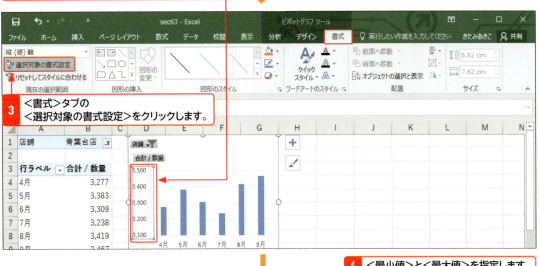

3 ＜書式＞タブの＜選択対象の書式設定＞をクリックします。

4 ＜最小値＞と＜最大値＞を指定します。

5 目盛りの数値の範囲が固定されます。

Section 64 ピボットグラフのフィールドを入れ替える

フィールドの移動と削除

さまざまな角度からデータをグラフ化して分析できる

フィールドを入れ替えて、集計の視点を変化させながらデータを分析するダイス分析をSec.16で紹介しましたが、ピボットグラフを使用してダイス分析を行うこともできます。グラフでは数値が視覚化されるため、集計の視点を変えたときに、数値の大きさの違いや変化を直感的に把握できるので効果的です。ピボットテーブルとピボットグラフは互いに連動しているので、フィールドの入れ替えは、ピボットテーブルとピボットグラフのどちらで行ってもかまいません。一方で行った操作が、もう一方に即座に反映されます。ここでは、グラフでフィールドを入れ替える方法を紹介します。

Before：店舗別販路別売上グラフ

軸（項目）フィールドに店舗、凡例（系列）フィールドに販路を配置しています。

After：月別店舗別売上グラフ

軸（項目）フィールドに月、凡例（系列）フィールドに店舗を配置すると、視点が変わります。

1 フィールドを削除する

1 凡例に販路が表示されています。

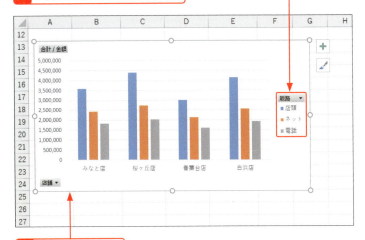

2 グラフを選択して、

3 ＜凡例（系列）＞エリアの＜販路＞にマウスポインターを合わせて、

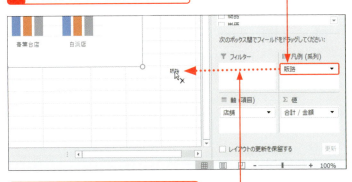

4 フィールドリストの外にドラッグします。

5 グラフから＜販路＞が削除されました。

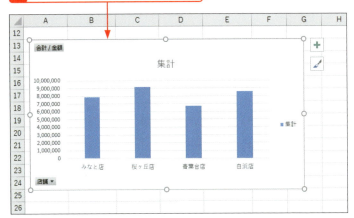

メモ フィールドリストが表示されないときは

グラフを選択してもフィールドリストが表示されないときは、＜分析＞リボンの＜表示／非表示＞グループにある＜フィールドリスト＞をクリックします。

メモ フィールド構成は集計表と連動する

フィールド構成の変更は、ピボットグラフとピボットテーブルで連動します。一方でフィールドを削除／移動／追加すると、もう一方でもそのフィールドが削除／移動／追加されます。ここではピボットグラフ側でフィールドを変更しますが、ピボットテーブル側で変更してもかまいません。

グラフから＜販路＞を削除すると、表からも削除されます。

2 フィールドを移動する

ステップアップ ピボットグラフのサイズを固定するには

フィールドの構成を変更すると、ピボットテーブルの列幅が自動調整されます。ピボットグラフがピボットテーブルと同じ列に配置されている場合、列幅が自動調整されたときにグラフのサイズも変化します。サイズを変えずに固定したい場合は、以下のように操作します。

1 グラフを選択しておきます。

2 <書式>タブをクリックして、

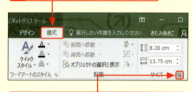

3 <サイズ>の右下の小さいボタンをクリックします。

4 <プロパティ>をクリックして開き、

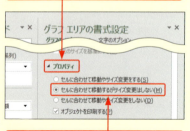

5 <セルに合わせて移動するがサイズ変更はしない>をクリックします。

メモ 削除、移動、追加の順序に決まりはない

このSectionでは、「店舗別販路別売上グラフ」を「月別店舗別売上グラフ」に作り替えます。紹介する手順は、フィールドの削除、移動、追加の順序ですが、この順序に決まりはありません。どの順序で作業しても、結果は同じグラフになります。

1 横(項目)軸に店舗が表示されています。

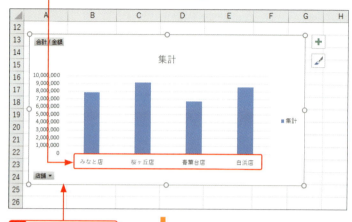

2 グラフを選択して、

3 <軸(項目)>エリアの<店舗>にマウスポインターを合わせて、

4 <凡例(系列)>エリアにドラッグします。

5 店舗が凡例に移動しました。

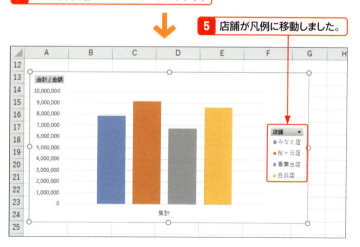

3 フィールドを追加する

1 <日付>にマウスポインターを合わせて、

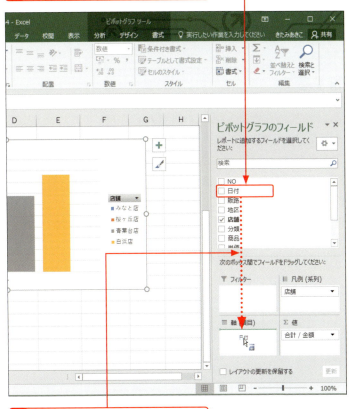

2 <軸(項目)>エリアまでドラッグします。

3 横(項目)軸に月が表示されました。

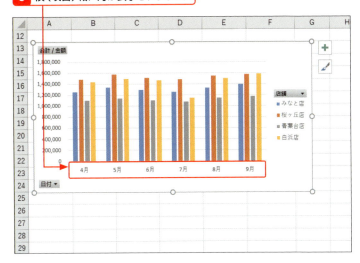

メモ ピボットテーブルでグループ化する

このSectionのサンプルは、あらかじめ日付フィールドを月単位でグループ化してあります。Excel 2013／2010／2007では、グループ化されていない日付のフィールドをグラフに配置すると、日単位のグラフが表示されます。月単位や年単位でグラフを表示したい場合は、ピボットテーブルで日付のフィールドを選択して、Sec.21を参考にグループ化します。

ヒント Excel 2016では展開／折りたたみが可能

このSectionのサンプルはあらかじめ日付フィールドを月単位でグループ化してありますが、Excel 2016では、グループ化しないままグラフに追加した場合でも、月単位のグラフが表示されます。その場合、グラフの右下に表示される<フィールド全体の展開>＋や<フィールド全体の折りたたみ>－で日付の展開／折りたたみを行えます。

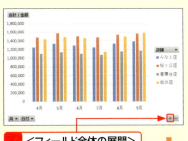

1 <フィールド全体の展開>＋をクリックすると、

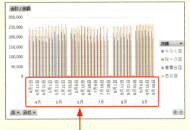

2 日単位のグラフになります。

Section 65 ピボットグラフに表示するアイテムを絞り込む

チェックボックスの利用

見たい項目だけを絞り込んで分析する

通常のグラフと違い、ピボットグラフの場合は作成したらおしまいとはなりません。作成したグラフを検討して、じっくり分析しましょう。気になるデータが見つかったら、グラフ上にそのデータだけを表示したり、比較対象のデータと一緒に表示したりして、より見やすい環境にしてさらに分析を進めましょう。下図のグラフは、月別商品別の売上グラフです。商品の折れ線の中で、「幕の内弁当」の7月の落ち込みが気になります。そこで、ここでは「幕の内弁当」と、同じジャンルの「しゃけ弁当」だけを残して、ほかの折れ線を非表示にします。2つだけを残すことで、「幕の内弁当」の売れ行きの変化がよくわかります。

Before：商品ごとの折れ線グラフ

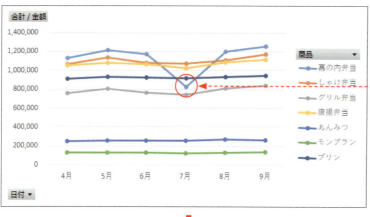

「幕の内弁当」の7月の落ち込みが気になります。

After：特定の商品を抽出

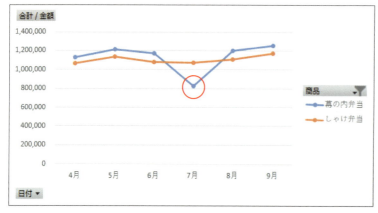

比較対象の「しゃけ弁当」を残してほかを非表示にすると、「幕の内弁当」の落ち込みが際立ちます。

1 表示されるアイテムを絞り込む

1 ＜商品＞のフィールドボタンをクリックします。

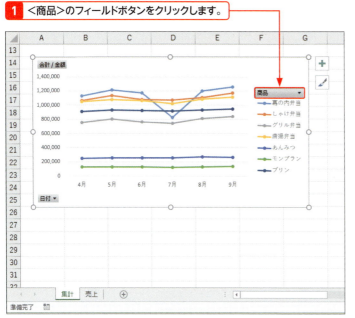

2 ＜（すべて選択）＞をクリックしてすべての商品のチェックを外してから、

3 ＜幕の内弁当＞と＜しゃけ弁当＞にチェックを付けて、

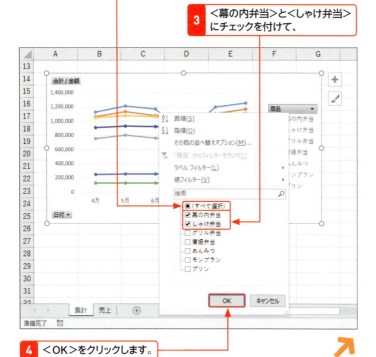

4 ＜OK＞をクリックします。

メモ フィールドボタンが表示されないときは

フィールドボタンが表示されていないときは、＜分析＞リボンの＜表示／非表示＞グループにある＜フィールドボタン＞の下側をクリックして、表示したいフィールドボタンをクリックします。

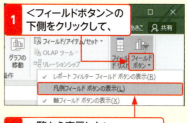

1 ＜フィールドボタン＞の下側をクリックして、

2 一覧から表示したいフィールドボタンを選択します。

メモ フィルターを解除するには

＜商品＞のフィールドボタンをクリックして、＜"商品"からフィルターをクリア＞をクリックすると、フィルターを解除できます。

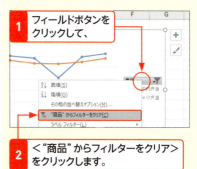

1 フィールドボタンをクリックして、

2 ＜"商品"からフィルターをクリア＞をクリックします。

メモ フィールドボタンの表示が変わる

フィルターを実行しているフィールドボタンには、じょうごのマークが付くので、アイテムが絞り込まれていることがわかります。

じょうごのマークが付きます。

ヒント ピボットテーブルを操作してもよい

ピボットテーブルの「列ラベル」と書かれたセルの▼をクリックして、一覧から商品を選択しても、ピボットグラフに表示される折れ線を絞り込めます。

ここをクリックして商品を選択します。

5 チェックを付けた商品の折れ線だけが表示されます。

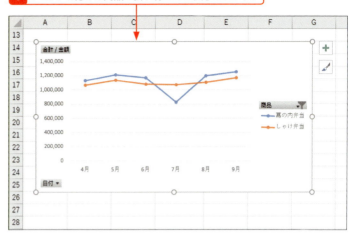

ヒント 横（項目）軸の項目も絞り込める

＜日付＞のフィールドボタンを使用すると、横（項目）軸に表示される月を絞り込むこともできます。操作は、＜商品＞を絞り込む手順と同じです。

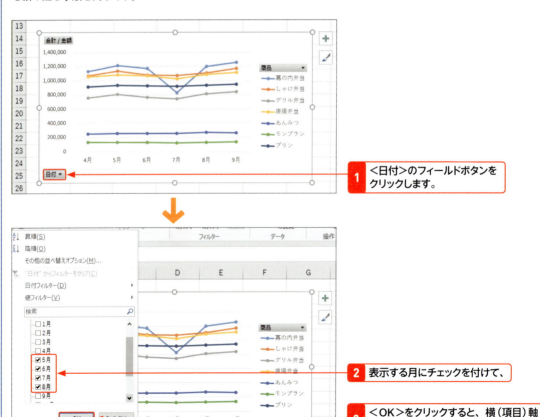

1 ＜日付＞のフィールドボタンをクリックします。

2 表示する月にチェックを付けて、

3 ＜OK＞をクリックすると、横（項目）軸に表示される月を絞り込めます。

メモ Excel 2007ではフィルタウィンドウを使用する

Excel 2007のピボットグラフでは、ピボットグラフフィルタウィンドウを使用してアイテムを絞り込みます。横（項目）軸に表示されるアイテムの絞り込みには、＜軸フィールド（項目）＞の▼を使用します。また、凡例に表示されるアイテムの絞り込みには、＜凡例フィールド（系列）＞の▼を使用します。なお、ピボットグラフを選択してもピボットグラフフィルタウィンドウが表示されないときは、＜分析＞リボンの＜表示／非表示＞グループにある＜ピボットグラフフィルタ＞をクリックしてください。

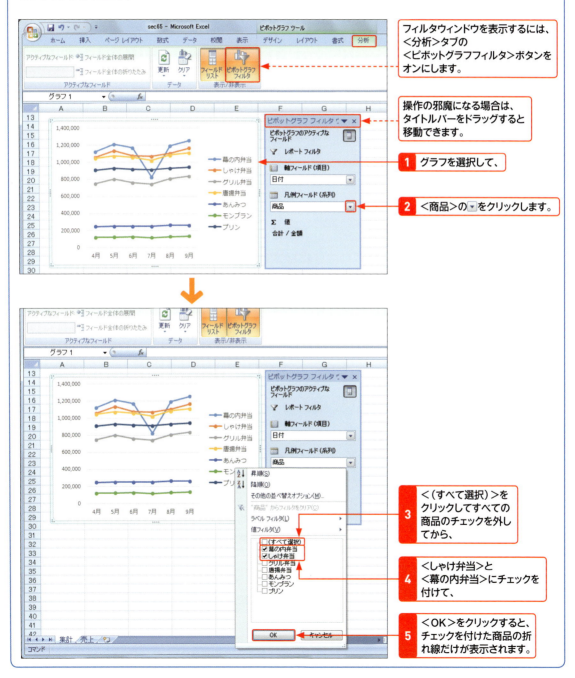

Section 66 集計対象のデータを絞り込む

レポートフィルターの利用

グラフの切り口は、かんたんに変更できる!

何枚も束ねた集計表から1ページだけ抜き出して分析するスライス分析をSec.33で紹介しましたが、ピボットグラフを使用してスライス分析を行うこともできます。操作は、ピボットテーブルのときと同様です。レポートフィルターフィールドやスライサーを使用して、目的の切り口でデータをグラフ化します。たとえば、＜商品＞フィールドを切り口とした場合、かんたんに商品ごとのグラフを切り替えて表示できます。「幕の内弁当は店頭販売に強い」「プリンはネット販売に強い」というように、それぞれの商品の売上の特徴が、グラフによって視覚的に明らかになります。

幕の内弁当の売上

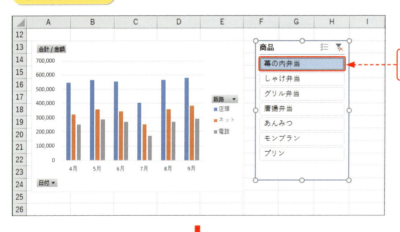

幕の内弁当は、店頭販売の売上が高いことが一目でわかります。

プリンの売上

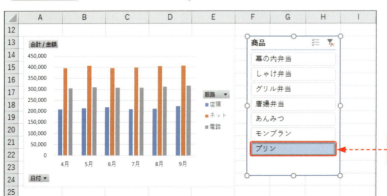

プリンは、ネット販売に強いことが一目瞭然です。

1 スライサーを挿入する

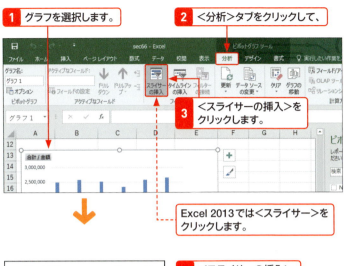

1 グラフを選択します。
2 <分析>タブをクリックして、
3 <スライサーの挿入>をクリックします。

Excel 2013では<スライサー>をクリックします。

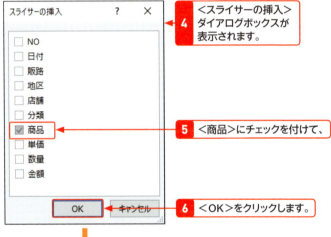

4 <スライサーの挿入>ダイアログボックスが表示されます。
5 <商品>にチェックを付けて、
6 <OK>をクリックします。

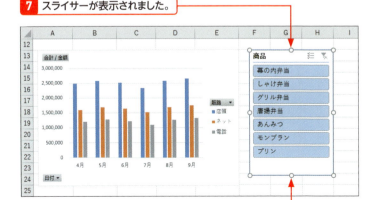

7 スライサーが表示されました。
8 枠の部分をドラッグして、スライサーを見やすい位置に移動しておきます。

メモ Excel 2010の場合

Excel 2010では、手順3の代わりに、<分析>リボンの<スライサー>の上側をクリックします。

メモ ピボットテーブルで挿入してもよい

Sec.35を参考に、ピボットテーブルのセルを選択してスライサーを挿入してもかまいません。ピボットテーブルとピボットグラフは連動しているので、同じスライサーでピボットテーブルとピボットグラフの両方を同時に操作できます。たとえば、スライサーで<プリン>を選択すると、ピボットテーブルとピボットグラフの両方が「プリン」の集計結果に切り替わります。

ヒント スライサーとレポートフィルター

P.247のヒントで紹介するとおり、スライサーの代わりに、レポートフィルターを使用してグラフを切り替えることもできます。スライサーは、集計対象の項目が一目でわかることがメリットです。一方、レポートフィルターは、どのバージョンでも利用できるというメリットがあります。

メモ タイムラインも使える

Excel 2016／2013では、<分析>リボンの<フィルター>グループにある<タイムラインの挿入>を使用すると、グラフでタイムライン（Sec.37参照）を使用できます。使い方は、ピボットテーブルの場合と同様です。

2 スライサーを使用してグラフを切り替える 2016 2013 2010

メモ **フィルターを解除するには**

スライサーの右上隅にある＜フィルターのクリア＞をクリックすると、スライサーによる絞り込みを解除できます。

メモ **スライサーを削除するには**

スライサーをクリックすると、周囲8箇所にサイズ変更ハンドルが表示されます。その状態で Delete を押すと、シート上からスライサーを削除できます。
スライサーを削除すると、ピボットテーブルやピボットグラフの絞り込みも解除されます。ただし、絞り込みの条件は保持されるので、フィールドを再度いずれかのエリアに配置すると、絞り込みが実行されます。条件を保持する必要がない場合は、スライサーを削除する前に絞り込みを解除しましょう。

ステップアップ **縦（値）軸の範囲を固定すると比較しやすい**

集計対象の商品を切り替えると、データに合わせて縦（値）軸の目盛りの範囲が自動的に変化します。軸が変わってしまうと、各商品の売上の違いがわかりづらくなります。各商品の売上を同じ尺度で表示したい場合は、P.235を参考に、軸の＜最小値＞と＜最大値＞を指定して、目盛りの範囲を固定するとよいでしょう。

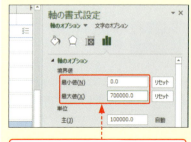

＜最小値＞と＜最大値＞を指定します。

1 グラフに全店分の売上が表示されています。

2 ＜幕の内弁当＞をクリックします。

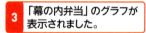

3 「幕の内弁当」のグラフが表示されました。

4 ＜プリン＞をクリックすると、

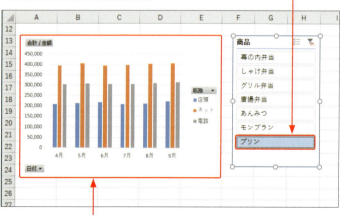

5 「プリン」のグラフに切り替わります。

ヒント レポートフィルターで集計対象を絞り込む

スライサーは抽出条件が一目でわかるので便利ですが、Excel 2007では使用できません。Excel 2007と共通で使用するピボットグラフの操作には、レポートフィルターを使用しましょう。レポートフィルターなら、全バージョンで使用できます。なお、Excel 2007の場合、レポートフィルターは＜ピボットグラフフィルタウィンドウ＞（P.243参照）に表示されます。

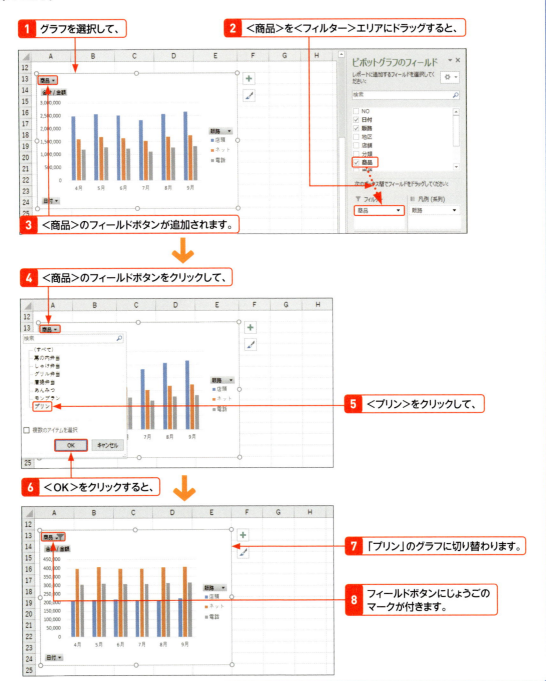

Section 67 全体に占める割合を表現する

円グラフの利用

データラベルを利用すれば、割合も表示できる

全体に占める割合を表現するには、円グラフが最適です。扇形の角度と面積が割合の大小を表しますが、グラフにパーセンテージの数値を表示すると、よりわかりやすくなります。ここでは、円グラフにデータラベルを追加して、パーセンテージを表示する方法を紹介します。

Before：作成直後の円グラフ

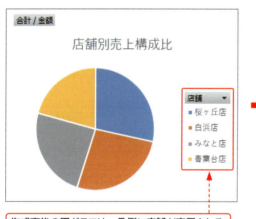

作成直後の円グラフは、凡例に店舗が表示されるだけで、具体的なパーセンテージはわかりません。

After：データラベルを表示

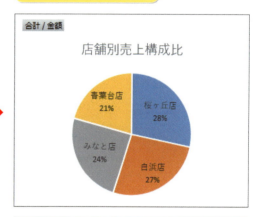

データラベルに店舗とパーセンテージを表示すると、具体的な割合がわかります。

1 データラベルにパーセンテージを表示する

メモ　凡例とデータラベル

店舗と売上のピボットテーブルから円グラフを作成すると、凡例に店舗名が表示されます。ここでは、データラベルに店舗名とパーセンテージを表示するので、凡例はあらかじめ削除しておきます。

1 凡例をクリックして選択し、Delete を押して削除します。

2 <デザイン>タブをクリックし、

3 <グラフ要素を追加>をクリックします。

4 <データラベル>にマウスポインターを合わせて、

5 <その他のデータラベルオプション>をクリックします。

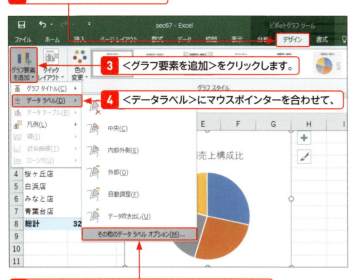

6 <分類名>と<パーセンテージ>にチェックを付けて、

7 <値>のチェックを外します。

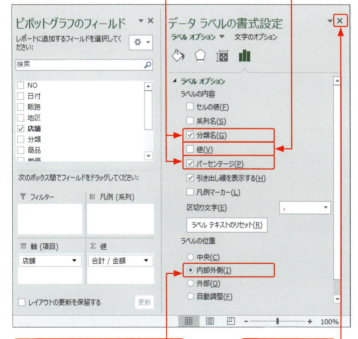

8 データラベルの表示位置として、<内部外側>をクリックして、

9 <閉じる>をクリックします。

10 P.248の図のように、データラベルに店名とパーセンテージが表示されます。

メモ Excel 2010／2007の場合

Excel 2010／2007では、手順2～5の代わりに、<レイアウト>タブの<データラベル>をクリックして、<その他のデータラベルオプション>をクリックします。

メモ クイックレイアウトも使える

グラフを選択して、<デザイン>リボンにある<クイックレイアウト>（Excel 2010／2007では<グラフのレイアウト>）から<レイアウト1>を選択しても、円グラフにパーセンテージが入ったデータラベルを追加できます。

1 <クイックレイアウト>をクリックして、

2 <レイアウト1>をクリックします。

ヒント 扇形を切り離して強調するには

扇形をクリックすると、すべての扇形が選択されます。次に、切り離したい扇形をクリックすると、クリックした扇形だけが選択されます。選択した扇形をドラッグすると、扇形を切り離せます。

扇形をゆっくり2回クリックして選択し、ドラッグして切り離します。

Section 68 ヒストグラムでデータのばらつきを表す

縦棒グラフの利用

ヒストグラムを使用すると、データの分布がわかる

度数分布表とヒストグラムを使用すると、年齢や身長などのデータの分布をわかりやすく表せます。ここでは来客情報のデータベースから、来客の年齢の分布を調べます。ピボットテーブルで度数分布表を作成し、ピボットグラフでヒストグラムを作成します。

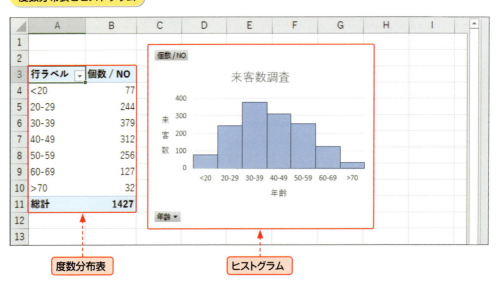

年齢を10歳刻みにして来客数をカウントし、分布をヒストグラムでわかりやすく表示します。

1 ピボットテーブルで度数分布表を作成する

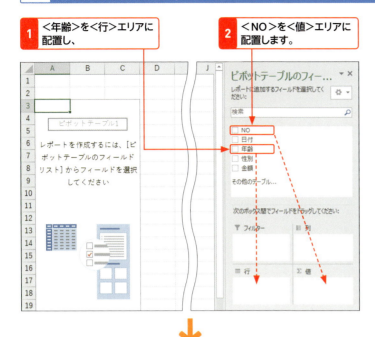

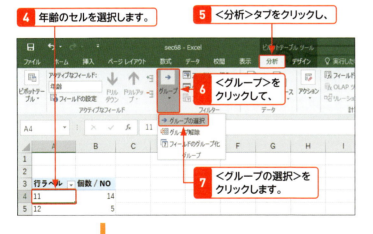

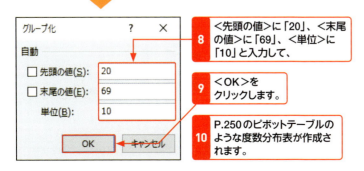

キーワード 度数分布表

数値データの範囲を「20〜29」「30〜39」「40〜49」のように一定間隔で区切り、それぞれに属するデータの個数まとめた表を度数分布表と呼びます。統計解析によく使用されます。

メモ 文字データの集計は自動で個数になる

度数分布表の作成は、データの個数を集計することがポイントです。ピボットテーブルでは、<値>エリアに文字データを配置するとデータの個数が求められます。ここでは<値>エリアに文字データである<NO>フィールドを配置したので、自動的に集計方法がデータの個数になります。

 文字データを集計すると、

2 データの個数が求められます。

3 13歳が10人いることを示します。

メモ Excel 2010／2007でグループ化するには

Excel 2010／2007の場合、<オプション>タブの<グループ>グループにある<グループの選択>をクリックします。

251

2 度数分布表から縦棒グラフを作成する

メモ Excel 2010／2007でグラフを作成するには

Excel 2010／2007の場合、手順 2〜 3の代わりに＜オプション＞タブの＜ツール＞グループにある＜ピボットグラフ＞をクリックします。

メモ グラフ要素の表示／非表示設定

ここでは、手順 7 でグラフが作成されたあと、グラフタイトルの文字を書き換え、軸ラベルを追加しました（Sec.63参照）。また、凡例を選択して、Delete を押して削除しました。

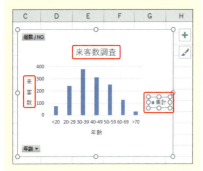

メモ 棒グラフのデザイン

ここでは、棒をくっつけたときに棒の境界がわかるように、薄い塗りつぶしの色を設定し（Sec.62参照）、枠線に濃い色を設定しました。枠線に色を付けるには、すべての棒を選択して、＜書式＞リボンの＜図形の枠線＞から色を選択します。

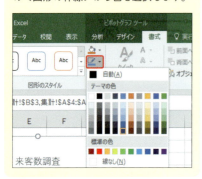

1 ピボットテーブルのセルを選択して、 2 ＜分析＞タブをクリックし、 3 ＜ピボットグラフ＞をクリックします。

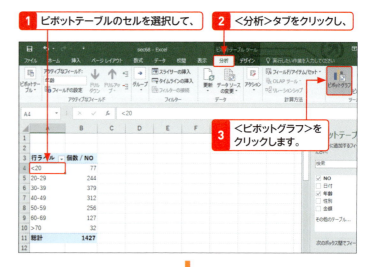

4 ＜縦棒＞をクリックし、 5 ＜集合縦棒＞をクリックし、 6 ＜OK＞をクリックします。

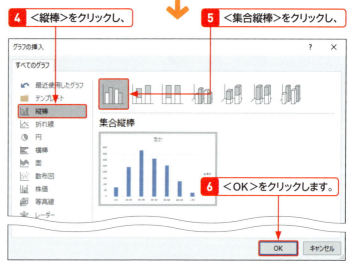

7 縦棒グラフが作成されます。 8 グラフ要素や配置を調整しておきます。

3 縦棒グラフをヒストグラムの体裁にする

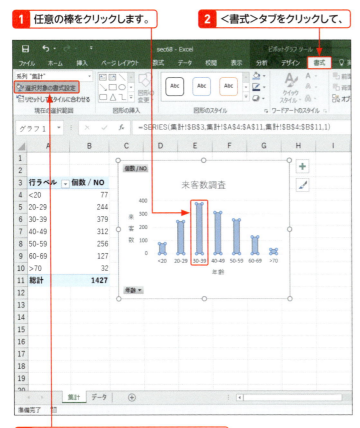

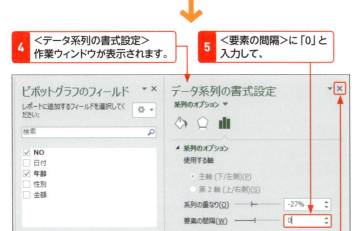

キーワード ヒストグラム

ヒストグラムは、度数分布表をグラフにしたものです。各区間を横軸にとり、データ数を棒の高さで表します。通常、棒の間隔を0にして、棒同士をくっつけて表示します。

メモ ＜選択対象の書式設定＞ボタン

グラフ要素を選択すると、＜書式＞タブの＜現在の選択範囲＞グループに選択したグラフ要素の名前が表示されます。その状態で＜選択対象の書式設定＞をクリックすると、選択したグラフ要素の設定用の画面が表示され、詳細な設定が行えます。

メモ Excel 2010／2007で間隔を設定するには

Excel 2010／2007では、手順3を実行すると、＜データ系列の書式設定＞ダイアログボックスが表示されます。＜系列のオプション＞の画面で＜要素の間隔＞に「0」を入力します。

メモ 「<20」と「>70」

行ラベルフィールドやグラフの横（項目）軸に表示される「<20」は「20未満」（20を含まない）、「>70」は「70以上」（70を含む）を意味します。

7 棒の間隔が0になりました。

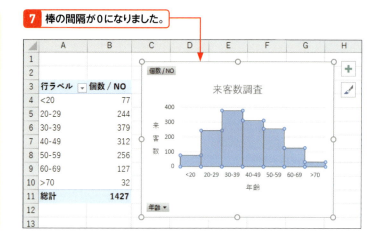

ヒント Excel 2016ならピボットテーブルなしでも作成できる

Excel 2016では、＜挿入＞リボンの＜統計グラフの作成＞→＜ヒストグラム＞を使用すると、表のデータを自動で集計してヒストグラムを作成できます。作成されるグラフは最初から棒同士がくっついています。年齢の区切り方は、グラフの作成後に＜軸の書式設定＞作業ウィンドウで指定します。なお、この＜ヒストグラム＞の作成機能を使用できるのは、通常の表だけです。ピボットテーブルでは使用できません。

1 年齢のセル範囲を選択して、

2 ＜挿入＞リボンの＜統計グラフの作成＞→＜ヒストグラム＞をクリックすると、ヒストグラムを作成できます。

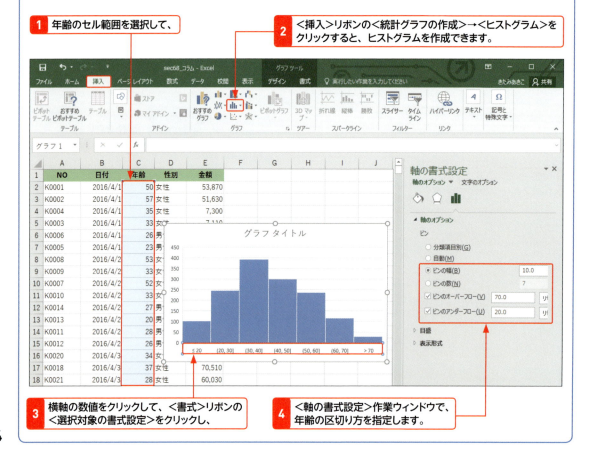

3 横軸の数値をクリックして、＜書式＞リボンの＜選択対象の書式設定＞をクリックし、

4 ＜軸の書式設定＞作業ウィンドウで、年齢の区切り方を指定します。

Chapter 09

第9章

集計結果を活用しよう
発展編

Section		
	69	条件を満たす集計値に書式を設定する
	70	集計値の大きさに応じて自動で書式を切り替える
	71	ピボットテーブルのデータをほかのセルに取り出す
	72	各ページに列見出しを印刷する
	73	分類ごとにページを分けて印刷する
	74	ピボットテーブルを通常の表に変換して利用する
	75	月ごとの集計結果から今後の売上を予測する

Section 69 条件を満たす集計値に書式を設定する

条件付き書式の利用

条件を満たすデータを強調して、表をわかりやすくしよう

「目標を達成した売上高のセルに色を付けて目立たせたい」というときは、条件付き書式の機能を利用します。条件となる数値を指定するだけで、取りこぼしなくセルに書式を設定できます。ここでは、「140万より大きい」集計値のセルに黄色、「160万より大きい」集計値のセルに赤色を設定します。優先順位の低い「140万より大きい」という条件を先に設定するのがポイントです。

「140万より大きいセルに黄色」「160万より大きいセルに赤」を設定して、売上高の高い商品を目立たせます。

1 優先順位の低い条件を設定する

メモ　優先度の低い条件を先に設定する

同じセルに複数の条件付き書式を設定する場合、あとから設定する条件の優先順位が高くなります。ここでは、優先順位の低い「140万より大きい」という条件を先に設定します。その結果、「140万より大きい」と「160万より大きい」の両方の条件が成り立つセルには、優先順位の高い「160万より大きい」場合の「赤」の書式が適用されます。

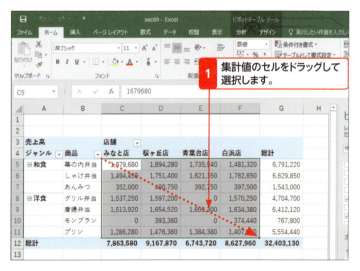

① 集計値のセルをドラッグして選択します。

2 <ホーム>タブをクリックします。

3 <条件付き書式>をクリックして、

4 <セルの強調表示ルール>にマウスポインターを合わせて、

5 <指定の値より大きい>をクリックします。

6 <指定の値より大きい>ダイアログボックスが表示されます。

7 「1400000」と入力します。

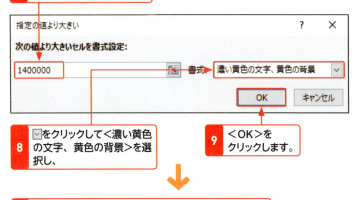

8 ✓をクリックして<濃い黄色の文字、黄色の背景>を選択し、

9 <OK>をクリックします。

10 「1400000」より大きい数値のセルに色が付きました。

11 引き続き、集計値のセルを選択しておきます。

ステップアップ　オリジナルな書式を設定するには

<指定の値より大きい>ダイアログボックスの<書式>には、設定できる書式が複数用意されています。その中に使いたい書式がない場合は、<ユーザー設定の書式>を選択します。<セルの書式設定>ダイアログボックスが表示され、フォントや罫線、塗りつぶしの色などを自由に指定できます。

1 ✓をクリックして、

2 <ユーザー設定の書式>をクリックします。

3 <セルの書式設定>ダイアログボックスで書式を自由に指定できます。

メモ　条件付き書式を解除するには

ピボットテーブルの任意のセルを選択して、<条件付き書式>のメニューから<ルールのクリア>をクリックし、<このピボットテーブルからルールをクリア>をクリックすると、条件付き書式を解除できます。複数の条件付き書式を設定していた場合、すべての条件付き書式が解除されます。

2 優先順位の高い条件を設定する

メモ 平均より上のセルに色を付けるには

＜条件付き書式＞ボタンのメニューにある＜上位／下位ルール＞を使用すると、「上位○件」「下位○件」「平均より上」「平均より下」などの条件で書式を設定できます。

1 ＜条件付き書式＞をクリックして、

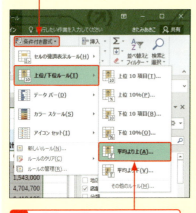

2 ＜上位／下位ルール＞→＜平均より上＞をクリックします。

3 書式を選択して、

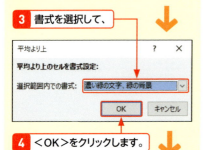

4 ＜OK＞をクリックします。

5 平均より上のセルに色が付きます。

1 ＜条件付き書式＞をクリックして、

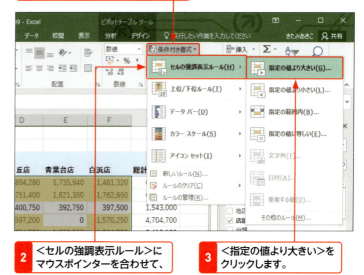

2 ＜セルの強調表示ルール＞にマウスポインターを合わせて、

3 ＜指定の値より大きい＞をクリックします。

4 「1600000」と入力します。

5 ＜濃い赤の文字、明るい赤の背景＞を選択し、

6 ＜OK＞をクリックします。

7 設定結果を確認するため、ほかのセルを選択します。

8 「1600000」より大きい数値のセルが、黄色から赤に変わりました。

ステップアップ 優先順位を変更するには

同じセルに複数の条件を設定する場合、あとから設定した条件の優先順位が高くなります。設定の順序を間違ってしまった場合などは、＜条件付き書式＞→＜ルールの管理＞をクリックして、＜条件付き書式ルールの管理＞ダイアログボックスを表示します。条件が一覧表示されるので、優先順位を上げたい条件を上の行に移動します。なお、このダイアログボックスで条件を選択して＜ルールの削除＞をクリックすると、選択した条件だけを解除することもできます。

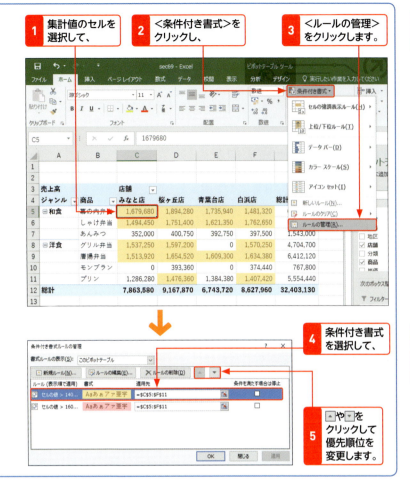

ステップアップ 「○○以上」や「○○以下」のセルに書式を設定するには

＜条件付き書式＞→＜セルの強調表示ルール＞のメニューには、＜指定の値より大きい＞＜指定の値より小さい＞＜指定の範囲内＞などの項目がありますが、「以上」や「以下」という条件はありません。「以上」や「以下」を指定したいときは、一番下にある＜その他のルール＞をクリックします。右図のような＜新しい書式ルール＞ダイアログボックスが表示されるので、条件と書式を指定します。

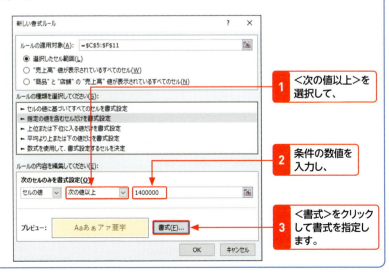

Section 70 集計値の大きさに応じて自動で書式を切り替える

アイコンセットの利用

数値の大きさが一目でわかる!

Sec.69 では、条件付き書式を使用して、指定した数値を基準に「大きい」「小さい」などの条件でセルを強調表示しました。条件付き書式には、このほかにも「アイコンセット」「データバー」「カラースケール」という機能があります。これらを使用すると、集計値の中で相対的に大きいセルと相対的に小さいセルの書式を自動的に切り替えられます。

アイコンセット

セルの値の大きさに応じて、3〜5種類のアイコンを表示します。

データバー

セルの値の大きさに応じて、セルに棒グラフを表示します。

カラースケール

セルの値の大きさに応じて、色を塗り分けます。

1 アイコンセットを表示する

1 集計値のセルをドラッグして選択します。

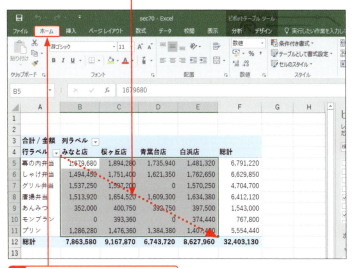

2 <ホーム>タブをクリックします。

3 <条件付き書式>をクリックして、

4 <アイコンセット>にマウスポインターを合わせて、

5 <3つの矢印（色分け）>をクリックします。

メモ　Excel 2007の場合

Excel 2007でも、同様の操作で設定を行えます。ただし、書式の選択肢の種類がExcel 2016／2013／2010よりも少なくなります。

Excel 2007のアイコンセット

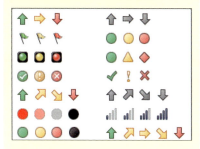

Excel 2007のデータバー

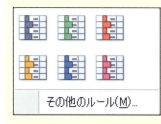

Excel 2007のカラースケール

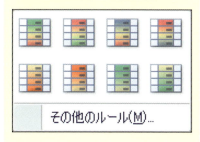

メモ　3～5段階のアイコンで集計値を評価できる

<アイコンセット>のメニューには、3～5段階のアイコンのセットが複数用意されています。3段階のアイコンセットを選択した場合、数値の大、中、小に応じて3つのアイコンが切り替えられます。

ヒント 数値の大きさを基準に分類される

アイコンセットを設定したセル範囲の数値の大きさに偏りがあると、特定の種類のアイコンが多数表示されたり、特定の種類のアイコンが表示されなかったりすることがあります。

6 設定結果を確認するため、ほかのセルを選択します。

7 集計値に応じてアイコンが表示されました。

2 アイコンの表示基準を変更する

メモ 条件付き書式の編集

＜条件付き書式ルールの管理＞ダイアログボックスでは、セルに設定した条件付き書式の設定をあとから変更できます。条件付き書式を設定したセル範囲から任意のセルを選択して変更すると、同じ条件付き書式を設定したすべてのセルに変更が適用されます。

メモ 条件付き書式を解除するには

ピボットテーブルの任意のセルを選択して、＜条件付き書式＞のメニューから＜ルールのクリア＞をクリックし、＜このピボットテーブルからルールをクリア＞をクリックすると、条件付き書式を解除できます。

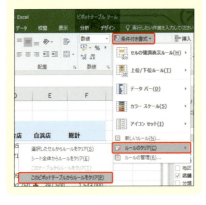

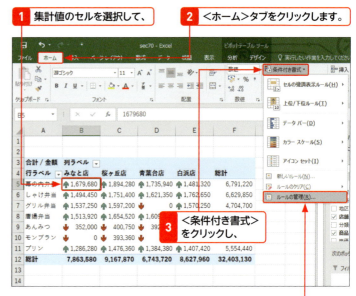

1 集計値のセルを選択して、
2 ＜ホーム＞タブをクリックします。
3 ＜条件付き書式＞をクリックし、
4 ＜ルールの管理＞をクリックします。

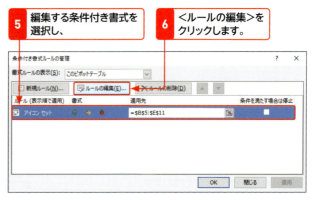

5 編集する条件付き書式を選択し、
6 ＜ルールの編集＞をクリックします。

7 <書式ルールの編集>ダイアログボックスが表示されます。

8 ⬆を表示する条件として、<種類>で<数値>を指定し、<値>に「1500000」と入力します。

9 ➡を表示する条件として、<種類>で<数値>を指定し、<値>に「1000000」と入力します。

10 <OK>をクリックします。手順**5**の画面に戻るので、<OK>をクリックします。

11 「1500000」以上のセルに⬆、「1000000」以上のセルに➡、それ以外のセルに⬇が表示されました。

ヒント 小さい値の評価を高くしたいときは

クレーム数を集計するときなど、数値の低いほうの評価を高くしたい場合、<書式ルールの編集>ダイアログボックスで<アイコンの順序を逆にする>をクリックします。

1 <アイコンの順序を逆にする>をクリックすると、

2 アイコンの順序が逆になります。

ヒント 条件をパーセンテージで指定することもできる

<書式ルールの編集>ダイアログボックスでアイコンを表示する条件を指定するときに、<種類>から<パーセント>を選択すると、条件をパーセンテージで指定できます。

条件をパーセンテージで指定できます。

3 データバーを表示する

メモ データバーの長さを調整するには

既定では棒の長さは集計値の大きさから自動で設定されますが、P.262の手順を参考に＜書式ルールの編集＞ダイアログボックスを表示すると、最小値と最大値を指定できます。棒と重なって数値が読みづらい場合などに、調整するとよいでしょう。

1 ＜最小値＞と＜最大値＞でそれぞれ＜数値＞を選択して、数値を入力すると、

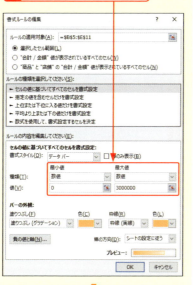

2 棒の長さを調整できます。

1 P.262のメモを参考に、条件付き書式を解除しておきます。

2 データバーを表示するセル範囲を選択します。

3 ＜ホーム＞タブの＜条件付き書式＞をクリックして、

4 ＜データバー＞にマウスポインターを合わせ、

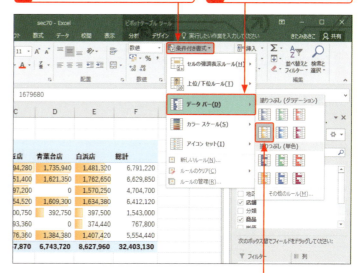

5 ＜オレンジのデータバー＞をクリックします。

6 集計値に応じて棒グラフが表示されました。

4 カラースケールを表示する

1 P.262のメモを参考に、条件付き書式を解除しておきます。

2 カラースケールを表示するセル範囲を選択します。

3 ＜ホーム＞タブの＜条件付き書式＞をクリックして、

4 ＜カラースケール＞にマウスポインターを合わせ、

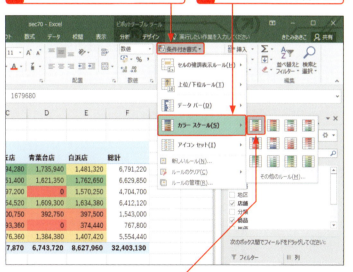

5 ＜緑、黄、赤のカラースケール＞をクリックします。

6 集計値に応じてセルが塗り分けられました。

ヒント 集計表が大きい場合や集計値が飛び飛びの場合

ピボットテーブルのセル範囲が広い場合や、集計値が飛び飛びのセルに表示されている場合、あらかじめ設定対象の任意のセルを1つ選択して、条件付き書式を設定します。設定後にセルの右下に表示される＜書式オプション＞ をクリックして、メニューから＜○○が表示されているすべてのセル＞を選択すると、条件付き書式の適用範囲をフィールド全体に拡張できます。

1 1つのセルに条件付き書式を設定し、

2 ＜書式オプション＞ をクリックして、＜○○が表示されているすべてのセル＞を選択すると、

3 条件付き書式が同じフィールドに拡張されます。

Section 71 ピボットテーブルのデータをほかのセルに取り出す

GETPIVOTDATA関数の利用

ワンクリックで集計値をほかのセルに取り出せる

「ピボットテーブルの集計値を引用して報告書を作成したい」というときは、GETPIVOTDATA関数を使用すると、集計値を取り出せます。関数といっても、難しい構文を覚える必要はありません。「=」を入力して取り出したい集計値のセルをクリックするだけで、かんたんに関数を挿入できます。

ピボットテーブルの集計結果を、ピボットテーブル外のセルに表示します。

GETPIVOTDATA関数とは

●全体の総計を取り出す
=GETPIVOTDATA(データフィールド, ピボットテーブル)
=GETPIVOTDATA("金額",$A$3)
セルA3を含むピボットテーブルから、＜金額＞フィールドの総計を取り出します。

●行の総計や列の総計を取り出す
=GETPIVOTDATA(データフィールド, ピボットテーブル, フィールド1, アイテム1)
=GETPIVOTDATA("金額",$A$3,"地区","海岸")
セルA3を含むピボットテーブルから、＜地区＞フィールドが「海岸」というアイテムの＜金額＞フィールドの総計を取り出します。

●行と列の交差位置の集計値を取り出す
=GETPIVOTDATA(データフィールド, ピボットテーブル, フィールド1, アイテム1, フィールド2, アイテム2)
=GETPIVOTDATA("金額",$A$3,"地区","海岸","商品","幕の内弁当")
セルA3を含むピボットテーブルから、＜地区＞フィールドが「海岸」、＜商品＞フィールドが「幕の内弁当」というアイテムの＜金額＞フィールドの集計値を取り出します。

1 全体の総計を取り出す

1 総計を表示するセルに「=」と入力して、

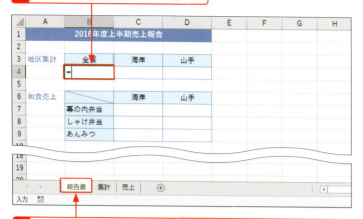

2 ピボットテーブルのシート見出し（ここでは＜集計＞）をクリックします。

3 全体の総計のセルをクリックして、 **4** Enter を押します。

5 総計が表示されます。

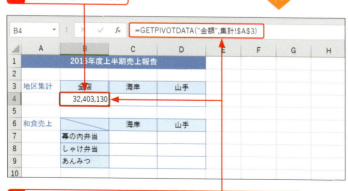

6 セルB4を選択すると、自動入力された数式を確認できます。

=GETPIVOTDATA("金額",集計!$A$3)

メモ 集計値のセルのクリックで入力できる

セルに「=」と入力したあと、ピボットテーブルの集計値のセルをクリックすると、その集計値を取り出すためのGETPIVOTDATA関数が自動入力されます。

メモ 別シートの参照

ピボットテーブルの集計値は、ピボットテーブルと同じワークシートに取り出すことも、別のワークシートに取り出すことも可能です。別のシートに取り出す場合は、2番目の引数［ピボットテーブル］に、ピボットテーブルのシート名とセル番号を半角の「!」（感嘆符）でつないで指定します。左図の場合、ピボットテーブルは＜集計＞シートにあるので、引数［ピボットテーブル］に「集計!$A$3」と指定します。

「集計!$A$3」と指定すると、＜集計＞シートのセルA3を参照できます。

キーワード 絶対参照

行番号と列番号の前に「$」記号を付けてセル番号を指定すると、数式をコピーしたときに、セル番号が変化しません。このような参照形式を「絶対参照」と呼びます。「集計!$A$3」のように指定すると、常に＜集計＞シートのセルA3が参照されます。

2 行の総計や列の総計を取り出す

メモ フィールドの配置を変更しても取り出せる

ここでは、＜地区＞フィールドの「海岸」というアイテムの総計を取り出します。集計表のレイアウトを変更しても、表の中に「海岸」地区の総計値が表示されていれば、正しく参照できます。ただし、ピボットテーブルから＜地区＞フィールドを削除すると、関数の結果はエラーになり、セルに「#REF!」が表示されます。

メモ GETPIVOTDATA関数が入力されないときは

集計値のセルをクリックしても、GETPIVOTDATA関数が自動入力されない場合は、ピボットテーブルのセルを選択して、＜オプション＞リボンの＜ピボットテーブル＞グループにある＜オプション＞の・をクリックします。＜GetPivotDataの生成＞にチェックを付けると、関数を自動入力できるようになります。

＜GetPivotDataの生成＞にチェックを付けると、関数を自動入力できます。

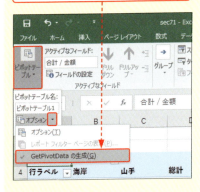

ヒント グループ化した日付を取り出すには

日付をグループ化すると、ピボットテーブルには「2016年」「第2四半期」「4月」のように単位付きで表示されますが、GETPIVOTDATA関数で集計値を取り出すときは、引数[アイテム]に数値だけを「2016」「2」「4」のように指定します。

1 列の総計を表示するセルに「=」と入力して、

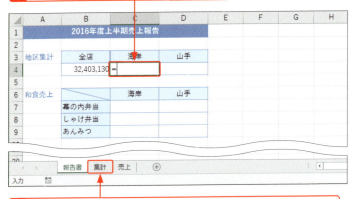

2 ピボットテーブルのシート見出し（ここでは＜集計＞）をクリックします。

3 「海岸」地区の総計のセルをクリックして、[Enter]を押します。

4 「海岸」地区の総計が表示されます。

=GETPIVOTDATA("金額",集計!$A$3,"地区","海岸")

5 同様に「山手」地区の総計を求めます。

=GETPIVOTDATA("金額",集計!$A$3,"地区","山手")

3 行と列の交差位置の集計値を取り出す

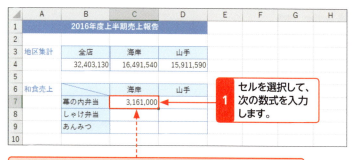

1 セルを選択して、次の数式を入力します。

=GETPIVOTDATA("金額",集計!$A$3,"地区",C$6,"商品",$B7)

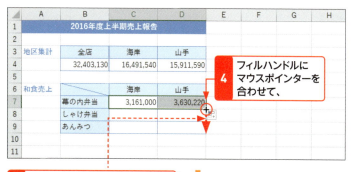

2 フィルハンドルにマウスポインターを合わせて、

3 右隣のセルまでドラッグします。

4 フィルハンドルにマウスポインターを合わせて、

5 2つ下のセルまでドラッグします。

6 数式がコピーされ、各地区、各商品の売上が表示されました。

ここで行うこと

ここでは、「海岸」地区と「山手」地区の「幕の内弁当」「しゃけ弁当」「あんみつ」の売上を取り出します。ピボットテーブルのセルをクリックして関数を入力する方法では、操作を6回も行う必要があり、面倒です。そこで、コピーするだけで各集計値が表示されるように、先頭のセルC9に数式を手入力します。

自動入力した関数を修正してもよい

セルC7に数式を入力するときに、「=」を入力して、＜集計＞シートのセルB5をクリックすると、セルC7に次の数式が入力されます。

=GETPIVOTDATA("金額",集計!$A$3,"地区","海岸","商品","幕の内弁当")

4番目の引数「"海岸"」を「C$6」、末尾の引数「"幕の内弁当"」を「$B7」に修正すると、目的の数式をすばやく入力できます。

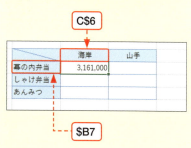

🔍 キーワード 複合参照

行番号と列番号のどちらか一方だけに「$」記号を付ける参照形式を「複合参照」と呼びます。「C$6」のように行番号に「$」を付けた場合、数式をコピーしたときに「C」は変化し、「6」は固定されます。「$B7」のように列番号に「$」を付けた場合は、数式をコピーしたときに「B」は固定され、「7」は変化します。

Section 72 各ページに列見出しを印刷する

印刷タイトルの設定

2ページ目以降にも見出しを印刷すると集計値との対応がわかる

縦長や横長のピボットテーブルを印刷すると、用紙1枚に収まらないことがあります。表の見出しは1ページ目に印刷されるだけなので、2ページ目以降の集計値はどの項目の集計値なのかわかりづらくなります。そんなときは、各ページの先頭に表の見出しが印刷されるように、印刷タイトルの設定を行いましょう。縦長の表であれば、下図のように、各ページの上端に列見出しを印刷でき、横長の表の場合は、各ページの左端に行見出しを印刷できます。集計値と項目の対応が明確になり、わかりやすい資料になります。

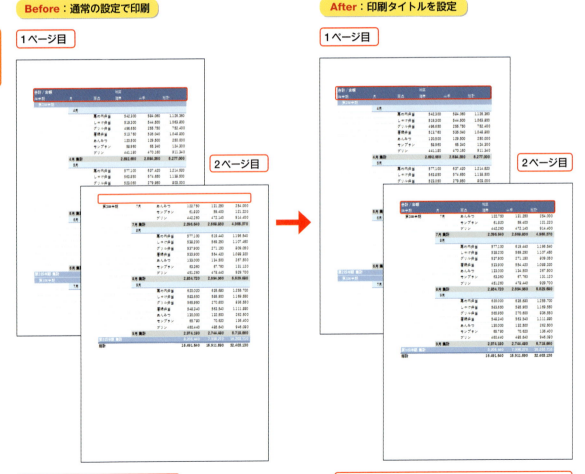

Before：通常の設定で印刷

After：印刷タイトルを設定

通常は、見出しは1ページ目にしか印刷されません。

各ページに見出しが印刷されるように設定すると、表がわかりやすくなります。

1 印刷プレビューを確認する

1 <ファイル>タブをクリックして、

2 <印刷>を
クリックすると、

3 印刷プレビューに
1ページ目が表示されます。

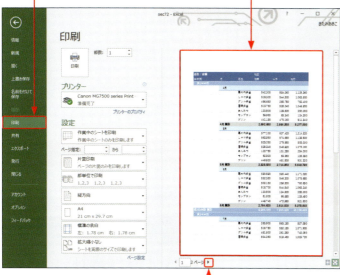

4 ▶をクリックします。

5 2ページ目が表示されます。

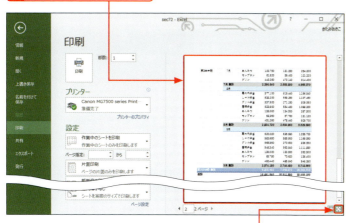

6 <ページに合わせる>を
クリックします。

> **メモ　Excel 2007で印刷プレビューするには**
>
> Excel 2007では、<Office>ボタンをクリックして、<印刷>にマウスポインターを合わせ、<印刷プレビュー>をクリックすると、印刷プレビューを表示できます。

1 <Office>ボタンをクリックして、

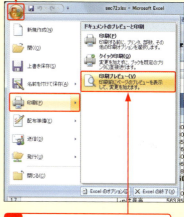

2 <印刷>→<印刷プレビュー>を
クリックします。

3 <次ページ>をクリックすると、
2ページ目を表示できます。

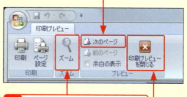

4 <ズーム>をクリックすると
拡大表示できます。

5 <印刷プレビューを閉じる>を
クリックすると閉じます。

> **メモ　フィルターボタンは印刷されない**
>
> アイテムの絞り込みに使用する▼は、ピボットテーブルのセルに表示されるだけで、印刷されません。

メモ Excel 2010で印刷プレビューを閉じるには

Excel 2010では、手順10の代わりに＜ファイル＞タブをクリックすると、印刷プレビューが閉じます。

＜ファイル＞タブをクリックして閉じます。

7 印刷プレビューが拡大表示されました。

8 2ページ目に列見出しが表示されていないことを確認します。

9 ＜ページに合わせる＞をクリックすると、表示倍率が元に戻ります。

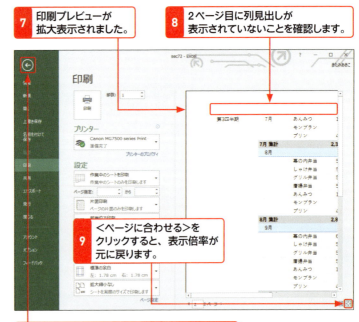

10 ←をクリックして、印刷プレビューを閉じます。

2 印刷タイトルを設定する

メモ Excel 2010の場合

Excel 2007では、手順2の代わりに、＜オプション＞リボンをクリックします。

メモ Excel 2007の場合

Excel 2007では、手順2～4の代わりに、＜オプション＞タブの＜ピボットテーブル＞グループにある＜オプション＞をクリックします。

＜オプション＞リボンの＜オプション＞をクリックします。

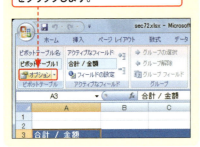

1 ピボットテーブルの任意のセルを選択します。

2 ＜分析＞タブをクリックし、

3 ＜ピボットテーブル＞をクリックして、

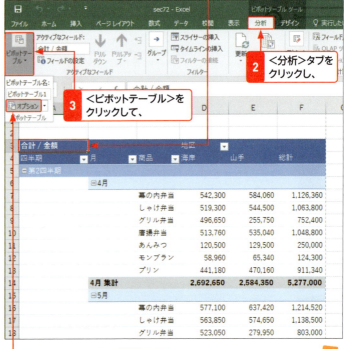

4 ＜オプション＞をクリックします。

5 <ピボットテーブルオプション>ダイアログボックスが表示されます。

6 <印刷>タブをクリックし、

7 <印刷タイトルを設定する>にチェックを付けて、

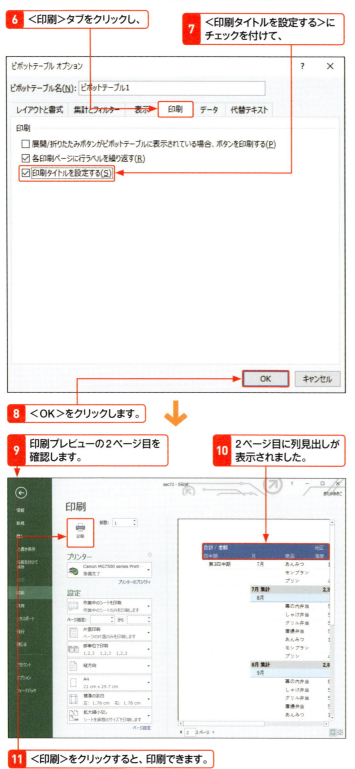

8 <OK>をクリックします。

9 印刷プレビューの2ページ目を確認します。

10 2ページ目に列見出しが表示されました。

11 <印刷>をクリックすると、印刷できます。

ヒント フィールド名の印刷

このSectionのサンプルのように、アウトライン形式や表形式（Sec.53参照）の場合は、見出しに自動で「日付」「商品」「地区」などのフィールド名が表示されます。一方、コンパクト形式の場合、フィールド名の代わりに「行ラベル」「列ラベル」と表示されるので、上書き入力してわかりやすい内容に書き換えるとよいでしょう。

1 「列ラベル」のセルに上書き入力します。

2 「行ラベル」のセルも上書き入力できます。

メモ 上階層のアイテムが先頭行に印刷される

<ピボットテーブルオプション>ダイアログボックスには、<各印刷ページに行ラベルを繰り返す>という設定項目があります。既定の設定はオンになっていて、その場合、アウトライン形式や表形式の上階層のアイテムが、2ページ目以降の先頭行に繰り返し表示されます。

2ページ目が月の途中から始まる場合でも、先頭に月名が表示されます。

Section 73 分類ごとにページを分けて印刷する

改ページの設定

次の分類は新しいページから印刷できる

「大分類→中分類→小分類」のように、行見出しが分類別に表示されている表の場合、分類ごとに印刷すると見やすい表になります。行数の兼ね合いから、大分類や中分類ごとに改ページしたいこともあるでしょう。ピボットテーブルでは、分類として配置したフィールドごとに改ページの設定を行えるので、用紙と行数のバランスを見て、どの分類で改ページを入れるか決めるとよいでしょう。ここでは、「四半期→月→商品」のように階層付けられた集計表を、四半期ごとに改ページして印刷します。これにより、1枚の用紙に売上データを切りよく3カ月分ずつ印刷できます。

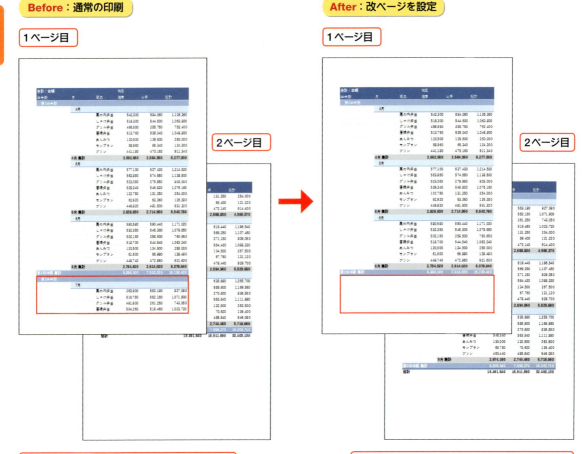

Before：通常の印刷

通常は、1ページ目の下端まで印刷されたあと、続きのデータが2ページ目に印刷されます。

After：改ページを設定

<四半期>フィールドで改ページの設定を行うと、1ページに3カ月分ずつのデータを印刷できます。

1 印刷プレビューを確認する

1 「四半期」「月」「商品」の順に階層構造になっています。

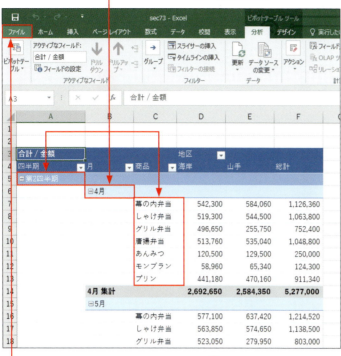

2 <ファイル>タブをクリックして、

3 <印刷>をクリックして、

4 1ページ目の下端までデータが表示されていることを確認します。

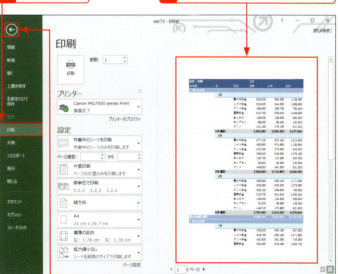

5 ←をクリックして、印刷プレビューを閉じます。

メモ このSectionのサンプル

初期設定では「コンパクト形式」というレイアウトが適用されており、階層構造の複数のフィールドがすべてA列に表示されます。このSectionのサンプルではレイアウトを「アウトライン形式」に変更してあり、階層ごとに異なる列に表示されます。レイアウトについて、詳しくはSec.53を参照してください。

コンパクト形式
初期設定では、「四半期」「月」「商品」はすべてA列に表示されます。

アウトライン形式
「アウトライン形式」に変更すると、「四半期」「月」「商品」は異なる列に分かれます。

メモ Excel 2007で印刷プレビューを表示するには

Excel 2007では、<Office>ボタンをクリックして、<印刷>にマウスポインターを合わせ、<印刷プレビュー>をクリックすると、印刷プレビューを表示できます。また、<印刷プレビューを閉じる>をクリックすると、印刷プレビューが閉じます。

メモ Excel 2010で印刷プレビューを閉じるには

Excel 2010では、<ファイル>タブをクリックすると、印刷プレビューが閉じます。

2 ＜四半期＞フィールドで改ページを設定する

メモ ＜四半期＞のセルを選択して設定する

改ページの設定は、フィールドに対して行います。ここでは、四半期ごとに改ページを入れたいので、「第2四半期」などの＜四半期＞フィールドのセルを選択して、設定を行います。

メモ Excel 2010／2007の場合

Excel 2010では、手順 2 ～ 3 の代わりに、＜オプション＞タブをクリックし、＜アクティブなフィールド＞をクリックして、＜フィールドの設定＞をクリックします。Excel 2007では、手順 2 の代わりに＜オプション＞タブをクリックします。

ヒント 自由な位置で改ページするには

自由な位置で改ページを入れることもできます。改ページを入れたい位置のセルを選択します。＜ページレイアウト＞リボンの＜ページ設定＞グループにある＜改ページ＞ボタンをクリックして、＜改ページの挿入＞をクリックすると、印刷するときに選択したセル以降のデータが次ページに送られます。たとえば、セルA24を選択して設定した場合、23行目までが1ページ、24行目以降が2ページに印刷されます。

1 改ページしたい位置のセルを選択して、

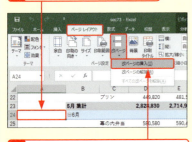

2 ＜ページレイアウト＞リボンの＜改ページ＞→＜改ページの挿入＞をクリックします。

---

1 ＜四半期＞のセルを選択して、

2 ＜分析＞タブをクリックし、

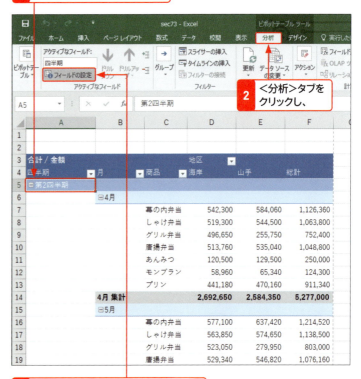

3 ＜フィールドの設定＞をクリックします。

4 ＜フィールドの設定＞ダイアログボックスが表示されます。

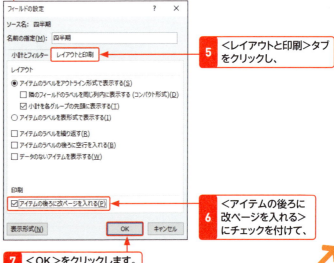

5 ＜レイアウトと印刷＞タブをクリックし、

6 ＜アイテムの後ろに改ページを入れる＞にチェックを付けて、

7 ＜OK＞をクリックします。

8 印刷プレビューを表示します。

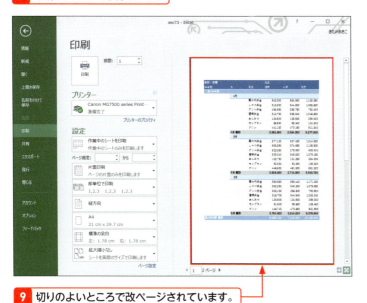

9 切りのよいところで改ページされています。

ヒント ピボットグラフを印刷するには

ピボットテーブルと同じワークシートにピボットグラフが作成されている場合、セルを選択して印刷すると、ピボットテーブルとピボットグラフを一緒に印刷できます。また、ピボットグラフを選択して印刷すると、ピボットグラフだけを大きく印刷できます。

ピボットグラフを選択して印刷すると、ピボットグラフだけが印刷されます。

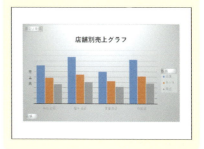

メモ 最終ページに総計行が印刷されないようにするには

ピボットテーブルを印刷すると、通常、最終行に総計行が印刷されます。分類ごとにページを分けた場合、最終ページにだけ総計行が印刷され、ほかのページと体裁が異なってしまいます。ほかと体裁をそろえるには、Sec.54 を参考に＜行のみ集計を行う＞を設定して、総計行を非表示にするとよいでしょう。

1 通常は最終ページにだけ総計行が印刷されます。

2 総計行を非表示にすると、ほかのページと体裁がそろいます。

Section 74 ピボットテーブルを通常の表に変換して利用する

コピー／貼り付けの利用

ピボットテーブルをコピーすれば表の加工も思いのまま

ピボットテーブルは、集計元のデータベースのデータを集計することを目的とした特別な表なので、通常の表と違って、自由に編集できません。たとえば、セルを結合したり、表の中に行や列を挿入したりといったことはできません。また、ピボットテーブルから作成できるグラフの種類にも制限があります。ピボットテーブルの表から報告書を作成したい、というようなときは、ピボットテーブルをあれこれと操作するより、通常の表に変換してしまったほうが思い通りに加工できます。コピー／貼り付けの機能を使用すると、かんたんにピボットテーブルを通常の表に変換できます。なお、変換後は、集計元のデータベースから切り離されるため、更新の操作は行えません。

Before：ピボットテーブル

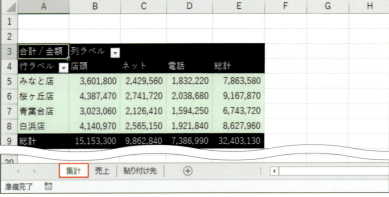

ピボットテーブルのままでは自由な編集ができません。

ピボットテーブルをコピーします。

After：通常の表

ほかのワークシートに値を貼り付けると、自由に編集できます。

1 ピボットテーブルをコピー／貼り付けする

1 ピボットテーブルのセル範囲を選択して、
2 <ホーム>タブをクリックします。
3 <コピー>をクリックし、
4 貼り付け先のワークシートのシート見出しをクリックします。

5 貼り付け先の先頭のセルを選択して、

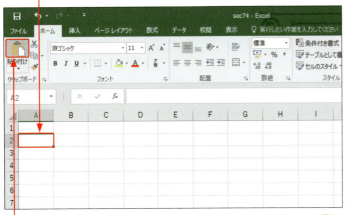

6 <貼り付け>の上の部分をクリックします。

集計表のセル範囲が広い場合は

ピボットテーブルのセル範囲が広いと、ドラッグして選択するのが大変です。そのようなときは、ピボットテーブル内のセルを1つ選択して、<分析>リボンの<アクション>ボタンをクリックし、<選択>→<ピボットテーブル全体>をクリックすると、全体のセル範囲を選択できます。
Excel 2010／2007の場合は、<オプション>リボンの<アクション>グループにある<選択>をクリックし、<ピボットテーブル全体>をクリックします。

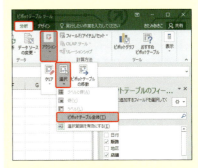

コピー／貼り付けのショートカットキー

コピー／貼り付けには、ショートカットキーも利用できます。コピーを行うには Ctrl + C、貼り付けを行うには Ctrl + V を押します。

元のピボットテーブルはそのまま残る

ピボットテーブルをほかのワークシートにコピー／貼り付けしても、元のピボットテーブルはそのままの状態で残ります。

メモ Excel 2007では文字のメニューを選ぶ

Excel 2007の＜貼り付けのオプション＞は、文字列のメニューです。

- ○ 元の書式を保持(K)
- ● 貼り付け先のテーマを使用(D)
- ○ 貼り付け先の書式に合わせる(M)
- ○ **値と数値の書式(N)**
- ○ 元の列幅を保持(W)
- ○ 書式のみ(F)
- ○ セルのリンク(L)

ヒント ＜貼り付け＞から値と書式を貼り付けるには

Excel 2016／2013／2010の場合、＜貼り付け＞ボタンの下側をクリックして、＜値と数値の書式＞をクリックすると、最初から値と書式を貼り付けることができます。

1 ＜貼り付け＞の下側をクリックして、

2 ＜値と数値の書式＞をクリックします。

ヒント 一部のセルをコピーした場合

ピボットテーブルの一部のセルをコピーして、別シートに貼り付けた場合、自動的にピボットテーブルが解除されて貼り付けられます。

7 表がピボットテーブルの形式のまま貼り付けられます。

8 ＜貼り付けのオプション＞をクリックして、

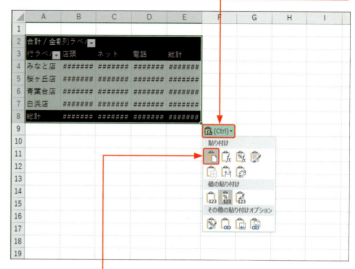

9 ＜値と数値の書式＞をクリックします。

10 通常の表に変換されました。

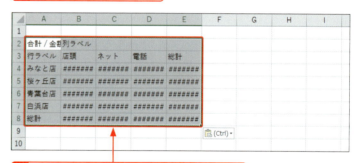

11 列幅が狭いため、数値が正しく表示されません。

12 列番号をドラッグして、ピボットテーブルのすべての列を選択します。

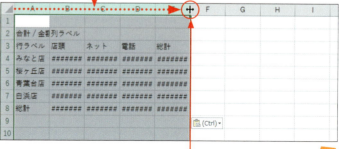

13 選択した列番号のいずれかの境界線をダブルクリックします。

14 列幅が自動調整され、数値が正確に表示されます。

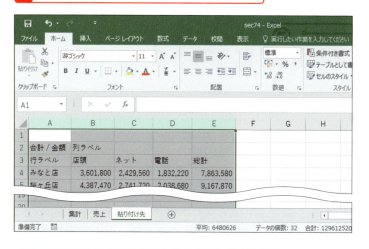

> **ダブルクリックで列幅が自動調整される**
>
> 列を選択して、列番号の境界線をダブルクリックすると、列内の文字がすべて正しく表示されるように列幅が自動調整されます。あらかじめ複数の列を選択した場合は、選択した列がそれぞれ最適な幅になります。

 行ラベルに階層がある場合は表形式にするとわかりやすくなる

行ラベルが階層構造になっているピボットテーブルを初期設定のコンパクト形式のまま通常の表に変換すると、複数の行ラベルフィールドが同じＡ列に貼り付けられるため、階層がわからなくなります。Sec.53を参考にピボットテーブルを表形式に変換すると、複数の行ラベルフィールドがそれぞれ別の列に表示され、貼り付け後にわかりやすい表になります。また、貼り付けた表をオートフィルターやグラフ作成に使用する場合は、P.204のヒントを参考に＜アイテムのラベルをすべて繰り返す＞を設定し、Sec.54を参考に総計を、Sec.55を参考に小計を非表示にすると、1行に1レコードずつ表示されるデータベース形式の表になり、扱いやすくなります。

1 すべての階層が同じ列に含まれると、オートフィルターに向きません。

3 表形式にして総計や小計を非表示にしておくと、コピー後に扱いやすくなります。

2 途中に小計があると、コピー／貼り付け後にグラフ化が面倒です。

Section 75 月ごとの集計結果から今後の売上を予測する 2016

予測シートの利用

売上の集計結果から今後の売上を予測できる

Excel 2016 には、時系列のデータをもとに将来のデータを予測する「予測シート」という機能があります。将来の予測と聞くと難しく感じられるかもしれませんが、時系列のデータがあれば、＜予測シート＞ボタンのクリックでかんたんに実行できます。ただし、時系列のデータの準備が必要です。「予測シート」で売上を予測するには、等間隔の日付とそれに対応する売上データの表を用意しましょう。ここでは、ピボットテーブルを利用して時系列のデータを準備し、それをもとに今後の売上を予測します。

Before：元データ

日々の売上を記録した表から、ピボットテーブルで時系列のデータを作成し、

After：今後の売上を予測

今後の売上を予測します。

1 時系列のデータを作成する

1 <日付>を<行>エリアにドラッグします。

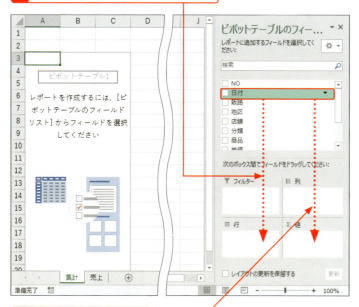

2 <日付>を<値>エリアにドラッグします。

3 行ラベルフィールドの日付はグループ化されます。

4 値フィールドでは日付の個数が求められます。

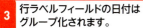
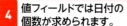

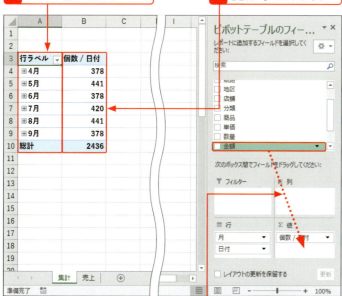

5 <金額>を<値>エリアの<個数／日付>の下にドラッグします。

ヒント 等間隔の日付と対応する数値が必要

<予測シート>を実行するには、等間隔の日付とそれに対応する数値を入力した表が必要です。たとえば月の売上を予測したい場合は、毎月1日など1ヶ月間隔の日付と月の売上を入力した表を用意します。ここでは、ピボットテーブルを利用して、そのような表を作成します。

1 毎月1日の日付を入力します。

	A	B	C	D
1	日付	売上高		
2	2016/4/1	5,277,000		
3	2016/5/1	5,543,780		
4	2016/6/1	5,378,640		
5	2016/7/1	4,955,370		
6	2016/8/1	5,529,680		
7	2016/9/1	5,718,660		
8				

2 各月の売上高を入力します。

メモ 月名からは予測できない

「4月」「5月」などと月名を入力した表からは、<予測シート>を実行できません。実行には日付データが必要です。

月名からは予測できません。

	A	B	C	D
1	月	売上高		
2	4月	5,277,000		
3	5月	5,543,780		
4	6月	5,378,640		
5	7月	4,955,370		
6	8月	5,529,680		
7	9月	5,718,660		
8				

メモ 日付を集計するとデータ数が求められる

日付のフィールドを<値>エリアに配置すると、初期設定ではデータの個数が求められます。

メモ 各月の最初の日付を求める

日付の集計方法を<個数>から<最小>に変更すると、各月の中で最小の日付、つまり各月の最初の日付が求められます。たとえば、もとのデータベースに入力されている4月の最初のデータが「2016/4/2」である場合、手順17のピボットテーブルには「2016/4/1」ではなく「2016/4/2」と表示されます。

ステップアップ 日付を「年／月」形式で表示するには

手順13の画面で以下のように設定すると、セルに入力されている実際のデータが日付のまま、見た目を「年／月」形式で表示できます。<予測シート>の結果も「年／月」形式で表示され、月単位の予測であることが分かりやすくなります。

1 <ユーザー定義>をクリックして、

2 「yyyy/mm」と入力すると、

3 実際のセルのデータが日付のまま、

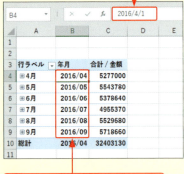

4 「年／月」形式で表示できます。

---

6 金額の合計が求められます。

7 <個数／日付>のいずれかのセルをクリックして、

8 <分析>タブをクリックし、

9 <フィールドの設定>をクリックします。

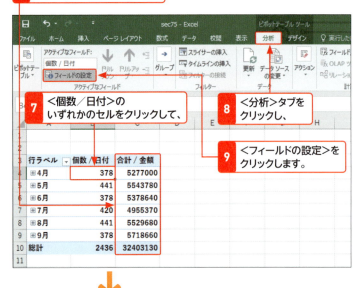

10 集計方法として<最小>を選択し、

11 フィールド名として「集計日」と入力して、

12 <表示形式>をクリックします。

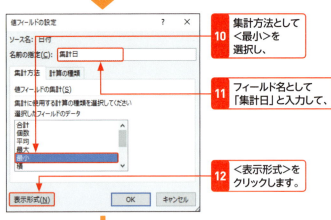

13 <日付>をクリックし、

14 <*2012/3/14>を選択して、

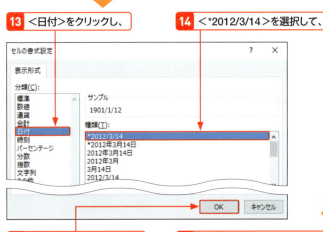

15 <OK>をクリックします。

16 手順10の画面に戻るので、<OK>をクリックして閉じます。

17 各月の最小の日付が表示されます。

18 Sec.21を参考に「月」単位でグループ化しておきます。

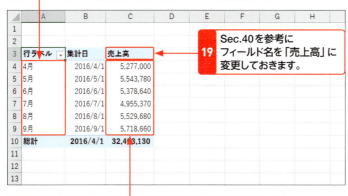

19 Sec.40を参考にフィールド名を「売上高」に変更しておきます。

20 Sec.18を参考に桁区切りの表示形式を設定しておきます。

2 <予測シート>を実行する

1 「集計日」と「売上高」のセルを、総計を含めずに選択します。

2 <データ>タブをクリックして、

3 <予測シート>をクリックします。

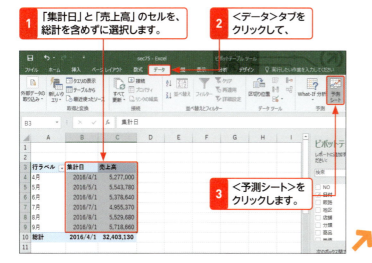

ヒント 日付が等間隔にならない場合

<予測シート>のもとになる日付は、基本的に等間隔である必要があります。しかし、月初めに長い連休がある場合などは、日付の間隔が大きくずれてしまいます。間隔が大幅にずれると、予測値がずれたり、エラーになったりすることがあります。そのようなときは、ピボットテーブルの売上の数値だけを別のシートにコピーし、日付を手入力して、その表をもとに<予測シート>を実行するとよいでしょう。

1 ピボットテーブルから売上高をコピーします。

2 先頭2ヶ月分の日付を入力して選択します。

3 フィルハンドルをドラッグすると、毎月1日の日付が入力されます。

メモ 日付と売上高のセルを選択する

<予測シート>を実行するときは、ピボットテーブル全体ではなく、日付と売上高のセルだけを選択します。一番下にある総計行は、選択に含めないようにしましょう。

 メモ 予測グラフの見かた

＜予測シート＞を実行して作成されるグラフの青色の折れ線は、予測のもとになる実際の売上を表します。オレンジ色の3本の折れ線は、予測と予測の上限、下限の数値を表します。

4 ＜予測ワークシートの作成＞ダイアログボックスが表示されます。

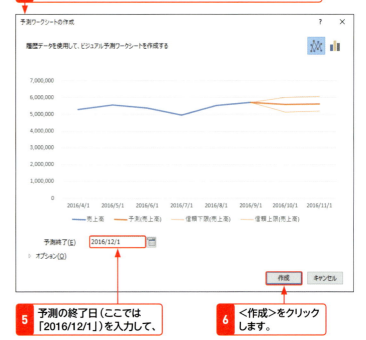

5 予測の終了日（ここでは「2016/12/1」）を入力して、

6 ＜作成＞をクリックします。

7 新しいシートが挿入され、予測データの表とグラフが表示されました。

8 ピボットテーブルからコピーされたデータです。

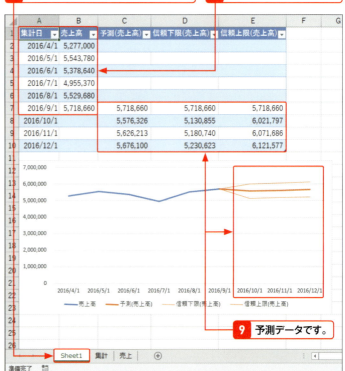

9 予測データです。

ヒント 縦棒の予測グラフも作成できる

＜予測シート＞で作成されるグラフは、初期設定では折れ線グラフですが、手順**4**の画面で縦棒グラフを指定することもできます。

1 ＜縦棒グラフの作成＞をクリックすると、

2 縦棒グラフのプレビューに変わります。

Chapter 10

第10章
複数の表をまとめて データを集計しよう 発展編

Section
- 76 複数のクロス集計表をピボットテーブルで統合して集計する
- 77 複数のテーブルを関連付けて集計する（1）
- 78 複数のテーブルを関連付けて集計する（2）
- 79 複数のテーブルを関連付けて集計する（3）
- 80 Accessのファイルからピボットテーブルを作成する

Section 76 複数のクロス集計表をピボットテーブルで統合して集計する

ピボットテーブルウィザードの利用

複数のクロス集計表をピボットテーブルで統合できる

通常、ピボットテーブルは、1行目にフィールド名、2行目以降にデータが入力されているデータベース形式の表から作成します。しかし、実際にはクロス集計表の形式で入力しているデータをピボットテーブルで分析したいというケースもあるでしょう。＜ピボットテーブル／ピボットグラフウィザード＞という機能を使用すると、複数のクロス集計表を統合できます。支店別にワークシートを分けて、売上データを入力している場合などに役立ちます。

Before：複数のクロス集計表

海岸地区2店舗と山手地区2店舗の合計4店舗の売上表があります。
それぞれの店舗で取扱商品は異なります。

統合したデータをさまざまな視点で集計し直せる

ピボットテーブルで統合したデータは、通常のピボットテーブルと同様にレイアウトを組み替えて、さまざまな形の集計表に変更できます。データベース形式の表から作成した場合と違い、クロス集計表にはフィールド名がないので、ピボットテーブル上で適切なフィールド名を設定すると、操作しやすくなります。

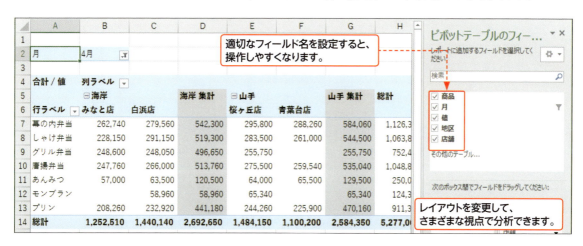

1 ウィザード画面を呼び出す

1 Alt を押して、次に D を押します。

2 ショートカットキーに関するポップヒントが表示されます。

3 P を押します。

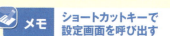

メモ ショートカットキーで設定画面を呼び出す

複数のクロス集計表からピボットテーブルを作成するための<ピボットテーブル/ピボットグラフウィザード>は、Excel 2003以前のバージョンのExcelの機能です。正式な機能ではないので、リボンのボタンが用意されておらず、ショートカットキーで呼び出します。

発展編

 ヒント ボタンで設定画面を呼び出せるようにするには

Sec.25を参考に＜Excelのオプション＞ダイアログボックスを表示して、下図のように設定すると、＜ピボットテーブル／ピボットグラフウィザード＞を呼び出すボタンを、クイックアクセスツールバーに登録できます。

1 ＜クイックアクセスツールバー＞をクリックして、

2 ＜リボンにないコマンド＞を選択して、

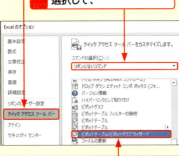

3 ＜ピボットテーブル／ピボットグラフウィザード＞をクリックします。

4 ＜追加＞をクリックして、

5 ＜OK＞をクリックすると、

ボタンのクリックで手順4の画面を表示できるようになります。

---

4 ＜ピボットテーブル／ピボットグラフウィザード＞が表示されました。

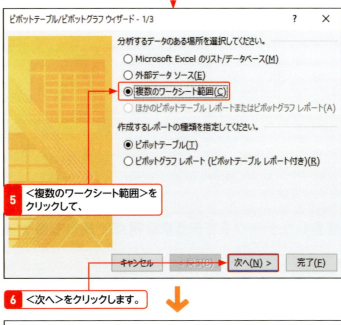

5 ＜複数のワークシート範囲＞をクリックして、

6 ＜次へ＞をクリックします。

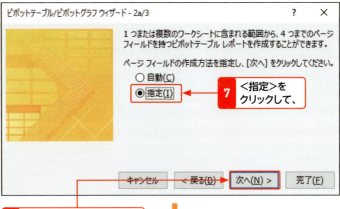

7 ＜指定＞をクリックして、

8 ＜次へ＞をクリックします。

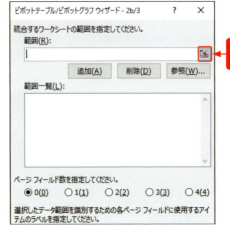

9 このボタンをクリックします。

第10章 複数の表をまとめてデータを集計しよう

2 統合するクロス集計表の範囲を指定する

前ページ手順9から続けて操作します。

1 <白浜店>のシート見出しをクリックして、

2 セルB2〜E9をドラッグし、

3 このボタンをクリックします。

4 <白浜店>シートのセルB2〜E9が選択されたことを確認して、

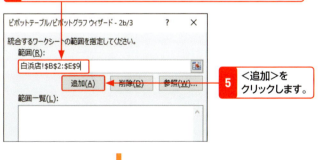

5 <追加>をクリックします。

6 <範囲一覧>に追加されました。

7 このボタンをクリックして、

メモ フィールドは自動作成される

通常、データベース形式の表では1行目がフィールド名、2行目以降がデータと決められており、ピボットテーブルのフィールドリストには1行目のフィールド名が表示されます。しかし、クロス集計表にはフィールドの概念がないので、ピボットテーブルを作成するときにフィールドが自動作成されます。

メモ 自動で3つのフィールドが作成される

クロス集計表からピボットテーブルを作成すると、元のクロス集計表の左端のデータから構成されるフィールド、上端のデータから構成されるフィールド、それらの交差位置にあるデータから構成されるフィールドの合計3フィールドが自動で作成されます。手順2ではセルB2〜E9を指定したので、左端の商品、上端の月、売上の数値の3フィールドが作成されます。

1 この範囲を統合する範囲として指定したので、

2 このような3つのフィールドが作成されます。

発展編

メモ 「商品ID」を含めるとうまくいかない

統合する範囲として、「商品ID」の列を含めて指定してしまうと、下図のようにフィールド分けされてしまいます。商品名と売上が同じフィールドにまとめられてしまい、うまく集計できません。

8 手順1〜6を参考に、ほかのクロス集計表の範囲を指定します。

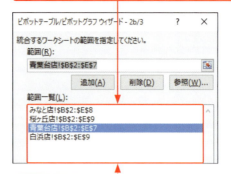

指定する範囲
  <みなと店>シートのセルB2〜E8
  <桜ヶ丘店>シートのセルB2〜E9
  <青葉台店>シートのセルB2〜E7

3 クロス集計表の分類名をそれぞれ指定する

メモ 手動で4フィールドを追加できる

自動で作成される3フィールドのほかに、各クロス集計表を分類するためのフィールドを4つまで追加できます。ここでは、4つのクロス集計表を地区と店舗の2種類で分類できるように設定します。そのため、手順1では、追加するフィールドとして<2>を指定しました。

メモ 分類分けが不要なら<自動>を選ぶ

ここでは、クロス集計表を分類分けするためのフィールドを設定しますが、分類分けが不要な場合は、P.290の手順7で<手動>ではなく、<自動>を指定しましょう。

メモ 分類分けのアイテム名を入力する

手順2〜4では、<みなと店>のクロス集計表のデータを分類するための地区名と店舗名を設定しています。この操作により、<みなと店>のクロス集計表のデータはすべて、「海岸」「みなと店」に属するデータとなります。

上の手順8から続けて操作します。

1 各クロス集計表を分類分けするフィールド数として、<2>をクリックします。

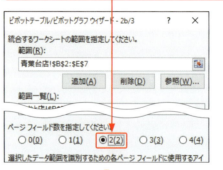

ここでは<フィールド1>を地区、<フィールド2>を店舗用のフィールドとして設定します。

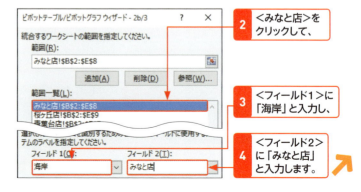

2 <みなと店>をクリックして、

3 <フィールド1>に「海岸」と入力し、

4 <フィールド2>に「みなと店」と入力します。

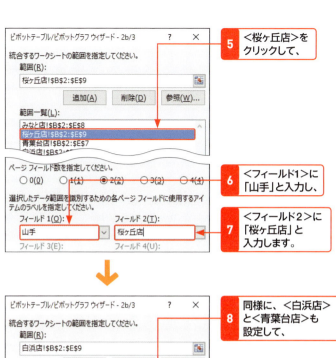

5 <桜ヶ丘店>をクリックして、

6 <フィールド1>に「山手」と入力し、

7 <フィールド2>に「桜ヶ丘店」と入力します。

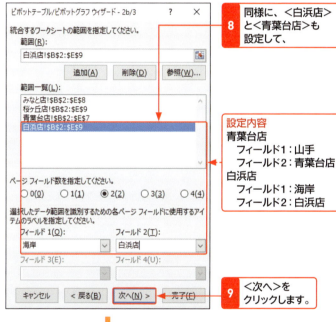

8 同様に、<白浜店>と<青葉台店>も設定して、

設定内容
青葉台店
　フィールド1：山手
　フィールド2：青葉台店
白浜店
　フィールド1：海岸
　フィールド2：白浜店

9 <次へ>をクリックします。

10 <新規ワークシート>をクリックして、

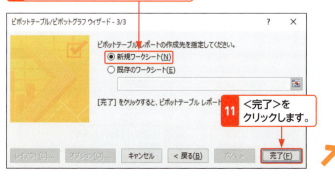

11 <完了>をクリックします。

 地区と店舗の2フィールドが作成される

手順 2 ～ 8 の操作により、「海岸」「山手」の2つのアイテムからなるフィールドと、「みなと店」「青葉台店」「白浜店」「緑ヶ丘店」の4つのアイテムからなるフィールドが作成されます。

 作成されるフィールドの名前

クロス集計表からピボットテーブルを作成する場合、フィールド名はデータの位置によって<行><列><値><ページ1><ページ2>のように自動で設定されます。

<行>フィールド　<列>フィールド

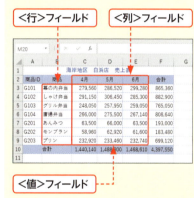

<値>フィールド

<ページ1>フィールド

<ページ2>フィールド

第10章　複数の表をまとめてデータを集計しよう

発展編

メモ ＜ページ＞フィールドはレポートフィルターになる

ピボットテーブルを作成すると、＜ページ1＞フィールドと＜ページ2＞フィールドはレポートフィルターフィールドに配置されます。▼をクリックして、地区や店舗を選択すれば、かんたんにその地区や店舗の集計表に切り替えられます。

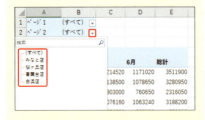

12 4つのクロス集計表がピボットテーブルで統合されます。

13 ＜行＞＜列＞＜値＞＜ページ1＞＜ページ2＞という名前の5つのフィールドが作成されます。

4 適切なフィールド名を設定する

メモ レイアウト変更前にフィールド名を設定する

ピボットテーブルの作成直後、＜行＞エリアに「行」という名前のフィールド、＜列＞エリアに「列」という名前のフィールドが配置されます。＜行＞フィールドを＜列＞エリアに移動したりすると紛らわしいので、適切な名前を設定しておきましょう。

このままのフィールド名だと紛らわしいので変更します。

上の手順13から続けて操作します。

1 「ページ1」と表示されているセルを選択して、

2 ＜分析＞タブをクリックし、

3 ＜アクティブなフィールド＞に「地区」と入力して Enter を押します。

4 フィールド名が「地区」に変更されました。

5 同様にフィールド名を「店舗」に変更します。

6 任意の商品名のセルを選択して、フィールド名を「商品」に変更します。

7 任意の月名のセルを選択して、フィールド名を「月」に変更します。

8 フィールドリストのフィールド名も変更されました。

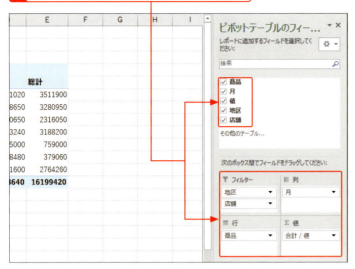

9 Sec.16を参考に、フィールドを入れ替えます。

10 元のクロス集計表とは異なる集計項目で集計できました。

	A	B	C	D	E	F	G	H
1								
2	月	(すべて)						
3								
4	合計 / 値	列ラベル						
5		⊟海岸		海岸 集計	⊟山手		山手 集計	総計
6	行ラベル	みなと店	白浜店		桜ヶ丘店	青葉台店		
7	幕の内弁当	834620	865360	1699980	951200	860720	1811920	3511900
8	しゃけ弁当	732600	882900	1615500	865350	800100	1665450	3280950
9	グリル弁当	756800	765050	1521850	794200		794200	2316050
10	唐揚弁当	753160	808640	1561800	829920	796480	1626400	3188200
11	あんみつ	170750	193000	363750	198500	196750	395250	759000
12	モンブラン		183480	183480	195580		195580	379060
13	プリン	640620	699120	1339740	736200	688320	1424520	2764260
14	総計	3888550	4397550	8286100	4570950	3342370	7913320	16199420

11 Sec.18を参考に、集計値に桁区切りの表示形式を設定しておきます。

> **メモ** 後から別のクロス集計表を追加するには
>
> ピボットテーブルを作成したあとで、別のクロス集計表を統合に加えたいときは、ピボットテーブルのセルを選択して、Alt D P を順に押します。＜ピボットテーブル／ピボットグラフウィザード＞の最後の画面が表示されるので、＜戻る＞をクリックし、統合するクロス集計表の範囲を追加します。

1 Alt D P を順に押します。

2 ＜戻る＞をクリックします。

3 統合する範囲を指定します。

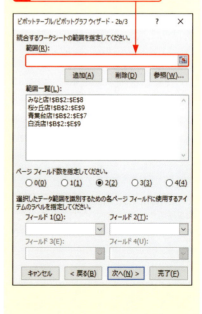

第10章 複数の表をまとめてデータを集計しよう

Section 77 複数のテーブルを関連付けて集計する（1）
2016 2013

テーブルの準備

データを一元管理すれば整合性を維持できる！

下図のテーブルは、第9章まで使用してきた売上データベースです。「店舗」が決まれば「地区」も決まり、「商品」が決まれば「分類」と「単価」も決まる、という関係が見て取れます。表の中に「地区」「分類」「単価」を繰り返し入力しているので、このような表では入力ミスにより同じ商品が異なる単価で入力されてしまうなど、データの整合性が取れなくなる心配があります。また、入力作業の無駄にもなります。データの整合性を保つには、売上データベースから「店舗情報」と「商品情報」を切り出すのが効果的です。そうすれば、「地区」「分類」「単価」の入力は1回だけで済み、データを一元管理できるので、整合性が崩れる心配がなくなります。

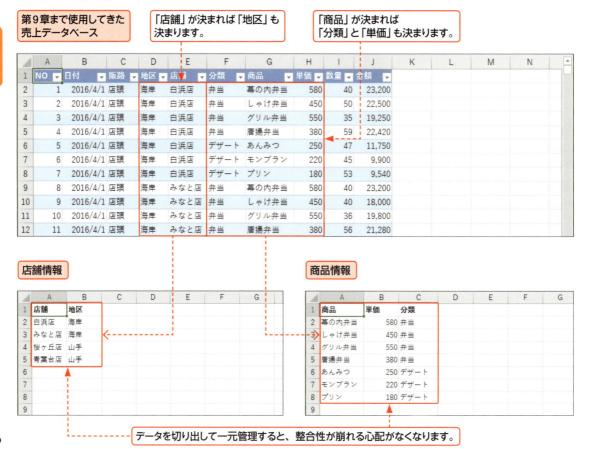

データベース同士を結ぶ「キー」を用意するのがポイント

売上データベースから「店舗情報」と「商品情報」を切り出す際に、ただ切り出すだけだと、切り出したデータと元のデータを結びつけることができなくなってしまいます。そこで、切り出す際に、それぞれのデータベースを結びつけるための「キー」となるフィールドを用意します。ここでは、店舗データのキーとして＜店舗ID＞フィールド、商品データのキーとして＜商品ID＞フィールドを用意しました。

売上データベースからキーをたどったときに、単一のレコードが結びつくように、店舗データベースの＜店舗ID＞と商品データベースの＜商品ID＞にはそれぞれ重複しない固有の値を入力しておく必要があります。キーとなるフィールドを介したデータベース同士の関連付けを、「リレーションシップ」と呼びます。Excel 2016 ／ 2013 では、このようにリレーションシップの設定された複数のデータベースから、ピボットテーブルを作成して集計することができます。

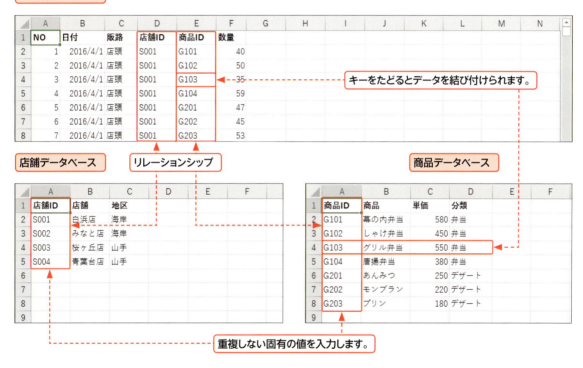

集計までの操作の流れ

複数のデータベースを関連付けて、ピボットテーブルで集計するには、「テーブルの作成」「リレーションシップの設定」「ピボットテーブルの作成」の3ステップが必要です。本書では、これらのステップを、Section を分けて解説します。

発展編

まずはテーブルを準備しよう

複数のデータベースにリレーションシップを設定するには、あらかじめデータベースをテーブルに変換しておく必要があります。リレーションシップを設定するときにテーブルを識別しやすいように、テーブルには適切な名前を付けておきましょう。また、ピボットテーブルで売上金額の集計が行えるように、「売上」データベースに「金額」のフィールドを用意します。

第10章 複数の表をまとめてデータを集計しよう

1 関連テーブルを設定する

1 <店舗>シートをクリックします。

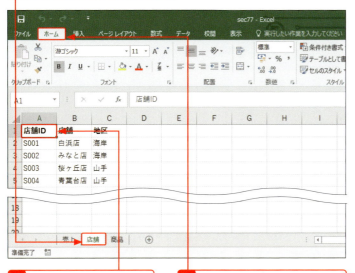

2 表内のセルを1つ選択して、
3 <ホーム>タブをクリックします。
4 <テーブルとして書式設定>をクリックして、

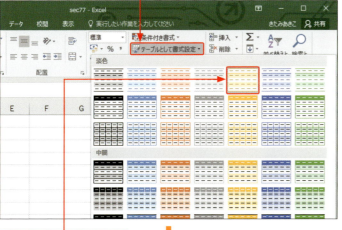

5 デザインを選択します。

6 <テーブルとして書式設定>ダイアログボックスが表示されます。

7 表のセル範囲が正しく認識されていることを確認し、
8 <OK>をクリックします。

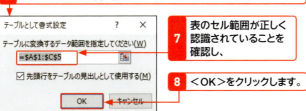

メモ テーブル設定時にデザインを選べる

<挿入>タブにある<テーブル>を使用して表をテーブルに変換した場合、テーブルには既定のデザインが適用されます（Sec.07参照）。いっぽう、<ホーム>タブにある<テーブルとして書式設定>を使用すると、表をテーブルに変換すると同時に、デザインも設定できます。今回、3つのテーブルを使用しますが、本体となる<売上表>テーブルと、本体から参照する<店舗表>テーブル、<商品表>テーブルを色分けするとわかりやすいので、<テーブルとして書式設定>を使用しました。

ステップアップ テーブル変換後にデザインを変えるには

テーブルに変換したあとでデザインを変更するには、テーブルのセルをクリックして、<デザイン>タブの<テーブルスタイル>グループにある<クイックスタイル>ボタンの一覧からデザインを選択します。

1 テーブル内のセルを選択します。

2 <デザイン>タブの<クイックスタイル>をクリックして、

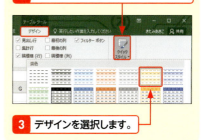

3 デザインを選択します。

発展編

 メモ わかりやすい名前を付ける

テーブル間にリレーションシップを設定するときに、テーブル名でテーブルを識別します。「テーブル1」など、初期設定のテーブル名ではどのテーブルなのかわかりづらいので、テーブルの内容と結び付く簡潔でわかりやすい名前に変更しましょう。

9 表がテーブルに変換され、指定したデザインが適用されました。

10 <デザイン>タブをクリックして、

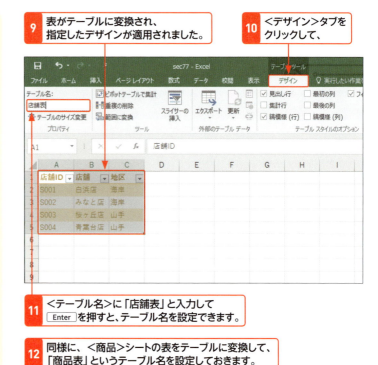

11 <テーブル名>に「店舗表」と入力して Enter を押すと、テーブル名を設定できます。

12 同様に、<商品>シートの表をテーブルに変換して、「商品表」というテーブル名を設定しておきます。

2 売上テーブルを設定して必要なフィールドを追加する

 **ヒント Excel 2013では月も計算しておくとよい**

Excel 2013では、複数のテーブルから作成したピボットテーブルで日付のグループ化を行えません。月ごとに集計を行いたい場合は、あらかじめもとのテーブルに月のフィールドを用意しておきましょう。MONTH関数を使用すると、引数に指定した日付から月の数値を取り出せます。

`=MONTH([@日付]) & "月"`

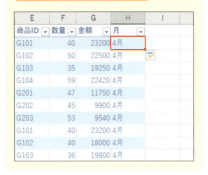

1 <売上>シートをクリックします。

2 P.299を参考にテーブルに変換して、

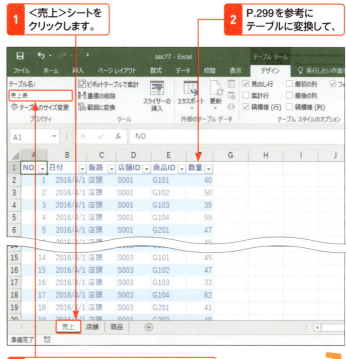

3 「売上表」というテーブル名を設定します。

第10章 複数の表をまとめてデータを集計しよう

4 セルG1に「金額」と入力して Enter を押すと、

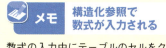

メモ 構造化参照で数式が入力される

数式の入力中にテーブルのセルをクリックすると、セル番号が「構造化参照」と呼ばれる形式で入力されます。セルG2に「=VLOOKUP(」と入力し、続けてセルE2をクリックすると、「[@商品ID]」が入力されます。

5 テーブルが拡張され、縞模様が設定されます。

6 セルG2に金額を求める計算式を入力すると、

=VLOOKUP([@商品ID],商品表,3,FALSE)*[@数量]

7 テーブルが拡張され、すべての行に金額が表示されます。

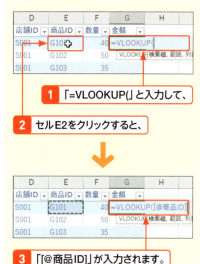

1 「=VLOOKUP(」と入力して、

2 セルE2をクリックすると、

3 「[@商品ID]」が入力されます。

メモ VLOOKUP関数で商品テーブルから単価を取り出す

金額の計算は「単価×数量」で求められますが、＜単価＞フィールドがあるのは別テーブルの＜商品＞テーブルです。VLOOKUP関数を使用すると、キーとなる＜商品ID＞をもとに＜商品＞テーブルから該当する単価を取り出せます。これを数量と掛け合わせれば、金額が求められます。
VLOOKUP関数では、「範囲」の左端列から「検索値」を検索して、見つかった行の「列番号」目のセルの値を取り出します。「検索方法」として「FALSE」を指定すると、完全一致検索になります。

書式：VLOOKUP(検索値, 範囲, 列番号, 検索方法)
入力した数式：=VLOOKUP([@商品ID],商品表,3,FALSE)*[@数量]

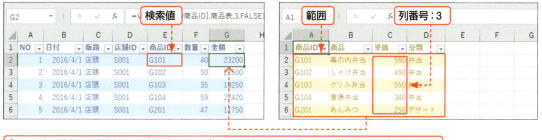

「G101」に対応する単価を、＜商品表＞テーブルの3列目から取り出して、数量と掛け合わせます。

第10章 複数の表をまとめてデータを集計しよう

301

Section 78 複数のテーブルを関連付けて集計する（2） 2016 2013
リレーションシップの設定

共通のフィールドをキーとしてテーブル同士を関連付ける

テーブルの準備が整ったら、次はリレーションシップの設定です。共通のフィールドを介してテーブル同士を結合して、本体となる＜売上表＞テーブルから＜店舗表＞や＜商品表＞テーブルを参照できるようにします。結合に使用するフィールドには、「外部キー」と「プライマリキー」の2種類があります。「外部キー」とは本体となるテーブル側のフィールドで、＜売上表＞テーブルの＜店舗ID＞や＜商品ID＞が該当します。一方、「プライマリキー」は参照される側のテーブルのフィールドで、＜店舗表＞テーブルの＜店舗ID＞や、＜商品表＞テーブルの＜商品ID＞が該当します。これらの用語は、リレーションシップの設定に出てくるので覚えておきましょう。

1 リレーションシップを設定する

1 <データ>タブをクリックします。

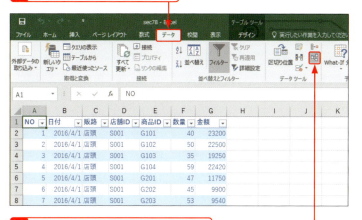

2 <リレーションシップ>をクリックします。

3 <リレーションシップの管理>ダイアログボックスが表示されます。

4 <新規作成>をクリックします。

5 <リレーションシップの作成>ダイアログボックスが表示されます。

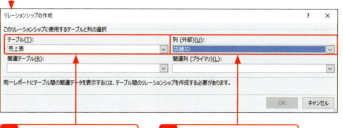

6 ▽をクリックして、<売上表>を選択します。

7 ▽をクリックして、<店舗ID>を選択します。

メモ このSectionで行う操作

ここでは、2組のリレーションシップを設定します。1組目の設定では、<売上表>テーブルと<店舗表>テーブルを、<店舗ID>フィールドを介して結合します。2組目の設定では、<売上表>テーブルと<商品表>テーブルを、<商品ID>フィールドを介して結合します。

メモ <新規作成>で1組分の設定ができる

<リレーションシップの管理>ダイアログボックスで<新規作成>をクリックすると、<リレーションシップの作成>ダイアログボックスが表示され、1組分のリレーションシップを設定できます。

ヒント 上下の設定欄で正しく設定しよう

<リレーションシップの作成>ダイアログボックスには、設定欄が上下2行あります。上の設定欄で外部キー側のテーブルとフィールドを指定します。また、下側の設定欄でプライマリキー側のテーブルとフィールドを指定します。上下の設定欄を間違えないようにしましょう。

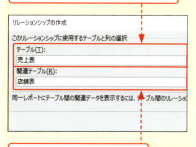

外部キー側のテーブルを指定します。

プライマリキー側のテーブルを指定します。

注意 プライマリキーの値は重複してはいけない

＜リレーションシップの作成＞ダイアログボックスの＜関連列（プライマリ）＞に設定したフィールドには、固有の値を入力する必要があります。重複する値が入力されている場合、ピボットテーブルでエラーが発生することがあるので注意してください。

メモ リレーションシップの設定を編集するには

＜リレーションシップの管理＞ダイアログボックスを表示します。一覧からリレーションシップを選択して、＜編集＞をクリックします。

1 リレーションリップを選択して、

2 ＜編集＞をクリックします。

3 編集画面が表示されるので、修正を行います。

---

8 ✓をクリックして、＜店舗表＞を選択します。

9 ✓をクリックして、＜店舗ID＞を選択します。

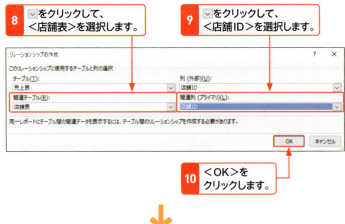

10 ＜OK＞をクリックします。

11 ＜売上表＞テーブルと＜店舗表＞テーブルが＜店舗ID＞フィールドで結合されました。

12 ＜新規作成＞をクリックします。

13 ＜売上表＞テーブルと＜商品ID＞フィールドを選択します。

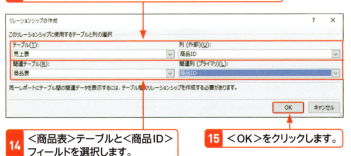

14 ＜商品表＞テーブルと＜商品ID＞フィールドを選択します。

15 ＜OK＞をクリックします。

16 <売上表>テーブルと<商品表>テーブルが<商品ID>フィールドで結合されました。

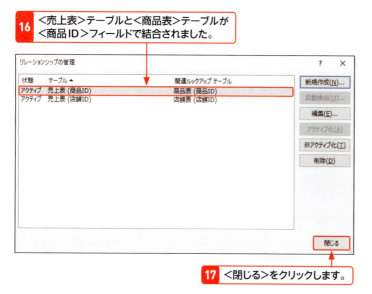

17 <閉じる>をクリックします。

メモ リレーションシップを削除するには

<リレーションシップの管理>ダイアログボックスを表示します。一覧からリレーションシップを選択して、<削除>をクリックします。

1 リレーションシップを選択して、

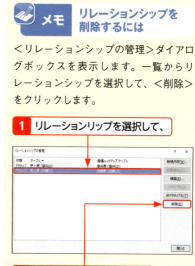

2 <削除>をクリックします。

ヒント リレーションシップをあとから設定するには

リレーションシップを設定せずに、Sec.79にしたがって複数のテーブルからピボットテーブルを作成すると、フィールドリストに「テーブル間のリレーションシップが必要」というメッセージが表示されます。<作成>をクリックすると、<リレーションシップの作成>ダイアログボックスが表示され、リレーションシップの設定を行えます。リレーションシップを設定しないと、正しい集計が行えないので注意しましょう。

1 リレーションシップを設定しないと、正しい集計が行えず、

2 「リレーションシップが必要」というメッセージが表示されます。

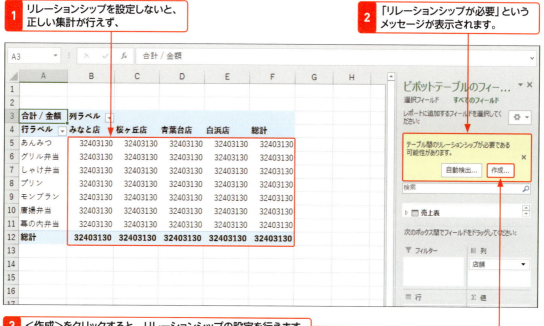

3 <作成>をクリックすると、リレーションシップの設定を行えます。

Section 79 複数のテーブルを関連付けて集計する（3） 2016 2013

複数のテーブルの集計

それぞれのテーブルからフィールドを追加して集計する

リレーションシップの設定が済んだら、いよいよピボットテーブルの作成です。＜このデータをデータモデルに追加する＞設定を行うと、リレーションシップが設定された各テーブルのレコード同士が結ばれて、集計を行えます。フィールドリストには、テーブル名とフィールド名が階層構造で表示されるので、集計に使うフィールドがどのテーブルにあるのかを考えながら、集計項目の設定を行いましょう。

複数テーブルからピボットテーブルを作成

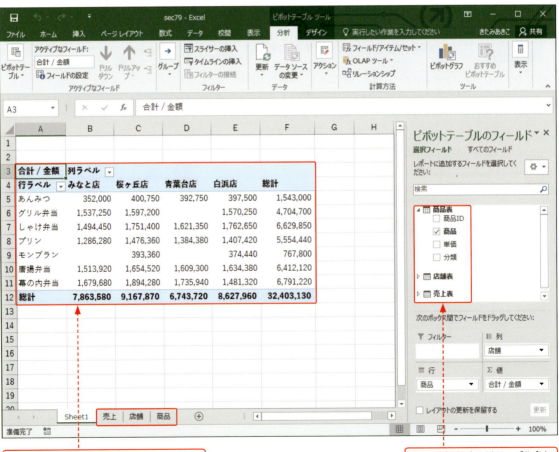

複数のテーブルのデータをピボットテーブルで集計できます。

フィールドリストにはテーブル名とフィールド名が表示されます。

1 ピボットテーブルの土台を作成する

1 テーブル（ここでは<売上>テーブル）のセルをクリックします。

2 <挿入>タブをクリックして、

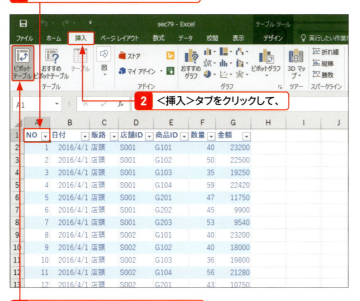

3 <ピボットテーブル>をクリックします。

4 <ピボットテーブルの作成>ダイアログボックスが表示されます。

5 テーブルの名前が表示されていることを確認し、

6 <新規ワークシート>をクリックします。

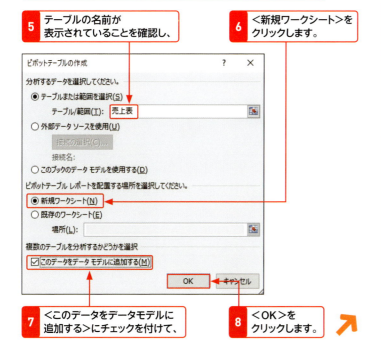

7 <このデータをデータモデルに追加する>にチェックを付けて、

8 <OK>をクリックします。

キーワード　データモデル

データモデルとは、複数のテーブルから構成されるデータのセットのことです。データモデルでは、リレーションシップも管理されています。データモデルを利用してピボットテーブルを作成することで、リレーションシップに基づいて、複数のテーブルを連携させた集計を行えます。

メモ　旧バージョンでは集計結果を更新できない

複数のテーブルを元に作成したピボットテーブルを含むブックをExcel 2010／2007で開くと、集計結果は表示されますが、更新はできません。集計項目の変更などもできません。部署内で複数のバージョンのExcelを使用している場合や、バージョンの違うExcelを使用する人にブックを渡すときなどは、注意しましょう。

ヒント　Excel 2016で効率よくフィールドを探すには

複数のテーブルからピボットテーブルを作成する場合、フィールドリストに表示されるテーブル名やフィールド名が増え、目的のフィールドを探しにくくなります。Excel 2016では、<検索>ボックスにフィールド名の一部を入力すると、効率よく目的のフィールドを探せます。

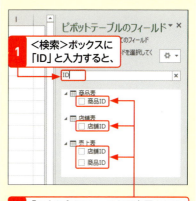

1 <検索>ボックスに「ID」と入力すると、

2 「ID」を含むフィールドが表示されるので、目的のフィールドをすばやく選べます。

第10章　複数の表をまとめてデータを集計しよう

メモ　最初は<売上>テーブルのフィールドだけが表示される

ピボットテーブルの作成直後のフィールドリストは、<選択フィールド>が有効になっており、P.307の手順1で選択したテーブルのフィールドだけが表示されます。

9 ピボットテーブルの土台が作成されました。

10 <売上テーブル>のテーブル名とフィールド名が表示されます。

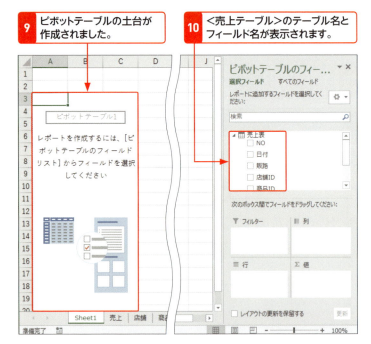

2 フィールドを配置して集計する

メモ　<すべてのフィールド>で全テーブルを表示する

フィールドリストで<すべてのフィールド>をクリックすると、ブック内のすべてのテーブルをフィールドリストに表示できます。

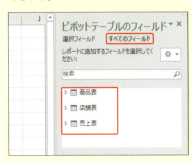

メモ　クリックでテーブルが展開する

フィールドリストでテーブル名をクリックすると、テーブルに含まれるフィールドが表示されます。その状態でもう1度クリックすると、フィールドが折りたたまれて非表示になります。

1 <すべてのフィールド>をクリックすると、

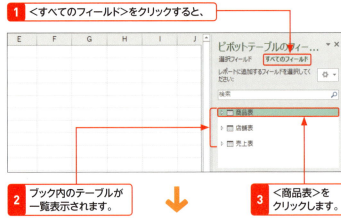

2 ブック内のテーブルが一覧表示されます。

3 <商品表>をクリックします。

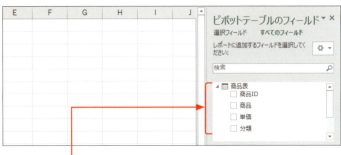

4 <商品表>テーブルが展開して、テーブルに含まれるフィールドが表示されます。

5 <商品>にマウスポインターを合わせて、

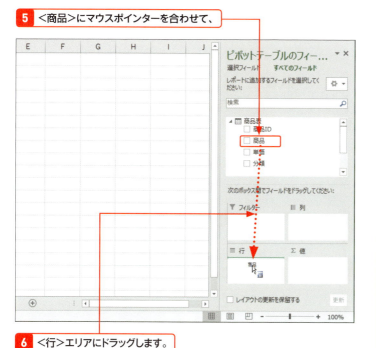

6 <行>エリアにドラッグします。

7 行ラベルフィールドに商品が表示されました。

8 <店舗表>をクリックして展開します。

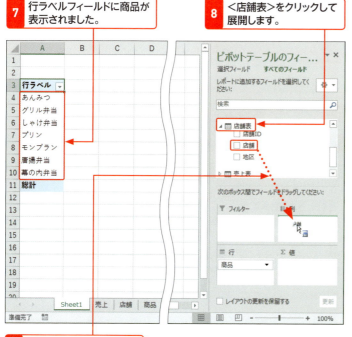

9 <店舗>を<列>エリアにドラッグします。

ステップアップ フィールドリストのレイアウトを変更するには

複数のテーブルを集計するとフィールド数が多くなり、フィールドリストが操作しづらくなります。そんなときは、<ツール>を使用して、フィールドセクションとレイアウトセクションを横に並べてみましょう。表示されるフィールド数が増えるので、操作しやすくなります。

1 <ツール>をクリックして、

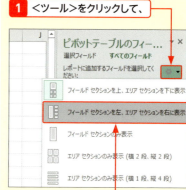

2 <フィールドセクションを左、エリアセクションを右に表示>をクリックします。

3 表示されるフィールド数が増え、配置しやすくなりました。

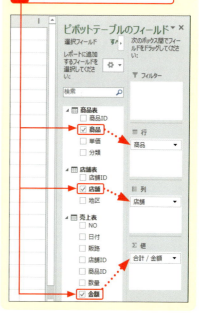

第10章 複数の表をまとめてデータを集計しよう

ステップアップ 店舗IDと店舗名を同じ行に並べるには

店舗IDと店舗名、商品IDと商品名のように1対1の関係にあるフィールドは、同じ行に横に並べて表示したいものです。しかし、初期設定では階層構造で表示されます。Sec.53を参考にレイアウトを表形式に変更し、Sec.55を参考に小計行を非表示にすると、横に並べられます。

1 通常は、店舗IDと店舗名が同じ列に階層構造で表示されます。

2 レイアウトを<表形式>に変更すると、異なる列に配置できます。

小計行を非表示にすると、店舗IDと店舗が横に並んだ集計表になります。

10 列ラベルフィールドに店舗が表示されました。

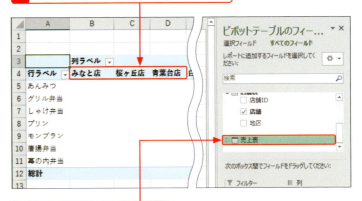

11 <売上表>をクリックします。

12 <売上表>テーブルのフィールドが表示されます。

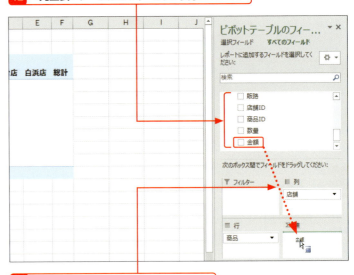

13 <金額>を<値>エリアにドラッグします。

14 複数のテーブルから集計が行えました。

15 Sec.18を参考に表示形式を設定しておきます。

複数のテーブルから月単位の集計を行うには

Excel 2016では、ピボットテーブルに日付のフィールドを配置すると、日付データの範囲に応じて自動的に「年」や「月」などでグループ化されます。
Excel 2013では、日付のフィールドを配置してもグループ化は行われず、＜分析＞リボンの＜グループ化＞も無効になって使えません。年単位や月単位でグループ化を行いたい場合は、下表の数式を参考にもとのテーブルで「年」や「月」を計算しておきましょう。

Excel 2016の場合

1. 日付のフィールドを配置すると、自動的に「月」でグループ化されます。
2. ＜行＞エリアから＜日付＞を削除すると、階層がなくなり、単純な月単位の集計表になります。

Excel 2013の場合

1. P.300のメモを参考に、テーブルに「月」フィールドを作成します。
2. 作成した＜月＞フィールドを配置して、月単位の集計を行います。

フィールド	計算式
＜年＞フィールド	=YEAR([@日付]) & "年"
＜月＞フィールド	=MONTH([@日付]) & "月"
＜四半期＞フィールド（1月始まり）	="第" & CHOOSE(MONTH([@日付]),1,1,1,2,2,2,3,3,3,4,4,4) & "四半期"
＜四半期＞フィールド（4月始まり）	="第" & CHOOSE(MONTH([@日付]),2,2,2,3,3,3,4,4,4,1,1,1) & "四半期"

Section 80 Accessのファイルからピボットテーブルを作成する

外部データソースの使用

AccessのデータをExcelで直接集計しよう!

Excelには、外部のデータを使用するための「データ接続」という機能があります。この機能を使用すると、Accessで管理しているデータベースのデータを、Excelのピボットテーブルで直接集計することができます。Access側で行ったデータの更新を、Excelのピボットテーブルに反映することも可能です。Accessに不慣れな場合でも、使い慣れたExcelでAccessのデータを自由に操作できる点が魅力です。

Before：Accessのデータ

売上データがAccessで管理されています。

After：Excelのピボットテーブル

Accessのデータを取り込んでピボットテーブルで集計できます。

1 Accessのデータからピボットテーブルを作成する

1 ピボットテーブルの作成先のセルを選択して、

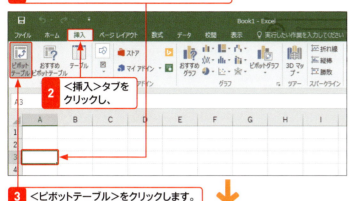

2 <挿入>タブをクリックし、

3 <ピボットテーブル>をクリックします。

4 <ピボットテーブルの作成>ダイアログボックスが表示されます。

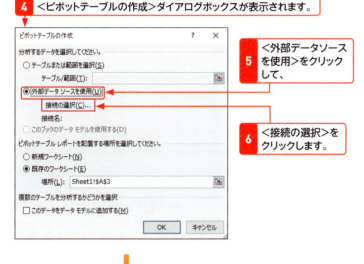

5 <外部データソースを使用>をクリックして、

6 <接続の選択>をクリックします。

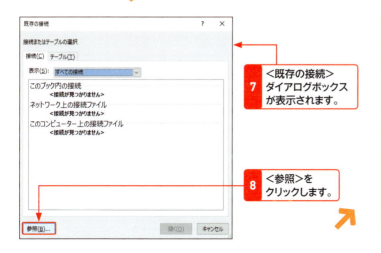

7 <既存の接続>ダイアログボックスが表示されます。

8 <参照>をクリックします。

メモ AccessのデータをExcelで集計する方法

AccessのデータをExcelで集計するには、Access側でデータをExcel形式のファイルに保存し、Excelでそれを開いて集計する方法がかんたんです。ただし、この方法では、Accessでデータが追加/修正されたときにExcelの集計結果に反映されません。ここで紹介する方法で集計すれば、Accessで行ったデータの追加/修正をExcelに反映させることができます。

メモ データ接続を含むファイルを開くには

Accessのデータからピボットテーブルを作成すると、Excelのファイルに「データ接続」という設定が保存されます。次回、Excelでデータ接続を含むファイルを開くと、標準ではメッセージバーに<セキュリティ警告>が表示され、データ接続が無効になります。データ接続を有効にするには、<コンテンツの有効化>をクリックします。

Excel 2007の場合は、メッセージバーの<オプション>をクリックします。<セキュリティ警告>ダイアログボックスが表示されるので、<このコンテンツを有効にする>をクリックします。

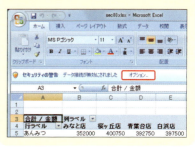

発展編

ヒント データを更新するには

Accessで新しいデータが追加されたときや既存のデータが修正されたときに、Excelのピボットテーブルに反映するには、＜オプション＞リボンの＜データ＞グループにある＜更新＞をクリックします。

＜更新＞をクリックします。

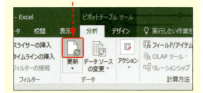

ヒント Accessファイルの場所が変わったときは

接続先のAccessファイルの保存場所が変わったときは、＜オプション＞リボンの＜データ＞グループにある＜データソースの変更＞の下側をクリックして、＜接続のプロパティ＞をクリックします。＜接続のプロパティ＞ダイアログボックスの＜定義＞タブで＜参照＞をクリックして、接続先ファイルを変更します。

1 ＜接続のプロパティ＞をクリックし、

2 ＜参照＞をクリックして、接続先を指定します。

---

9 Accessファイルの場所を指定して、

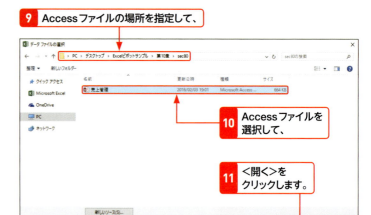

10 Accessファイルを選択して、

11 ＜開く＞をクリックします。

12 ＜テーブルの選択＞ダイアログボックスが表示されました。

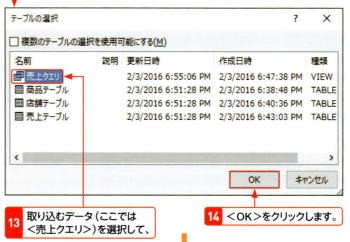

13 取り込むデータ（ここでは＜売上クエリ＞）を選択して、

14 ＜OK＞をクリックします。

15 ＜ピボットテーブルの作成＞ダイアログボックスに戻ります。

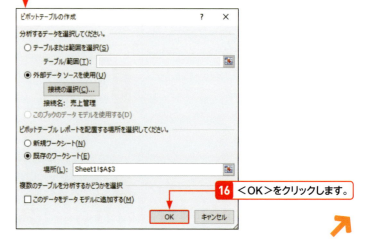

16 ＜OK＞をクリックします。

17 ピボットテーブルが作成され、

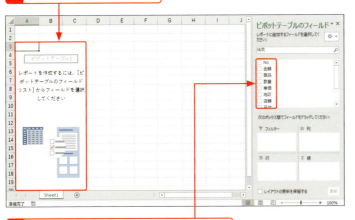

ヒント
フィールドリストを並べ替えるには

フィールドリストに表示されるフィールドは、P.67のステップアップを参考に＜ピボットテーブルオプション＞ダイアログボックスを表示して、＜表示＞タブの＜データソース順で並べ替える＞をクリックすると、接続先と同じ順序で並べることができます。

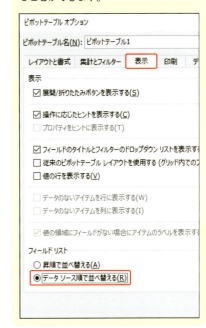

18 Accessデータのフィールドが表示されました。

19 Sec.14と同じ要領でフィールドを配置して集計を行います。

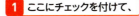

	A	B	C	D	E	F	G
1							
2							
3	合計 / 金額	列ラベル					
4	行ラベル	みなと店	桜ヶ丘店	青葉台店	白浜店	総計	
5	幕の内弁当	1679680	1894280	1735940	1481320	6791220	
6	しゃけ弁当	1494450	1751400	1621350	1762650	6629850	
7	グリル弁当	1537250	1597200		1570250	4704700	
8	唐揚弁当	1513920	1654520	1609300	1634380	6412120	
9	あんみつ	352000	400750	392750	397500	1543000	
10	モンブラン		393360		374440	767800	
11	プリン	1286280	1476360	1384380	1407420	5554440	
12	総計	7863580	9167870	6743720	8627960	32403130	
13							
14							

ステップアップ 複数のテーブルを元に集計するには 2016 2013

Excel 2016／2013では、Accessの複数のテーブルからピボットテーブルを作成できます。それには、＜テーブルの選択＞ダイアログボックスで＜複数のテーブルの選択を使用可能にする＞にチェックを付け、複数のテーブルを選択します。自動的にデータモデルを使用したピボットテーブルが作成されるので、Sec.79の要領でフィールドを配置して集計を行います。

1 ここにチェックを付けて、

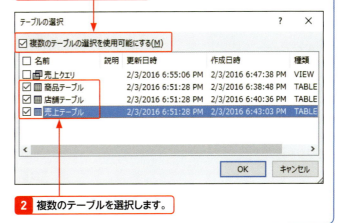

2 複数のテーブルを選択します。

索引

英数字

- 2次元の集計表 …………………… 72
- 3次元集計 …………………… 136
- Accessのデータ …………………… 312
- ASC関数 …………………… 58
- CSVファイル …………………… 45
- GETPIVOTDATA関数 …………………… 266
- INT関数 …………………… 181
- JIS関数 …………………… 57
- LOWER関数 …………………… 58
- UPPER関数 …………………… 58
- VLOOKUP関数 …………………… 301

ア行

- アイコンセット …………………… 260
- アイコンの表示基準 …………………… 262
- アイテム …………………… 69
- あいまいな条件 …………………… 122
- アウトライン形式 …………………… 202
- ＜値＞エリア …………………… 27
- 値フィールド …………………… 27、70
- 値フィルター …………………… 126
- 印刷タイトル …………………… 270
- 印刷プレビュー …………………… 271
- 円グラフ …………………… 248
- おすすめピボットテーブル …………………… 67
- 親集計に対する比率 …………………… 173
- オリジナルのデザイン …………………… 194

カ行

- 階層付け …………………… 81
- 外部キー …………………… 302
- 改ページ …………………… 274
- カウント …………………… 24
- カラースケール …………………… 260
- 完全一致 …………………… 54
- カンマ …………………… 82
- 関連テーブル …………………… 299
- キー …………………… 297
- 期間タイル …………………… 148
- 期間ハンドル …………………… 148
- 基準値に対する比率 …………………… 174
- ＜行＞エリア …………………… 27
- 行集計に対する比率 …………………… 171
- 行ラベルフィールド …………………… 27、69
- クイックレイアウト …………………… 249
- 空白行 …………………… 210
- 空白のセル …………………… 212
- 区切り文字 …………………… 42
- グラフスタイル …………………… 228
- グラフ全体のデザイン …………………… 229
- グラフタイトル …………………… 233
- グラフの位置 …………………… 224
- グラフの種類を変更 …………………… 227
- グラフ要素 …………………… 221
- グループ化 …………………… 90、96、102
- クロス集計表 …………………… 23、72
- 桁区切り …………………… 82
- 合計 …………………… 24
- 降順 …………………… 105

更新……84
固定長……42
コピー……48、278
コンパクト形式……202

サ行

サイズ変更ハンドル……224
算術演算子……181
シート見出し……134
軸ラベル……234
時系列のデータ……282
自動更新……85
四半期……94
ジャンル分け……96
集計……20
集計アイテム……184
集計フィールド……180
集計方法……165
順位……178
小計行……172
小計を非表示……208
条件付き書式……256
昇順……105
書式を保持……198
数値データ……102
すべてのアイテムを表示……214
スライサー……136、245
スライス分析……130、244
絶対参照……267
全角文字……56
前月に対する比率……174

総計を非表示……207

タ行

ダイス分析……74
タイムライン……146
チェックボックス……118
置換……53
抽出……116
通常の表に変換……278
データ接続……312
データソースの変更……86
データの個数……164
データの並び順……108
データバー……260
データベース形式……34
データモデル……307
データラベル……248
テーブル……38、296
テキストファイル……42
<デザイン>タブ……28
統合……288
度数分布表……250
トップテンフィルター……128
ドリルアップ……155
ドリルスルー分析……150

ナ行

並べ替え……104、178
伸び率……175

317

ハ行

- パーセンテージ …… 248
- 貼り付け …… 48、278
- 半角文字 …… 56
- ヒストグラム …… 250
- 日付 …… 90
- 日付フィルター …… 124
- ピボットグラフ …… 25、218
- ピボットグラフの画面構成 …… 220
- ピボットグラフのフィールド …… 236
- ピボットグラフを作成 …… 222
- ピボットテーブル …… 21、26
- ピボットテーブルスタイル …… 190
- ピボットテーブルスタイルを登録 …… 195
- ピボットテーブルツール …… 26
- ピボットテーブルの土台 …… 64
- 表記のゆれ …… 52
- 表形式 …… 202
- 表示形式 …… 83
- 比率 …… 24
- フィールド …… 34
- フィールドセクション …… 26
- フィールドの再配置 …… 111
- フィールドの順序 …… 79
- フィールド名 …… 34
- フィールドリスト …… 26
- フィールドを移動 …… 76
- フィールドを削除 …… 75
- フィールドを追加 …… 77
- フィルター …… 52、116、241
- フィルタウィンドウ …… 243
- <フィルター>エリア …… 27
- フィルハンドル …… 37
- 複合参照 …… 269
- 複数のクロス集計表 …… 288
- 複数のスライサー …… 139
- 複数の表 …… 48
- 複数のフィールド …… 78
- 部分一致 …… 54
- プライマリキー …… 302
- <分析>タブ …… 28
- 保存 …… 46
- ポップヒント …… 151

マ行

- 見出しを印刷 …… 270
- 文字データ …… 96

ヤ行

- ユーザー設定リスト …… 108
- 予測グラフ …… 286
- 予測シート …… 282

ラ行

- ラベルフィルター …… 122
- リレーションシップ …… 297、302
- 累計 …… 176
- レイアウトセクション …… 26
- レコード …… 34
- <列>エリア …… 27

列集計に対する比率……………………………169
列ラベルフィールド ………………………27、73
レポートの接続………………………………140
レポートフィルター…………………………244
レポートフィルターフィールド ……………27、131
レポートフィルターページ……………………134

ワ行

ワークシートの名前……………………………66

■お問い合わせについて

本書に関するご質問については、本書に記載されている内容に関するもののみとさせていただきます。本書の内容と関係のないご質問につきましては、一切お答えできませんので、あらかじめご了承ください。また、電話でのご質問は受け付けておりませんので、必ずFAXか書面にて下記までお送りください。
なお、ご質問の際には、必ず以下の項目を明記していただきますようお願いいたします。

1 お名前
2 返信先の住所またはFAX番号
3 書名(今すぐ使えるかんたん Excelピボットテーブル
 [Excel 2016/2013/2010/2007対応版])
4 本書の該当ページ
5 ご使用のOSとソフトウェアのバージョン
6 ご質問内容

なお、お送りいただいたご質問には、できる限り迅速にお答えできるよう努力いたしておりますが、場合によってはお答えするまでに時間がかかることがあります。また、回答の期日をご指定なさっても、ご希望にお応えできるとは限りません。あらかじめご了承くださいますよう、お願いいたします。

■問い合わせ先

〒162-0846
東京都新宿区市谷左内町21-13
株式会社技術評論社　書籍編集部
「今すぐ使えるかんたん Excelピボットテーブル
[Excel 2016/2013/2010/2007対応版]」質問係
FAX番号　03-3513-6167

http://gihyo.jp/book/

■お問い合わせの例

FAX

1 お名前
　技術　太郎
2 返信先の住所またはFAX番号
　03-XXXX-XXXX
3 書名
　今すぐ使えるかんたん
　Excelピボットテーブル
　[Excel 2016/2013/2010/2007対応版]
4 本書の該当ページ
　152ページ
5 ご使用のOSとソフトウェアのバージョン
　Windows 10
6 ご質問内容
　手順2の操作をしても、手順3の
　画面が表示されない

※ご質問の際に記載いただきました個人情報は、回答後速やかに破棄させていただきます。

今_{いま}すぐ使_{つか}えるかんたん
Excel_{エクセル}ピボットテーブル
[Excel 2016/2013/2010/2007対応版_{たいおうばん}]
2016年6月25日　初版　第1刷発行

著　者●きたみあきこ
発行者●片岡　巌
発行所●株式会社 技術評論社
　　　　東京都新宿区市谷左内町21-13
　　　　電話　03-3513-6150　販売促進部
　　　　　　　03-3513-6160　書籍編集部
装丁●田邉　恵里香
本文デザイン●リンクアップ
DTP●技術評論社制作業務部
編集●渡邉　健多
製本／印刷●大日本印刷株式会社

定価はカバーに表示してあります。

落丁・乱丁がございましたら、弊社販売促進部までお送りください。
交換いたします。
本書の一部または全部を著作権法の定める範囲を超え、無断で
複写、複製、転載、テープ化、ファイルに落とすことを禁じます。

©2016　きたみあきこ

ISBN978-4-7741-8101-1 C3055
Printed in Japan